U0183267

青少年科学素质丛书

主编 王 挺   副主编 高宏斌 李秀菊

TIMSS 测评

国际青少年
科学素质全景解读

UNPACKING THE INTERNATIONAL ASSESSMENT
ON SCIENTIFIC LITERACY

李秀菊 杨文源 主编

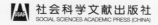

社会科学文献出版社
SOCIAL SCIENCES ACADEMIC PRESS (CHINA)

目　录

第一章 关于"国际数学与科学学习趋势项目"（TIMSS）

国际数学与科学学习趋势项目（Trends in International Mathematics and Science Study，TIMSS）是一项由国际教育成就评价学会（International Association for the Evaluation of Educational Achievement，IEA）发起的关注学生数学和科学学习成就的国际比较研究项目。TIMSS 是一项国际化的大样本测评项目，自 1995 年起，每 4 年测评一次，以面向未来生活和社会发展所必需的数学和科学素质为测评内容，以 4 年级和 8 年级的在读青少年学生为测评对象；有些年份还会同时开展 TIMSS 高阶（TIMSS Advanced）测评，对中学毕业年级学生的数学和物质科学素质进行测评。其中，TIMSS 测评重点关注 4 年级和 8 年级学生的数学和科学学业水平，TIMSS 高阶测评则有倾向性地关注中学毕业年级学生的数学和物理学业水平及其与大学相关专业的衔接。TIMSS 测评和 TIMSS 高阶测评都以政策为导向，除了考查学生的数学和科学学业水平外，还会通过问卷来收集相关背景信息（包括学校资源配置、学生学习态度、教师教学行为和家庭对学习的支持），探索影响学生学习的因素，以期为参评国家/地区的教育政策的改进提供可靠的依据。通过深入分析 TIMSS 报告，国家/地区教育决策者、教育研究者、教学管理者和教学实践者可以获得以下方面的信息。[1]

---

[1] International Association for the Evaluation of Educational Achievement（IEA）. About TIMSS & PIRLS International Study Center. https：//timss. bc. edu/about. html. 2018 – 10 – 27.

（1）在全球背景下评估国家/地区教育系统的效能。

（2）对比学习资源和机会与其他国家/地区的差异。

（3）精确指出需要改进的方面并激励课程改革。

（4）评估新的教育举措带来的影响。

（5）训练研究者和教师在考试评价方面的能力。

一 TIMSS 科学素质测评的目标

当今世界，科学技术是第一生产力，社会发展离不开科学技术的发展，国家竞争力在很大程度上依赖于科技实力，因此，国家和社会的进步需要具备高水平科学素质的专业人才。与此同时，人们日常生活的每一天都会面对各种各样的科学技术产品和科学相关信息，全球变暖、食品安全、疾病治疗等科学议题与每个人的生活息息相关，公民需要具备基本的科学素质才能更有效地生活在这个世界上。科学素质是 TIMSS 测评的重点内容，"以评促建"，通过测评来促进科学教育的发展是 TIMSS 主办方 IEA 长期关注的研究话题。

（一）TIMSS 拟解决的问题

早在 1995 年 TIMSS 第一次测评之前，其主办方 IEA 就已经积累了非常丰富的测评经验和评价研究成果。本着"以评促建"的宗旨，TIMSS 科学素质测评以学生在学校的科学学习成效为测评内容，同时关注学生的学习背景，最终找出直接影响学生学习的因素，进而通过教育政策的调整来改善这些因素，促进学生的学习，例如，课程的设置、资源的分配、教学的方式等。基于评价的宗旨和目标，TIMSS 在 1995 年第一次测评时就将其评价工作系统地界定为广义的课程评价，并在后续历次测评中延用这一模型（见图 1-1）。TIMSS 的课程评价模型包含三个层面，这三个层面综合起来对学生的学业水平起到决定性影响：①预期的课程（the intended curriculum），即期待教授的内容，反映了社会对人才培养的预期，但是也受到国家/地区教育资源的限制；②实际执行的课程（the implemented curriculum），即在课堂上实际教授的内容，虽然以预期的课程为指导，但是在很大程度上取决于教师的教学行为，而教师的教学行为又在很大程度上受到他们自身的受教育经历、培训和经验以及学校的组织机构、与同事的合作和学生的生源组成的影响；③实际达成的课程（the attained curriculum），即学生实际学到的内容，学生的学业成绩虽然在一定程度上依赖于预期的课程和实际执行的课程，但是在更大程度上取决于学生个体的特征，包括学生自身能力、态度、兴趣和努力。

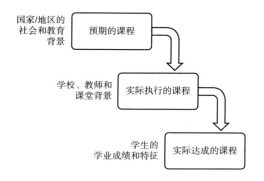

图 1 - 1　TIMSS 的课程评价模型

资料来源：Mullis, I. V. S., Martin, M. O. （Eds.）. *TIMSS 2019 Assessment Frameworks.* Chestnut Hill, MA：International Association for the Evaluation of Educational Achievement（IEA），2017：4.

TIMSS 课程评价模型的三个层面看似指向了三个不同的方面，但实际上是一个统一的系统，三个层面综合作用最终体现在学生的学业水平上。基于这一模型，TIMSS 提出了四个研究问题。①

（1）期待学生学习的内容是什么？

（2）提供教学支持的是谁？

（3）如何组织教学？

（4）学生实际学到了什么？

---

① Martin, M. O., Kelly, D. L.（Eds.）. *TIMSS Technical Report Volume I：Design and Development.* Chestnut, MA：International Association for the Evaluation of Educational Achievement（IEA），1996：1 - 4.

第一个研究问题指向的是课程评价模型中预期的课程，TIMSS 通过比较分析参与国家/地区的课程文件和教科书来回答这个问题。第二个研究问题指向的是课程评价模型中实际执行的课程，要解决如下子问题：每个国家/地区的师资力量有何特征（例如，受教育情况、教学经验、教学态度和指导思想）？教师是如何开展课堂教学的（例如，教师运用什么教学方法，教师看重什么课程内容）？第三个研究问题指向的是实际达成的课程，要解决如下子问题：学生实际学到了什么？不同国家/地区的学生在学业水平上有何差异？什么因素影响着学生的学习？

（二）TIMSS 测评对象

TIMSS 所界定的广义的课程评价模型，实际上将教育系统的要素有机地整合在一起，整套系统的效能最终体现为学生的培养质量（即学生的学业水平），其他要素都是有可能影响学生学业水平的因素。其中，学生的学业水平是 TIMSS 测评的核心内容，每次测评都会开发专门的测评工具来评价学生的学业水平；影响学生学业水平的因素则通过配套的背景问卷来调查。

为了实现评价目标、反映教育系统效能并找出影响因素，TIMSS 以三个时间点的在读青少年学生为测评对象。

（1）具备一定的认知能力，已经能够自主作答的 9 岁左右的学生，通常这个年龄的学生在读年级主要集中在 4 年级，也有一小部分在读 3 年级；自 2011 年测评起，不再跨年级抽样，而是整体抽取处在 4 年级的班级，因为 TIMSS 关注的课程和教学都是以年级为基础的，同时，整体抽取班级对学校来讲更便于组织，也能减少对学校正常教学秩序的影响。

（2）在大多数国家/地区已经完成了小学的学习并进入中学学习的 13 岁左右学生，通常这个年龄的学生在读年级主要集中在 8 年级，也有一小部分在读 7 年级；同样的，自 2011 年测评起，也不再跨年级抽样，而是整体抽取处在 8 年级的班级。

（3）中学最后一年的学生，包括职业学校的学生。

其中，8 年级测评是每次测评的必测内容，4 年级测评和中学毕业年级的测评不是每一次都开展。就目前来看，已经举行的 6 次 TIMSS 测评中，每次测评都有对 8 年级在读学生的测评，有 5 次测评同时开展了对 4 年级在读学生的测评，有 3 次测评同时开展了对中学毕业年级在读学生的测评。在参与测评的国家/地区当中，有的国家/地区从第一次测评开始就持续参加历次 TIMSS 测评，有的陆续参与到 TIMSS 测评当中来，有的则中断过 TIMSS 测评。表 1 - 1 直观呈现了各个国家/地区参与历次 TIMSS 测评的情况（按国家/地区英文名字母顺序排序）。其中，深色底纹的国家/地区为本书的重点分析样本，在本书第二～五章将逐一分析这些国家/地区参与历次 TIMSS 测评的结果。本书分析样本的选择原则与青少年科学素质丛书系列的第一册《PISA 测评：国际青少年科学素质全景解读》一致，即：①2016 年国家/地区生产总值排名前 10；②教育发达国家/地区；③地区均衡，能覆盖或代表某一个地区。在 PISA 分析选中的 18 个国家/地区当中，有 3 个国家/地区（印度、中国澳门、巴西）没有参加过 TIMSS 测评，因此排除这 3 个国家/地区，本书重点对余下的 15 个国家/地区进行 TIMSS 测评结果的分析。此外，我国大陆地区目前也还没有参加过 TIMSS 测评，所以不在分析之列。

表 1 - 1　历次 TIMSS 科学素质测评的参与国家/地区

国家/地区 \ 年份	2015			2011			2008	2007		2003		1999	1995		
	G4	G8	FG	G4	G8	FG		G4	G8	G4	G8	G8	G4	G8	FG
阿尔及利亚								√	√						
亚美尼亚				√	√	√		√	√	√	√			√	
阿根廷														√	
澳大利亚	√	√		√	√			√	√	√	√	√	√	√	√
奥地利				√				√					√	√	√
阿塞拜疆				√											
巴林	√	√		√	√				√						
比利时	√			√						√	√		√		
博茨瓦纳		√						√							
波黑								√							
保加利亚	√							√		√					
加拿大	√	√		√	√							√	√	√	√
智利	√	√		√	√					√	√				
中国台湾	√	√		√	√			√	√	√	√				

续表

国家/地区	2015 G4	2015 G8	2015 FG	2011 G4	2011 G8	2008 FG	2007 G4	2007 G8	2003 G4	2003 G8	1999 G8	1995 G4	1995 G8	1995 FG
克罗地亚	✓			✓										
哥伦比亚							✓	✓					✓	
塞浦路斯	✓						✓	✓	✓	✓	✓	✓	✓	✓
捷克	✓			✓			✓	✓			✓	✓	✓	
丹麦	✓			✓			✓						✓	
埃及		✓						✓		✓				
萨尔瓦多							✓	✓						
英国	✓	✓		✓	✓		✓	✓	✓	✓	✓			
爱沙尼亚											✓			
芬兰	✓	✓		✓	✓						✓			
法国	✓	✓	✓	✓	✓								✓	✓
格鲁吉亚	✓	✓		✓	✓		✓	✓						
德国	✓			✓			✓						✓	✓
希腊												✓	✓	✓
加纳					✓			✓	✓					
中国香港	✓	✓		✓	✓		✓	✓	✓	✓	✓	✓	✓	
匈牙利	✓	✓		✓	✓		✓	✓	✓	✓	✓	✓	✓	
冰岛												✓	✓	
印度尼西亚	✓				✓			✓		✓				
伊朗	✓	✓		✓	✓	✓	✓	✓	✓	✓	✓	✓	✓	
爱尔兰	✓	✓		✓								✓	✓	
以色列		✓			✓			✓		✓			✓	✓
意大利	✓	✓	✓	✓	✓		✓	✓	✓	✓	✓	✓	✓	✓
日本	✓	✓		✓	✓		✓	✓	✓	✓	✓	✓	✓	
约旦								✓	✓	✓				
哈萨克斯坦	✓	✓		✓	✓		✓							
韩国	✓	✓		✓				✓		✓	✓	✓	✓	
科威特	✓	✓		✓			✓	✓				✓	✓	
拉脱维亚								✓	✓	✓	✓	✓	✓	✓
黎巴嫩		✓	✓		✓	✓		✓		✓				
立陶宛	✓	✓		✓	✓		✓	✓	✓	✓	✓		✓	
马其顿					✓						✓	✓		

续表

国家/地区	2015			2011		2008	2007		2003		1999	1995		
	G4	G8	FG	G4	G8	FG	G4	G8	G4	G8	G8	G4	G8	FG
马来西亚		√			√			√		√	√			
马耳他		√		√				√						
墨西哥												√	√	
摩尔多瓦									√	√	√			
摩洛哥	√	√		√	√		√	√	√	√				
荷兰	√			√		√	√	√	√	√	√	√	√	
新西兰	√	√		√			√							
北爱尔兰	√			√										
挪威	√	√	√	√	√	√	√	√	√	√		√	√	√
阿曼	√	√			√			√		√				
巴勒斯坦					√			√		√				
菲律宾						√			√	√	√		√	
波兰	√			√										
葡萄牙	√		√									√		
卡塔尔	√	√		√	√		√	√						
罗马尼亚				√	√			√	√	√	√			
俄罗斯	√	√	√	√	√	√	√	√	√	√	√		√	√
沙特阿拉伯	√	√		√	√			√		√				
苏格兰							√	√				√	√	
塞尔维亚	√			√				√		√				
新加坡	√	√		√	√		√	√	√	√	√	√	√	
斯洛伐克	√			√			√		√		√			
斯洛文尼亚	√	√	√	√	√	√	√	√	√	√	√			√
南非		√								√	√		√	
西班牙	√			√								√		
瑞典	√	√	√	√	√	√	√	√	√	√			√	√
瑞士													√	√
叙利亚					√			√		√				
泰国		√		√	√			√			√	√	√	
突尼斯				√	√		√	√	√	√	√			
土耳其	√	√		√	√			√			√			
阿联酋	√	√		√	√									

续表

国家/地区 \ 年份	2015			2011			2008	2007		2003		1999	1995		
	G4	G8	FG	G4	G8	FG	G8	G4	G8	G4	G8	G8	G4	G8	FG
乌克兰					√			√	√						
美国	√	√	√	√	√	√		√	√	√	√	√	√	√	√
也门				√				√		√					
共计(个)	47	39	9	50	42	10		36	49	26	47	38	29	45	18

注：G4：Grade 4，4 年级测评。

G8：Grade 8，8 年级测评。

FG：Final Grade，中学毕业年级测评。

√：参与了该测评。

▨：本书重点分析的国家/地区。

（三）TIMSS 抽样方法

所有国家/地区可以自行决定是否参加 TIMSS 测评，确定参加 TIMSS 测评后也可以自主选择参加哪个年级的测评。一旦选定了，则需要严格遵循 TIMSS 的抽样方法进行抽样，以保证所收集数据具有代表性且能够真实反映拟测评的内容。在 1995 年的第一次测评中，TIMSS 就发布了详细的抽样规则，在后续测评中，根据已有测评经验，综合考虑代表性和可操作性，TIMSS 陆续对抽样规则和方法进行了调整和改进。总的来说，TIMSS 的抽样步骤没有大的变化，主要包含三个环节：列出参与国家/地区所辖的全部符合条件的学校，在学校层面建立参测学校样本库，抽取学校并对被抽中学校的班级和学生个体进行抽样（见图 1 - 2）。

上述抽样的每一个环节都有详细的规则和说明，以下将以最近一次 TIMSS 测评（即 2015 年测评）的抽样规则[①]为例，说明 TIMSS 的抽样方法。理想状态下，TIMSS 期待参与测评的国家/地区所辖的全部符合年龄条件的在读学生都参加测评，但是，现实情况是复杂多样的，不是所有

---

① LaRoche, S., Joncas, M., & Foy, P. (2016). Sample Design in TIMSS 2015. In Martin, M. O., Mullis, I. V. S., & Hooper, M. (Eds.). *Trends in International Mathematics and Science Study (TIMSS)：Methods and Procedures in TIMSS 2015.* (pp. 3.1 - 3.38). Chestnut Hill, MA：International Association for the Evaluation of Educational Achievement (IEA).

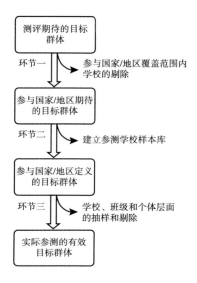

图 1 - 2　TIMSS 抽样模型

国家/地区都能保证所有学生参加，比如有的国家/地区包含一些无法用当地语言作答的国际学生，或者一些特殊学校的学生也可能存在无法完成作答的情况。根据 TIMSS 抽样的统一标准，参与国家/地区定义的目标群体不得少于该国家/地区期待的目标群体的 95%；此外，定义本国/地区的目标群体时剔除的学校比例以及学生个体层面剔除的比例之和不得大于 5%。

　　首先，参与国家/地区需要在本国/地区团队和 TIMSS 抽样专家的共同协作下，严格按照 TIMSS 抽样规则来列出符合条件的全部学校（参与国家/地区期待的目标群体）。在这个过程中，各参与国家/地区需要依照 TIMSS 期待的目标人群来确定本国/地区参与测评的年级，然后把本国/地区包含该年级的全部学校列出来，如果学校不包含拟测评的年级则自动从学校样本中剔除。大部分国家/地区的测评年级都是 4 年级和 8 年级，但有个别国家/地区法定入学年纪较小（比如英国、北爱尔兰、新西兰），这些国家/地区参与测评的年级则是 5 年级和 9 年级。

　　接着，各国家/地区需要建立参测学校样本库，定义本国/地区的目标群体。学校样本库的覆盖率控制在全国/地区所有符合条件的学校数量的95%及以上，只有极少数符合以下条件的学校能够从学校样本库中剔除：①学校地理位置非常偏远；②学校只有极少数学生；③学校的课程和建制与该国家/地区的主流教育体系不一样；④学校是为特殊需求的学生开办的。

然后，各国家/地区在学校样本库（即参与国/地区定义的目标群体）中抽取参与测评的学校和学生。按照 TIMSS 对样本量的要求，每个年级的测评中，各参与国家/地区应当至少抽取150所学校的4000名学生参与。如果参与国家/地区愿意，可以抽取更多的学校和学生参与测评。在抽中的学校当中，学生是以班级为单位参与测评的，每所学校至少抽取一个班的学生参与测评，也可以抽取多个班级。对于班额较小的国家/地区，有可能需要抽取多于150所学校才能凑足4000名适龄学生；而对于班额较大的国家/地区，则有可能150所学校各抽取一个班最终学生总数远多于4000人。这一环节主要分为三个步骤：从样本库中抽取学校，从被抽中学校中抽取班级，对被抽中班级中的个别学生样本进行剔除。抽取学校的方法与 PISA 抽样方法一致，采用按规模大小进行的概率比例抽样方法——PPS 抽样法（Probability Proportional to their Size）。在抽中的学校当中，运用官方统一提供的校内抽样软件 WinW3S 对校内的班级进行抽样；各国家/地区将被抽中学校的班级数量和教师信息输入该软件，该软件将机会均等地从中抽取班级；被抽中班级的全体学生参加 TIMSS 测评。在被抽中的班级中，可能有个别学生无法参加 TIMSS 测评，可以从最终样本中剔除。学生个体的剔除也有严格的规定，需要满足如下条件之一：①学生存在身体疾病，无法完成 TIMSS 测评；②学生存在智力问题或精神疾病（读写困难不在此列），无法完成 TIMSS 测评；③非本土母语的学生，无法使用当地语言进行阅读和表达（包括语言学习短于一年的学生）。经过这一环节确定的样本就是各国家/地区实际参测的有效目标群体。

二　TIMSS 科学素质测评的设计

围绕测评目标，TIMSS 对评价工作进行了整体设计，通过文本分析的方式对各国家/地区课程文件和教科书进行分析,以描述一个国家/地区"预期的课程";通过问卷调查的方式,对学生所处的背景环境和学生个人的学习态度进行调查,以了解"实际执行的课程"和学生的特征;通过测评的方式对学生的科学素质进行评价,以探查"实际达成的课程"。其中,关于"预期的课程"的分析没有公开共享数据,也没有见到相应的官方报告;对学生科学素质的测评以及背景环境和学生个人特征的调查数据是开放共享的,基于这些数据的分析能够看出一个国家/地区学生科学素质水平的发展变化及其影响因素,也能反映一个国家/地区各方面水平在国际上所处的位置。历次 TIMSS 对学生科学素质的测评以及背景环境和学生个人特征的调查都做了详细的设计,下面将基于文本分析来呈现和解读 TIMSS 科学素质测评相关设计的变化发展。

(一)科学素质学业水平测评框架

在对 4 年级和 8 年级的测评当中,TIMSS 自 2003 年起才出现明确界定的测评框架,1995 年和 1999 年的测评则只是在技术报告中描述了测评的领域但没有区分年级。表 1 - 2 呈现了 1995 年和 1999 年 TIMSS 科学素质学业水平测评领域,表 1 - 3 呈现了 2003 ~ 2019 年 TIMSS 科学素质学业水平测评框架。

表 1 - 2　1995 年和 1999 年 TIMSS 科学素质学业水平测评领域

内容	表现预期	视角
地球科学	理解	态度
生命科学	推理、分析和解决问题	职业
物质科学	使用工具、例行程序和科学过程	兴趣增长
科学史和技术	探索自然世界	安全性
环境和资源问题	交流	思维习惯
科学与其他学科	科学本质	

从表 1 - 2 和表 1 - 3 可以看到,TIMSS 科学素质测评框架在 2003 年发生了较大变化,相较于前两次测评的设计,区分了年级,更加清晰地呈现了

表 1 - 3　2003～2019 年 TIMSS 科学素质学业水平测评框架

4 年级科学素质测评框架

类目		2003 年	2007 年	2011 年	2015 年	2019 年
内容维度		生命科学	生命科学	生命科学	生命科学	生命科学
		物质科学	物质科学	物质科学	物质科学	物质科学
		地球科学	地球科学	地球科学	地球科学	地球科学
认知维度		事实性知识	知道	知道	知道	知道
		概念性知识	应用	应用	应用	应用
		推理和分析	推理	推理	推理	推理

8 年级科学素质测评框架

类目		2003 年	2007 年	2011 年	2015 年	2019 年
内容维度		生命科学	生物学	生物学	生物学	生物学
		化学	化学	化学	化学	化学
		物理	物理	物理	物理	物理
		地球科学	地球科学	地球科学	地球科学	地球科学
		环境科学				
认知维度		事实性知识	知道	知道	知道	知道
		概念性知识	应用	应用	应用	应用
		推理和分析	推理	推理	推理	推理

科学素质学业水平要测评的内容是什么，划分维度也让测评内容之间的关系更加明确。自 2003 年起，TIMSS 科学素质学业水平测评题目的命制都是围绕内容维度和认知维度展开的，即一个题目涉及内容和认知两个维度的属性。其中，"内容维度"对应 1995 年和 1999 年测评的"内容"领域，"认知维度"对应 1995 年和 1999 年测评的"表现预期"领域。2007 年测评框架相较于 2003 年又发生了一次变化，认知维度从 2003 年的事实性知识、概念性知识以及推理和分析修订为知道、应用以及推理。此后这一框架一直沿用至今，包括还未开展的 2019 年测评也沿用了这一框架。

在对中学毕业年级的测评（即 TIMSS 高阶测评）当中，TIMSS 科学素质学业水平测评只考查学生的物理学业水平。同样的，在 1995 年的 TIMSS 高阶测评中，物理学业水平测评没有明确界定测评框架；在之后的两次高阶测评中，具有清晰界定的测评框架（见表 1 - 4）。

表 1 - 4　2008 年和 2015 年 TIMSS 高阶测评物理学业水平测评框架

类目	2008 年	2015 年
内容维度	力学	力学与热力学
	电磁学	电磁学
	热和温度	波动现象和原子/核物理
	原子与核物理	
认知维度	知道	知道
	应用	应用
	推理	推理

从表 1 - 4 可以看到，2015 年 TIMSS 高阶测评相较于 2008 年，在内容维度上都关注力学、电磁学和原子/核物理，2008 年的"热和温度"修订为"热力学"，同时新增了对"波动现象"的考查；在认知维度上都包含"知道""应用""推理"三个方面。对比表 1 - 3 中关于 4 年级和 8 年级的科学素质测评框架，TIMSS 高阶测评在内容维度上只关注物理学科，而认知维度则与 4 年级和 8 年级的测评一致。

（二）科学素质测评内容比例

基于内容维度和认知维度中各个要素的重要性以及在实际生活中运用的比例，参考各参与国家/地区科学课程中不同学科内容所占的比重，TIMSS 拟定了考查各个要素的题目比例（见表 1 -5、表 1 -6）。

表 1 - 5　1995 年和 1999 年 TIMSS 科学素质测评内容比例

单位：%

内容	题量比例	分值比例
地球科学	15	15.0
生命科学	27	27.5
物理	27	25.5
化学	14	14.4
环境和资源问题	9	9.2
科学探究与科学本质	8	8.4
合计	100	100

在 1995 年和 1999 年的测评设计中，只对测评的"内容"领域进行了比例分配，没有对"表现预期"进行比例分配。从表 1-5 可以看到，在 1995 年和 1999 年的测评内容比例分配中，"生命科学"的题量和分值比例都是所有内容中比重最大的；"物理"与"生命科学"的题量相当，但分值少 2 个百分点；"科学探究与科学本质"的题量和分值比例与"环境和资源问题"较为接近，所占比重分别为最小和次小。对比表 1-5 和表 1-2 的"内容"要素，发现在 1995 年和 1999 年的测评中，实际测试题目的内容分配与测评框架拟测评的内容并不一致，测评框架中的"物质科学"在实际命题时被拆分为"物理"和"化学"；测评框架中的"科学史和技术"在实际命题时并没有出现；测评框架中的"科学与其他学科"在实际命题时同样没有出现，取而代之的是"科学探究与科学本质"。

表 1-6　2003~2019 年 TIMSS 科学素质测评内容比例

单位：%

4 年级科学素质测评内容比例						
	类目	2003 年	2007 年	2011 年	2015 年	2019 年
内容维度	生命科学	45	45	45	45	45
	物质科学	35	35	35	35	35
	地球科学	20	20	20	20	20
认知维度	事实性知识/知道	40	40	40	40	40
	概念性知识/应用	35	35	40	40	40
	推理和分析/推理	25	25	20	20	20
8 年级科学素质测评内容比例						
	类目	2003 年	2007 年	2011 年	2015 年	2019 年
内容维度	生命科学/生物学	30	35	35	35	35
	化学	15	20	20	20	20
	物理	25	25	25	25	25
	地球科学	15	20	20	20	20
	环境科学	15	—	—	—	—
认知维度	事实性知识/知道	30	30	35	35	35
	概念性知识/应用	35	35	35	35	35
	推理和分析/推理	35	35	30	30	30

从表 1-6 可以看到，自 2003 年测评框架发生变化起，内容维度和认知维度下各要素所占的测评比重变化不大。总体来看，在内容维度中，无论是4年级还是8年级测评，占比最大的都是"生命科学"（8年级具体为"生命科学/生物学"），相较于 1995 年和 1999 年，"生命科学"与其他学科的题目比重差异进一步拉大；在认知维度中，历次4年级测评和历次8年级测评的比例分配都相对稳定，没有太大的变化，但是，相较来看，4年级对"知道"和"应用"的考查显著多于对"推理"的考查，而8年级对"推理"的考查比例有所提升，对认知维度三个要素的考查相对均衡。对比表1-6 和表 1-3 可以看到，自 2003 年起，TIMSS 科学素质测评命制的题目与该项目拟定的测评框架之间具有良好的对应关系，完全以测评框架为指导来分配题目比例。

TIMSS 高阶测评以衔接大学物理专业为导向，在内容比例的分配上也相应地以大学物理专业的关注热点为依据。对应于表 1-4 的高阶测评框架，TIMSS 设置了相应的题目比例，见表 1-7。

表 1-7 2008 年和 2015 年 TIMSS 高阶测评内容比例

类别	2008 年	2015 年
内容维度	力学(30%)	力学与热力学(40%)
	电磁学(30%)	电磁学(25%)
	热和温度(20%)	波动现象和原子/核物理(35%)
	原子与核物理(20%)	—
认知维度	知道(30%)	知道(30%)
	应用(40%)	应用(40%)
	推理(30%)	推理(30%)

（三）科学素质测评的题型

自 1995 年第一次测评起，TIMSS 测评的题型一直稳定地保持为两类：单项选择题和开放题。其中，单项选择题易于评阅，但并不是所有的内容都能够通过单项选择题进行有效的考查；开放题则能够弥补单项选择题的局限性。TIMSS 测评的单项选择题中通常每个题会提供 4~5 个选项，只有一个选项是最佳答案；选项中不会出现"我不知道"或者"以上都不是"这样的内容；题干也不会暗示或者建议学生靠猜来回答问题，而是鼓励学生选择"他们认为最恰当的答案"。开放题要求学生自主作答，写出他们的答案，评阅时会按照统一的评分标准对学生的答案进行编码。从历年公开的题目来看，TIMSS 测评的单项选择题命题方式较为灵活，有些题目是我们非常熟悉的四选一的单选题形式（如例题 1），有的则更像是我们熟悉的判断题（如例题 2）。

例题 1：（2015 年 4 年级科学）有些动物是非常稀有的，比如西伯利亚虎。如果西伯利亚虎只剩下雌性，最有可能会发生什么事情？

A 雌虎将与另一物种的雄性动物交配并繁殖更多的西伯利亚虎。

B 雌虎相互交配并繁殖更多的西伯利亚虎。

C 雌虎只能繁殖出雌性西伯利亚虎。

D 雌虎不能繁殖出更多的西伯利亚虎，最终走向灭绝。

例题 2：（2015 年 8 年级科学）物质从液态变为气态，有些特征和性质会发生变化，有些不会发生变化，在对应的空格内画×。

	会变化	不会变化
密度		
质量		
体积		
分子大小		
分子运动速度		

在开放题方面，考虑到学生本身的书写能力，4 年级试题（如例题 3）的文字书写量通常比 8 年级试题（如例题 4）的文字书写量要少一些。

例题 3：（2015 年 4 年级科学）下图展示了一个池塘。

观察上图，区分生物和非生物，在下面空白处分别列出三种。

生 物	非生物
1	1
2	2
3	3

例题 4：（2015 年 8 年级科学）一些鸟会吃蛇。有一种蛇，生活在森林中的种群具有深色的外壳，而生活在田野中的种群则具有浅色的外壳。解释外壳颜色的差异对于这种蛇的生存有何意义。

（四）背景调查的框架

除了对学生学业水平的测评外，历次 TIMSS 测评都对学生的背景信息进行调查，用以挖掘影响学生学业水平的因素，从而为教育系统的改革提供建议和对策。与科学素质测评的框架不同，从第一次 TIMSS 测评起，对背景信息的调查就有明确的设计，并且在历次测评中调查的维度也在不断发展变化。图 1 - 3 呈现了历次 TIMSS 测评背景调查框架。

年份

2019
社会和国家政策（预期的科学课程、教学语言、生源、教师教育、校长聘任）
家庭背景（家庭提供的学习资源、家庭语言、早教、学前教育）
学校背景（特征和规模、资源短缺带来的影响、办学理念、家长对学校的看法、安全性和秩序性、学生之间的霸凌、学校归属感）
课堂背景（教师准备和经验、TIMSS测评的科学主题的教学、教学时间、教学实践和策略、教学清晰度、课堂氛围、教育技术的运用、教师面临的挑战）
学生对学习的态度（学生对科学的态度、学生使用技术的信心）

2015
国家和社会背景（经济资源、人口规模、地理特征、教育系统的组织和架构、生源、教学语言、预期的科学课程、教师及教师教育、课程实施监测）
家庭背景（资源、语言、父母预期和受教育程度、早教和科学活动）
学校背景（位置、学生经济背景、资源、师资、校长聘任、理念、安全性和有序性）
课堂背景（教师准备和经验、教学、资源和技术、时长、参与度、评价）
学生特征和对学习的态度（学习意愿、动机、自我效能、特征）

2011
国家和社会背景（规模和资源、教育系统的组织和架构、科学课程）
学校背景（特征、教学组织、学习风气、师资、资源、家长参与）
课堂背景（教师教育和发展、教师特征、课堂特征、教材和技术、内容、活动、评价）
学生特征和态度（规模和家庭背景、对学习科学的态度）

2007
课程（课程开发、范畴和内容、课程组织、监测和评价课程实施、课程资料和支持）
学校（规模、组织、目标、校长作用、支持科学学习的资源、技术支持和设备、风气、家长参与、教师招聘、教师评价）
教师和他们的准备（学术准备和认证、教师分配、在职教育、专业发展、特征）
课堂活动和特征（课程主题、班额、教学时长、活动、评价和家庭作业、电脑和网络使用、计算器使用、对探究的重视）
学生（家庭背景、态度）

2003
课程（课程开发、范畴和内容、课程组织、监测和评价课程实施、课程资料和支持）
学校（组织、目标、校长作用、支持科学学习的资源、家长参与、学科环境）
教师和他们的准备（学术准备和认证、聘任、分配、在职教育、经验、风格、专业发展）
课堂活动和特征（课程主题、时长、家庭作业、评价、氛围、信息技术、计算器使用、对探究的重视、班额）
学生（家庭背景、态度）

1999
课程（是否有国家层面的课程，如果有，如何实施和监测？是否有国家层面的考试，如果有，是什么类型的？国家课程强调什么内容？）
学校（师资和资源、教师的角色和职责、科学课程如何组织、学校风气如何）
教师（背景、信念、态度、受教育程度、工作量、教学策略）
学生（背景、对科学的态度和信念、科学课堂体验）

1995
国家/地区TIMSS组委会（教育系统架构、教育决策过程、教师资格认定、课程结构）
学生（对科学的态度、父母期望、校外活动）
教师（准备、训练、经验、教学投入、获得的支持、教学策略）
学校（组织和资源、师资、课程、生源、科学课程时长、在职培训、设备）

图 1 - 3　1995 ~ 2019 年 TIMSS 测评背景调查框架

第二章 欧洲地区 TIMSS 测评

第一节 高质量稳步发展：德国学生
科学素质表现分析

德国学生参与 TIMSS 测评的情况如表 2 - 1 所示，在 1995 年参加了 8 年级测试，在 2007 年、2011 年、2015 年参加了 4 年级测试。

表 2 - 1　参加测评学生平均年龄统计

单位：岁

年份	8 年级学生平均年龄	4 年级学生平均年龄
1995	14.8	—
2007	—	10.2
2011	—	10.2
2015	—	10.2

一　总体发展趋势

（一）8年级学生和4年级学生的总体学业水平

德国 8 年级学生只在 1995 年参加了一次 TIMSS 测评，其平均成绩为 531 分，高出国际平均得分 15 分，低分段学生（后 5% 学生）的分数为 360 分，高分段学生（前 25% 学生）的分数为 600 分。与 8 年级相比，4 年级学生则参加了 2007 年、2011 年和 2015 年三次测评。从图 2 - 1 中可以看出，德国 4 年级学生的平均得分在 2007 年、2011 年、2015 年三次测评中均没有变化，维持在 528 分的水平，并且均显著高于相应年份的国际平均水平。从表 2 - 2 中可以进一步看出，低分段的学生得分维持在 400 分左右，高分段的学生得分基本稳定地维持在 570~600 分的区间内。从平均得分以及学生得分的分布情况来看，2007~2015 年的近 10 年中，德国 4 年级学生整体水平非常稳定。

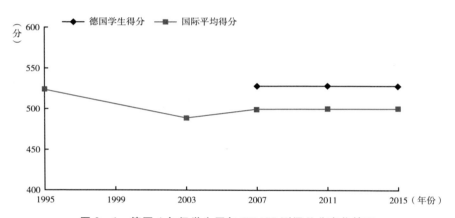

图 2 - 1　德国 4 年级学生历年 TIMSS 测评总分变化情况

表 2 - 2　德国历次 TIMSS 测评得分情况汇总（1995~2015 年）

单位：分

时间	年级	平均分	后 5%	后 25%	前 25%	前 5%
1995	8	531	360	460	600	690
2007		528	410	490	595	670
2011	4	528	390	470	575	650
2015		528	410	480	580	640

（二）不同性别学生的得分变化趋势

对不同性别学生的平均得分进行比较，8 年级学生在 1995 年测评中的表现为：男生平均得分 542 分，女生平均得分 524 分，二者之间存在比较明显的差异。对于 4 年级学生而言，男、女生之间的得分差距逐渐缩小（见

图 2 - 2）。2007 年、2011 年两次测评中，男生平均成绩显著高于女生，而在 2015 年，男、女生之间的得分差距基本消失，男、女生的平均得分几乎相同。

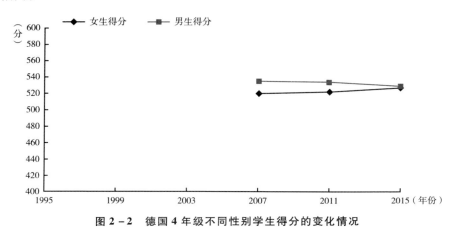

图 2 - 2　德国 4 年级不同性别学生得分的变化情况

（三）与国际科学素质基准的比较结果

根据国际科学素质基准，TIMSS 将学生的得分进行了转化，分为极高水平（Advanced International Benchmark，625 分）、高水平（High International Benchmark，550 分）、中等水平（Intermediate International Benchmark，475 分）以及低水平（Low International Benchmark，400 分）四个层次。

8 年级学生，在 1995 年的测评中，54% 的学生处于中等水平及以上，其中 29% 的学生处于高水平，11% 的学生属于极高水平。4 年级学生中各个层级的比例总体保持稳定，没有显著变化。95% 左右的学生能够达到低水平的层次，80% 左右的学生能够达到中等水平的层次，40% 左右的学生能够达到高水平的层次，10% 左右的学生达到极高水平的层次（见图 2 - 3）。这一比例说明，在 4 年级学生群体中，绝大部分学生处于中等水平及以上，有近四成的学生处于高水平和有一成多的学生处于极高水平。

二　学生在各学科维度上的得分变化

2003 年起，8 年级学生参与了地球科学、生命科学、物理、化学四个学

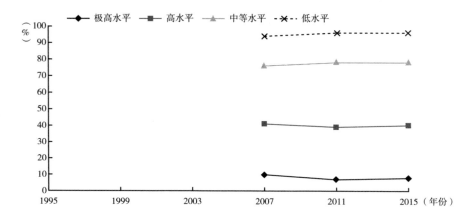

图 2 - 3 德国 4 年级学生依据国际科学素质基准的水平分布

科维度的测评，4 年级学生参与了地球科学、生命科学、物质科学三个学科维度的测试。由于 1995 年 TIMSS 评分规则与 2003 年及以后的评分规则不同，所以本部分不分析 8 年级学生的得分情况，仅对 4 年级学生在各学科维度上的得分以及变化情况进行描述和分析。

从表 2 - 3 和图 2 - 4 的结果可以看出，学生在各个学科上的表现均相对稳定。具体而言，在生命科学领域，学生 2011 年的得分相对较低，但 2015 年则有所回升，且三次测评分数相差不大，并无显著性的变化；在物质科学领域，学生 2011 年成绩最高，2015 年有所回落，但仍高于 2007 年水平，三次得分也无显著变化；在地球科学领域，与前两科不同，虽然得分持续下降，但降幅最大为 4 分，同样没有统计学意义的显著性变化。

表 2 - 3 德国 4 年级学生历次 TIMSS 测评各学科成绩统计

单位：分

年份	生命科学			物质科学			地球科学		
	得分	得分差异		得分	得分差异		得分	得分差异	
		2011	2007		2011	2007		2011	2007
2015	528	3	- 3	532	- 3	5	519	- 1	- 5
2011	525		- 6	535		8	520		- 4
2007	531			527			524		

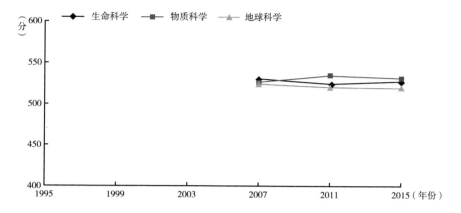

图 2-4 德国 4 年级学生在各学科的得分变化情况

三 学生在认知维度上的得分变化

自 2007 年开始，TIMSS 在认知维度划分上进化为知道（Knowing）、应用（Applying）以及推理（Reasoning）三个方面，并在后续测评中沿用至今。以下就 4 年级学生在认知维度上的变化情况进行描述。

从表 2-4 和图 2-5 中可以看到，4 年级学生在"知道"和"应用"两个认知维度上的表现虽有所起伏，但相对稳定，无显著变化。在"推理"维度上，得分自 2007 年以后便逐渐升高，但分差不大（相差 7 分）。总体而言，德国 4 年级学生在认知维度上的表现同样是较为稳定的。

表 2-4 德国 4 年级学生各认知维度的历次成绩统计

单位：分

年份	知道			应用			推理		
	得分	得分差异		得分	得分差异		得分	得分差异	
		2011	2007		2011	2007		2011	2007
2015	527	3	-2	529	-4	3	532	6	7
2011	524		-5	533		7	526		1
2007	529			526			525		

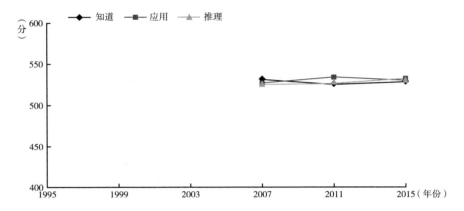

图 2 - 5　德国 4 年级学生在各认知维度的得分变化情况

四　学生家庭学习资源情况分析

TIMSS 调查了学生家中学习资源的丰富程度，并将其与学生所获得的学习成绩进行了关联和比较。

（一）1995年8年级学生家庭教育资源与学业成就间的联系

按照 1995 年 TIMSS 的测评框架，学生家庭教育资源包括学生在家拥有字典、书桌、电脑的情况，以及家庭所拥有的书籍数量等指标。

从表 2 - 5 可以看出，拥有全部三项的学生比例为 66%，与非三项都有的学生相比，前者的平均得分高出后者 28 分。在字典、书桌、电脑三项的比较中，拥有字典的比例最高，达到 98%，拥有电脑的比例最低，为 71%。当然，1995 年，学生家庭中有 71% 的比例拥有电脑，能够看出，德国学生的家庭条件是很好的。

表 2 - 5　学生学业成就与拥有字典、书桌、电脑情况的统计

单位：分，%

年级	三项都有		非三项都有		有字典		有书桌		有电脑	
	比例	平均分	比例	平均分	比例	平均分	比例	平均分	比例	平均分
8	66	542	34	514	98	—	93	—	71	—

　　学生家庭拥有的书籍数量则是 TIIMSS 考量的另一指标，TIMSS 将学生家庭拥有的图书数量分为 0～10 本、11～25 本、26～100 本、101～200 本、多于 200 本共 5 个层级，对每个层级的学生比例以及学业成就进行了统计，结果如表 2－6 所示。从表中可以看出，8 年级学生的学业水平与其家中藏书数量有着明显的正相关性，家中拥有 101～200 本图书的学生比仅有 0～10 本图书学生的平均分高出 99 分，但拥有 200 本以上图书的学生比拥有 101～200 本图书学生的平均分仅高出 14 分，这表明对于德国 8 年级学生而言，拥有图书数量与分数之间的相关性随着图书数量的增多而递减。

表 2－6　学生学业成就与家庭拥有图书数量情况的统计

单位：分，%

年级	0～10 本		11～25 本		26～100 本		101～200 本		多于 200 本	
	比例	平均分	比例	平均分	比例	平均分	比例	平均分	比例	平均分
8	8	456	14	483	26	519	19	555	33	569

（二）2007 年、2015 年 4 年级学生家庭教育资源与学业成就间的联系

　　在 2007 年、2015 年，衡量 4 年级学生家庭教育资源丰富程度的指标有所变化。2007 年的指标主要有：①家庭书籍的拥有量；②拥有电脑和网络的情况。2015 年则为：①家庭书籍的拥有量；②父母的受教育程度；③书桌、电脑的拥有情况；④父母的工作情况；⑤父母报告拥有儿童读物的数量。对这些指标进行整合，划分为"许多资源"（Many Resources）、"一些资源"（Some Resources）和"很少资源"（Few Resources）三个层级。"许多资源"表示学生拥有超过 100 本图书，具有书桌和电脑两项学习用品，父母中至少一方完成了大学教育，父母报告拥有超过 25 本儿童读物，至少一方具有专业性的职业。"很少资源"表示学生拥有不超过 25 本图书，没有书桌以及电脑，父母均没有接受过高中以上的教育，父母报告拥有少于 10 本儿童读物，而且双方既不是小业主也不是"白领"或从事专业技术的

人员。其余学生均属于"一些资源"的层级。

表 2-7 和表 2-8 展示了 4 年级学生在 2007 年时拥有图书数量、拥有电脑和网络情况及其与学业成绩之间的关系。从中可以看出，拥有的图书数量、电脑和网络情况，均与学业成绩之间呈现显著的正相关性。

表 2-7 学生学业成就与家庭拥有图书数量情况的统计

单位：分，%

年份	0~10 本		11~25 本		26~100 本		101~200 本		多于 200 本	
	比例	平均分	比例	平均分	比例	平均分	比例	平均分	比例	平均分
2007	8	454	25	502	35	539	17	561	14	574

表 2-8 学生学业成就与家庭拥有电脑和网络情况的统计

单位：分，%

年份	拥有电脑		没有电脑		拥有网络		没有网络	
	比例	平均分	比例	平均分	比例	平均分	比例	平均分
2007	93	534	7	491	81	538	19	497

在 2015 年，从表 2-9 中可以看出，资源的丰富程度与学生的学业成就显著正相关。拥有"许多资源"的学生平均成绩高于拥有"一些资源"的学生 52 分。与所有参与国家/地区的平均水平相比，德国处于中间水平的学生比例更高，只有个别学生的教育资源处于低水平。此外，德国 4 年级学生的水平整体显著高于国际平均水平，暗示学生素质、学校教育系统等均优于国际平均水平。

表 2-9 2015 年 4 年级学生学业成就与家庭教育资源的相关性

单位：分，%

年份	许多资源		一些资源		很少资源	
	比例	平均分	比例	平均分	比例	平均分
2015	18	588	80	536	2	—
平均水平	18	567	74	503	8	426

五 学生对科学的态度

学生对科学的态度是 TIMSS 调查的一个主要方面,虽然评价指标几经改变,但主要包括学生是否喜欢学习科学、学生对科学价值的认识、学生学习科学的自信程度等内容。在 1995 年,德国 8 年级学生中有 65% 喜欢生命科学,55% 喜欢地球科学,49% 喜欢物质科学。

(一)学生对科学的正面情感(PATS)

2007 年,TIMSS 采用学生"对科学的正面情感"(PATS)这一调查指标,从①喜欢学习科学的程度,②认为科学枯燥的程度,③喜欢科学的程度三个方面来判断学生对科学的态度。

表 2-10 中给出了 2007 年 4 年级学生对科学不同喜爱程度和其相应的平均学业成绩。从表中可以看出,对科学的态度越积极,其相应的学业成绩也越高。此外,德国 4 年级学生对科学的态度非常积极,处于高水平的学生比例高达 81%,说明德国学生对科学具有强烈的学习愿望,而且每个水平对应的平均分均远高于平均水平,表明德国 4 年级的教育质量具有较大优势。

表 2-10 2007 年学生平均得分与其 PATS 水平的相关性

单位:分,%

年级	高 PATS		中等 PATS		低 PATS	
	学生比例	平均分	学生比例	平均分	学生比例	平均分
4	81	536	11	514	8	501
平均水平	77	485	13	456	11	452

2011 年,TIMSS 仅对 PATS 当中的学生"喜欢学习科学的程度"进行了调查,虽然喜欢学习科学的程度与其成绩仍具有正相关性,但是"喜欢学习科学"的学生比例明显减少,仅为 58%,持中间态度的学生显著增加,比例达 30%。

2015 年的测评没有对该指标进行调查，但以上数据足以表明：整体而言，学生对科学的态度与学业成绩具有显著的正相关性，但对科学持积极态度的学生比例却在大幅减少，这势必会影响德国学生整体的科学学业成绩。

（二）学生对学习科学的自信程度（SCS）

学生对学习科学的自信程度，主要是指"自我感觉在学习科学上的表现"（1995 年），在 2003 年以后，具体细化为学生在"我通常在学习科学上做得好""科学对于我来说比对其他学生难""我就是不擅长科学""我在学习科学时学得很快"等问题中的回答。

从表 2 - 11 中可以看到，对于 4 年级的学生而言，学生学习科学的自信程度与其学业成绩之间存在显著的正相关性。但从数据中同样可以看出，高 SCS 水平的学生比例在 2011 年急剧减少，而中等、低 SCS 水平的学生比例却在显著增加。虽然平均水平的变化趋势与德国 4 年级学生的变化情况相一致，但德国高 SCS 水平的学生比例下降速度明显快于平均水平。

表 2 - 11　2011 年学生平均得分与其 SCS 水平的统计

年级	高 SCS			中等 SCS			低 SCS		
	2011 年学生比例（%）	平均分（分）	与 2007 年的比例差异（百分点）	2011 年学生比例（%）	平均分（分）	与 2007 年的比例差异（百分点）	2011 年学生比例（%）	平均分（分）	与 2007 年的比例差异（百分点）
4	53	548	- 23	33	524	15	13	483	8
平均水平	43	514	- 18	36	480	6	21	446	13

（三）小结

从以上分析可以看出，学生对科学的态度、对学习科学的自信程度，都遵从同样的规律，即学生的情感越积极、正面，其学业成绩水平越高，二者呈现显著的正相关性。换句话说，PATS、SCS 等指标可以作为判断学生学业成绩的"敏感指标"。但同样不可忽略的是，SCS 指标中处于高水平的学生比例在显著下降。

六　教师、课程与教学方式对学业水平的影响

TIMSS 对教师、课程、教学方式与学生学业成绩之间的关系进行了分析，本部分从这三个方面对 4 年级学生的情况进行描述和分析。

（一）教师对学生学业水平的影响

教师因素包括教师的受教育程度、教龄、专业发展情况等相关因素。

1. 教师受教育程度

表 2 - 12 呈现了 2007 年以来历次 TIMSS 测评中 4 年级教师学历水平的变化情况，从表中可以看出，相比 2007 年、2011 年，2015 年教师为研究生的比例显著上升，高达 85%，教师为大学本科生的比例则为 0，专科比例为 15%。与 2007 年、2011 年进行对比可以发现，2011 年以后德国对教师的学历要求从本科层次过渡到研究生层次，且比例远高于国际平均水平。

表 2 - 12　4 年级学生中不同教师学历水平的变化情况

单位：%

年份	教师为研究生的比例	教师为大学本科生的比例	教师为专科生的比例	教师低于专科水平的比例
2015	85	0	15	0
2011	2	82	10	6
2007	0	100	0	0
平均水平（2015）	28	57	11	4

2. 教师教龄

教师教龄则是影响学生学业的另一个主要因素，从表 2 - 13 可知，从 2011 年到 2015 年，教龄多于 20 年的资深教师比例有所上升，从 2011 年的 44% 上升至 2015 年的 52%；0~5 年教龄的新教师比例则有所下降，从 2011 年的 18% 下降到 2015 年的 14%；6~10 年教龄教师的比例同样

也有所下降；11～20 年教龄教师的比例则保持相对稳定。此外，虽然在世界平均水平中，教师教龄与学生学业成绩之间似乎存在一定的相关性，但对德国 4 年级学生而言，教师教龄与学生平均成绩之间并不存在这种相关性。

表 2 - 13　4 年级教师教龄与学生学业水平的关系

单位：分，%

年份	0～5 年		6～10 年		11～20 年		多于 20 年	
	比例	平均分	比例	平均分	比例	平均分	比例	平均分
2015	14	519	8	517	26	530	52	532
2011	18	529	13	529	25	527	44	529
平均水平（2015）	14	502	17	505	30	507	39	510

3. 教师的专业发展情况

教师的专业发展是指在职教师接受与教学相关的培训，以及与同事讨论教学等专业问题等。从 2003 年起，TIMSS 调查了教师参加科学知识、科学教学、科学课程、科学教育中的信息技术、促进学生批判性思维和探究技能、科学测验等方面的培训情况，具体结果如表 2 - 14 所示。

表 2 - 14　德国 4 年级教师参加各项培训的情况

单位：%

年份	参加各项培训的教师比例					
	科学知识	科学教学	科学课程	信息技术	批判性思维与探究技能	科学测验
2015	36	24	29	6	25	12
2011	37	24	18	7	—	17
2007	36	21	33	7	25	15
平均水平（2015）	32	32	32	30	33	25

从表 2 - 14 中可以看出，德国 4 年级教师参加培训的情况总体稳定，但除科学知识外，其余各项的比例均低于平均水平（除 2007 年科学课程），尤其在信息技术、科学测验两个方面，受过培训的教师比例远低于平均水平。从这一结果可以看出，德国教师参与培训的比例总体不高，而且相对集中在对科学知识方面的提升，而对于与教学相关的科学教学、科学课程，以及相关的信息技术等关注较少。

（二）课程与教学方式对学生学业水平的影响

1. 课时与教学内容是影响学生学业水平的两个主要课程因素

在课时方面，2007 年的科学课年课时数为 106 小时；2011 年的科学课年课时数为 75 小时，占总课时数的 9% 左右；2015 年的科学课年课时数为 61 小时，占总课时数的 7% 左右。从以上的统计结果可以看到，4 年级的科学课年课时数的绝对数量在不断下降，2015 年的课时量仅为 2007 年的 60% 左右。

在教学内容方面，4 年级学生在科学课程中学过 TIMSS 测评当中涉及的知识内容的比例分别为：2007 年 55%，2011 年 59%，2015 年 62%。从数据可以看出，德国 4 年级学生学过相关知识内容的比例维持在 60% 左右，但这一比例低于 2015 年的世界平均水平（65%），这势必对学生的表现造成一定的影响。

2. 教学方式对学生学业的影响

TIMSS 强调科学探究在科学课程中的实践情况。在 2007 年的测评中，TIMSS 调查了在每个月进行一次、两次或更多探究活动的学生比例，从表 2 - 15 中可以看到，德国 4 年级学生在课堂上主要参与的活动为：解释所学内容、观看教师演示实验以及进行观察和记录等，而设计或制订实验或探究计划、小组合作进行实验或探究等的比例显著低于世界平均水平，由此可以看出，德国的课堂仍相对比较传统，注重知识、技能的传授。

在 2011 年、2015 年，在半节课以上的时间内进行科学探究活动的学生比例以及探究活动与学业成绩之间的相关性如表 2 - 16 所示，从表中可以看到，在 2015 年，4 年级学生探究活动占半节课及以上的比例显著下降，不足

表 2-15 2007 年 4 年级学生参加科学探究活动的情况

单位：%

年份	在半节课以上的时间内进行科学探究活动的学生比例					
	观察诸如天气和植物生长等，并做观察记录	解释所学内容	观看教师演示实验	设计或制订实验或探究计划	进行实验或探究活动	小组合作进行实验或探究
2007	40	69	56	27	25	38
平均水平（2007）	52	69	67	47	49	56

平均水平的四分之一。同时，德国 4 年级学生课堂的探究活动整体开展比例极低，94% 的学生在课堂上所经历的探究活动均不足半节课的时间。但与平均水平所呈现的规律不同，德国参与探究活动时间长的学生的成绩显著高于时间短的学生。但从平均水平的角度看，二者之间是否存在相关性是值得怀疑的。

表 2-16 2011 年和 2015 年学生成绩与进行探究活动之间的相关性

单位：分，%

年份	年级	探究活动占半节课及以上		探究活动不足半节课	
		比例	平均分	比例	平均分
2015	4	6	548	94	527
2011		12	520	88	531
平均水平（2015）		27	508	73	505

（三）小结

从该部分的分析可以发现，德国教师的整体学历水平显著提升，资深教师的比例稳中有升。但是，教师参与各方面培训的不足，同样可能会影响教师对未来社会所需人才的培养。另外，科学探究在课堂中的实践情况不容乐观，虽然探究活动与学业成绩之间的相关性还有待进一步检验，但科学探究为学生提供了发展多方面能力的平台和机会，应当得到足够重视。

七　总结

（一）学生学业水平稳定，显著高于国际平均水平

德国学生的学业水平总体保持稳定，4 年级学生的平均成绩始终为 528 分，显著高于国际平均水平。按照国际科学素质的标准，80% 左右的学生处于中等水平及以上，40% 以上的学生处在高水平及以上。学业成就之间的性别差异在 2015 年消失。学生在各学科、各认知维度方面的表现同样相对稳定。

（二）学生对学习科学的正面态度有所消退

根据学生对科学的态度调查，可以看到德国学生对学习科学的自信程度有显著的下降趋势，且学校课程中的科学课程时间显著缩短，使得学生学习科学知识的时间明显减少。虽然目前学生的学业成绩总体稳定，但是这些因素的相互作用，会使得未来学生的科学水平面临风险和挑战。

（三）家庭教育资源对学生学业水平有显著影响

家庭拥有的图书数量、是否拥有电脑等，成为影响学生学业成就的主要因素。这一结果说明，提升学生在科学课程上的成就，不仅要关注校内，更要关心学生家庭的资源建设，只有将校内、校外统筹起来，才能有效提升学生的学业水平。

（四）教师整体素质稳定，科学探究面临挑战

教师是教育系统中最为宝贵的资源。通过数据可知，德国教师中的高学历背景人才所占比例显著上升，研究生学历的教师占据绝大多数，教学经验丰富的资深教师比例同样有所上升。但同时，以科学探究为主要教学方式的课堂却已经成为极少数现象。这固然与整个社会对科学的认识有关，但科学探究为学生发展全面的科学能力提供了良好的平台与机会，虽然这些能力可能无法通过 TIMSS 测评的结果得到反映，但这对学生未来的发展至关重要。

因此，TIMSS 测评的主办方需要评估其测评能够在多大程度上反映 21 世纪人才所需要的核心知识与能力（比如科学探究），应该从命题的目标、

测评的方式等角度全方位审视现有框架与题目，让 TIMSS 测评能够客观反映学生的实际学业水平。

第二节　小学阶段发展迅速，教师质量有隐忧：从 TIMSS 测评看英国的科学教育成效

英国参与 TIMSS 测评的有英格兰和苏格兰两个地区，两个地区的教育制度、文化、经济发展水平基本相同，考虑到人口和学生总体数量等因素，本文选择英格兰作为分析主体。英国参加 TIMSS 测评的学生所在年级与其他国家有所不同，初中阶段为 9 年级，小学阶段为 5 年级。

一　总体发展趋势

自 1995 年起，至 2015 年为止，英格兰地区的 5 年级及 9 年级学生分别参加了 5 次和 6 次 TIMSS 测评（见表 2-17）。

表 2-17　参加测评学生平均年龄统计

单位：岁

年份	9 年级学生平均年龄	5 年级学生平均年龄
1995	14.1	10.1
1999	14.2	—
2003	14.2	10.2
2007	14.3	10.2
2011	14.2	10.3
2015	14.0	10.0

（一）9 年级学生和 5 年级学生的得分趋势

从图 2-6 可以看出，英格兰地区 9 年级学生的平均得分没有较大变化，维持在 540 分左右，并且均显著高于历年的国际平均得分。低分段的学生得分维持在 400 分左右，高分段的学生得分维持在 600 分左右。这一结果表

明，从平均得分以及学生得分的分布情况来看，从 1995 ~ 2015 年的 20 年中，英格兰地区 9 年级学生整体水平较为稳定。

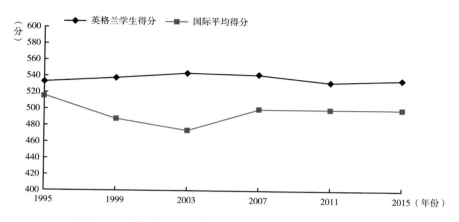

图 2 - 6　英格兰 9 年级学生历年 TIMSS 测评总分变化情况

从图 2 - 7 可以看出，5 年级学生的得分同样相对稳定，维持在 540 分左右，自 1995 年以来，5 年级学生的得分显著高于国际平均得分。低分段的学生得分维持在 350 分左右，高分段的学生得分维持在 620 分左右。与 9 年级的情况类似，1995 年到 2015 年这一时期，5 年级学生的整体水平较为稳定。

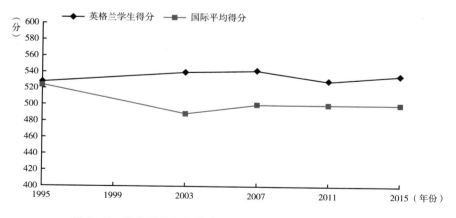

图 2 - 7　英格兰 5 年级学生历年 TIMSS 测评总分变化情况

（二）不同性别学生的得分变化趋势

对不同性别学生的平均得分进行比较，从结果可以看出，9 年级男、女生之间的得分差距逐渐消失（见图 2 - 8）。具体而言，1995 年、1999 年两次测评时，男生平均成绩显著高于女生，而进入 21 世纪后，男、女生之间的得分差距不断缩小，在 2011 年、2015 年两次测评时，男、女生的平均得分几乎相同。

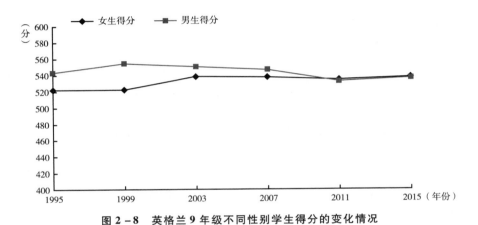

图 2 - 8　英格兰 9 年级不同性别学生得分的变化情况

与 9 年级学生的情况不同，5 年级学生的得分始终没有表现出明显的性别差异，在所参加的 5 次测验中，男、女生的平均得分均比较相近（见图2 - 9）。

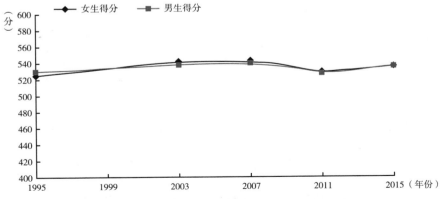

图 2 - 9　英格兰 5 年级不同性别学生得分的变化情况

（三）与国际科学素质基准的比较结果

根据国际科学素质基准，TIMSS 将学生的得分进行了转化，分为极高水平（Advanced International Benchmark，625 分）、高水平（High International Benchmark，550 分）、中等水平（Intermediate International Benchmark，475 分）以及低水平（Low International Benchmark，400 分）四个层次。对于 9 年级的学生而言，在历次测评中，各个层级学生的比例总体保持稳定，没有显著变化。95% 左右的学生能够达到低水平的层次，75% 左右的学生能够达到中等水平的层次，45% 左右的学生能够达到高水平的层次，15% 左右的学生达到极高水平的层次（见图 2 - 10）。这一比例说明，在 9 年级学生这个群体中，大部分学生处于中等水平及以上，有近半数的学生处于高水平和极高水平。

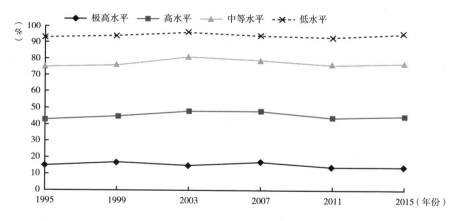

图 2 - 10　英格兰 9 年级学生依据国际科学素质基准的水平分布

与 9 年级的情况稍有不同，5 年级学生的整体水平呈现相对明显的上升趋势，但极高水平的学生比例略有下降。具体而言，自 1995 年参加第一次 TIMSS 测评起，5 年级学生中处在低水平、中等水平、高水平的学生比例呈现上升趋势（上升 10 个百分点左右），到 2015 年测评时，几乎所有参加测评的学生均处在低水平及以上的层次，有 80% 的学生处在中等及以上的层次，50% 的学生处在高水平及以上的层次，虽然极高水平学生的比例有所下降（自 1995 年起，下降 5 个百分点左右），但学生总体的水平不断进步（见图 2 - 11）。

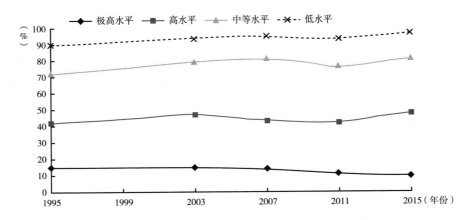

图 2－11　英格兰 5 年级学生依据国际科学素质基准的水平分布

二　学生在各学科维度上的得分变化

9 年级学生参与了地球科学、生物学、物理、化学四个学科维度的测评，5 年级学生参与了地球科学、生命科学、物质科学三个学科维度的测评。以下分别就 9 年级学生和 5 年级学生在各学科维度上的得分以及变化情况进行描述和分析。

（一）9年级学生在各学科维度上的得分变化

由于 TIMSS 在 2007 年及其以后的测评维度有显著的变化，所以本文仅对 2007 年、2011 年、2015 年三次 TIMSS 测评的成绩进行比较。从表 2－18 和图 2－12 的结果可以看出，学生在地球科学方面的表现相对稳定，在生物学、化学和物理方面的表现有较大的变化。具体而言，在生物学学科，学生 2011 年的得分相对较低，但 2015 年与 2007 年的得分相对持平；在化学学科，学生 2011 年、2015 年两次成绩均较大幅度低于 2007 年；在物理学科，与化学类似，2011 年、2015 年两次成绩显著低于 2007 年。

（二）5年级学生在各学科维度上的得分变化

与 9 年级情况相同，5 年级学生的测评维度划分相对于 2007 年也进行了调整，因此本部分也只比较 2007 年、2011 年、2015 年三次 TIMSS 测评的

表 2 - 18　英格兰 9 年级学生历次各学科成绩统计

单位：分

年份	生物学			化学			物理			地球科学		
	得分	得分差异		得分	得分差异		得分	得分差异		得分	得分差异	
		2011	2007		2011	2007		2011	2007		2011	2007
2015	542	9	-2	529	0	-10	535	2	-14	536	0	5
2011	533		-11	529		-10	533		-16	536		5
2007	544			539			549			531		

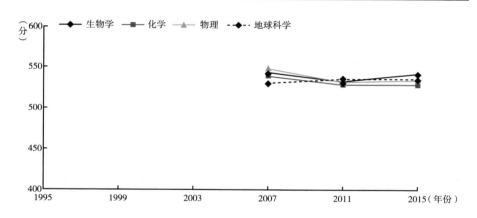

图 2 - 12　英格兰 9 年级学生在各学科的得分变化情况

得分变化情况。从表 2 - 19 以及图 2 - 13 中可以看出，学生在生命科学、物质科学上的得分呈现波动起伏状态，但 2007 年与 2015 年的得分相比变化不大；地球科学的得分则表现出近似"L"形的特点，即 2011 年、2015 年的得分大幅度低于 2007 年，且 2011 年、2015 年两次得分差异不太大。

三　学生在认知维度上的得分变化

自 2007 年开始，TIMSS 在学科内容评分的基础上，增加了从认知维度进行评分的角度，从而更全面地评价学生的学业水平。TIMSS 在认知上划分了三个维度，即知道（Knowing）、应用（Applying）以及推理（Reasoning）。以下就 9 年级和 5 年级学生在认知维度上的变化情况进行描述。

表 2-19　英格兰 5 年级学生历次各学科成绩统计

单位：分

年份	生命科学			物质科学			地球科学		
	得分	得分差异		得分	得分差异		得分	得分差异	
		2011	2007		2011	2007		2011	2007
2015	536	6	0	540	5	-6	527	5	-15
2011	530		-6	535		-11	522		-20
2007	536			546			542		

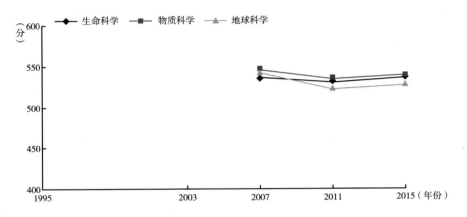

图 2-13　英格兰 5 年级学生在各学科的得分变化情况

（一）9 年级学生在认知维度上的得分变化

从表 2-20 和图 2-14 可以看出，在"应用"和"推理"两个认知维度上，学生的表现虽有所起伏，但 2015 年与 2007 年得分基本持平。在"知道"这一维度上，学生在 2015 年的表现相对差于 2007 年、2011 年。

表 2-20　英格兰 9 年级学生历次各认知维度的成绩统计

单位：分

年份	知道			应用			推理		
	得分	得分差异		得分	得分差异		得分	得分差异	
		2011	2007		2011	2007		2011	2007
2015	523	-10	-13	538	7	-2	545	8	-3
2011	533		-3	531		-9	537		-11
2007	536			540			548		

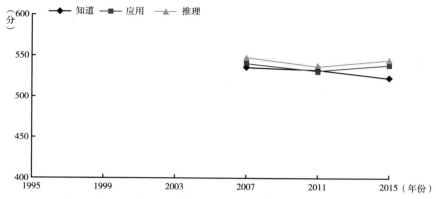

图 2 - 14　英格兰 9 年级学生在各认知维度的得分变化情况

（二）5年级学生在认知维度上的得分变化

从表 2 - 21 和图 2 - 15 中可以看到，5 年级学生在"知道"和"应用"

表 2 - 21　英格兰 5 年级学生各认知维度的历次成绩统计

单位：分

年份	知道			应用			推理		
	得分	得分差异		得分	得分差异		得分	得分差异	
		2011	2007		2011	2007		2011	2007
2015	536	6	0	540	5	- 6	527	5	- 15
2011	530		- 6	535		- 11	522		- 20
2007	536			546			542		

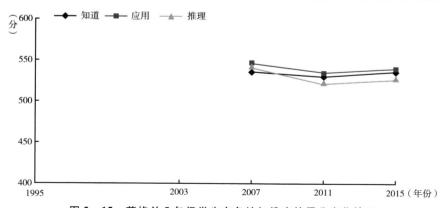

图 2 - 15　英格兰 5 年级学生在各认知维度的得分变化情况

两个认知维度上的表现相对稳定。2007 年和 2015 年在"知道"维度上的得分相同，且 2011 年与其他两次的得分差异相对较小。与之类似，在"应用"维度上，2007 年和 2015 年的得分差异不大（相差 6 分）。与前两个认知维度不同，在"推理"维度上，2011 年、2015 年与 2007 年的表现差异较大，与 2007 年相比，2015 年的得分明显下降。

四　学生家庭学习资源情况分析

TIMSS 调查了学生家中学习资源的丰富程度，并将其与学生所获得的学习成绩进行了关联和比较。虽然历年的 TIMSS 测评始终含有这一角度的信息，但是在 1995 年至 2015 年的 6 次测评中，测评框架与测评指标经历了几次调整。因此，本部分对 1995 年和 2015 年两个时间节点进行分析，从而展示出 20 年前后学生家庭教育资源的变化情况，以及其与学业成就之间的联系。

（一）1995年学生家庭教育资源与学业成就间的联系

按照 1995 年 TIMSS 的测评框架，学生家庭教育资源包括学生在家拥有字典、书桌、电脑的情况，以及家庭所拥有的书籍数量等指标。

对于 9 年级的学生而言，表 2 - 22 展示了学生在家中拥有字典、书桌以及电脑的情况，从表中可以看出，拥有全部三项的学生比例高达 80%，与非三项均有的学生相比，前者的平均得分高出后者 24 分。在字典、书桌、电脑三项的比较中，拥有字典的比例最高，达到 98%，拥有电脑的比例最低，但也达到 89%。从平均分的差异可以推测，就这三项资源而言，在当时的背景下，三项资源的相互配合使用能够对学生学习起到更好的支撑作用。

表 2 - 22　学生学业成就与拥有字典、书桌、电脑情况的统计

单位：分，%

年级	三项均有		非三项均有		有字典		有书桌		有电脑	
	比例	平均分	比例	平均分	比例	平均分	比例	平均分	比例	平均分
9	80	558	20	534	98	—	90	—	89	—
5	68	564	32	525	93	—	80	—	88	—

在 5 年级的学生中，三项资源均有的比例为 68%，非三项均有的比例为 32%，同样的，前者的平均得分较后者的优势显著，差异达到 39 分。在各单项中，仍然是字典的拥有比例最高，达到 93%，拥有电脑的比例为 88%，与 9 年级不同，拥有书桌的比例反而最低，为 80%。

除上述三项外，学生家庭拥有的书籍数量则是 TIMSS 考量的另一指标，TIMSS 将学生家庭拥有的图书数量分为 0～10 本、11～25 本、26～100 本、101～200 本、多于 200 本 5 个层级，对每个层级的学生比例以及学业水平进行了统计，结果如表 2－23 所示。从表中可以看出，9 年级学生的学业水平与其家中藏书数量有着明显的正相关性，家中图书数量在 200 本以上的学生比仅有 0～10 本图书的学生的平均分高出 124 分，且每个层级所对应的平均分均比上一层级高 30 分左右。

表 2－23　学生学业成就与家庭拥有图书数量情况的统计

单位：分，%

年级	0～10 本		11～25 本		26～100 本		101～200 本		多于 200 本	
	比例	平均分	比例	平均分	比例	平均分	比例	平均分	比例	平均分
9	6	472	13	502	27	536	22	564	32	596
5	7	474	13	505	26	542	23	569	31	586

5 年级的情况与 9 年级类似，同样展示出图书拥有量与学业水平间的强正相关性，且每个高层级所对应的平均分比相邻的低层级高出 30 分左右。此外，从表中还可看出，英国家庭整体上比较重视书籍的阅读，有超一半的家庭藏书量超过 100 本，其中拥有超过 200 本图书的家庭比例最高，达 31%。

（二）2015 年学生家庭教育资源与学业成就间的联系

与 1995 年相比，在 2011 年以后，衡量 9 年级学生家庭教育资源丰富程度的指标变为：①家庭书籍的拥有量；②书桌、电脑的拥有情况；③父母的受教育程度。将这三个指标进行整合后，归纳为"许多资源"（Many Resources）、"一些资源"（Some Resources）、"很少资源（Few Resources）"

三个层级。"许多资源"表示学生拥有超过 100 本图书，具有书桌和电脑两项学习用品，父母中至少一方完成了大学教育。"很少资源"表示学生拥有不超过 25 本图书，没有书桌以及电脑，父母均没有接受过高中以上的教育。其余学生均属于"一些资源"的层级。

除上述指标外，衡量 5 年级学生家庭教育资源丰富程度的指标还包括父母的工作情况，以及父母报告拥有儿童读物的情况。"许多资源"额外要求父母有超过 25 本儿童读物，至少一方具有专业性的职业；除 9 年级描述的条件外，5 年级的"很少资源"指父母拥有少于 10 本儿童读物，而且双方既不是小业主也不是"白领"或从事专业技术的人员。

从表 2 - 24 中可以看出，资源的丰富程度与学生的学业成就显著正相关。拥有"许多资源"的学生平均成绩显著高于拥有"一些资源"的学生（相差 81 分），而拥有"一些资源"的学生平均成绩高于拥有"很少资源"的学生 55 分。

表 2 - 24　学生学业成就与家庭拥有图书数量情况的统计

单位：分，%

年级	许多资源		一些资源		很少资源	
	比例	平均分	比例	平均分	比例	平均分
9	19	606	76	525	5	470
5	—	—	—	—	—	—

这一结果与 1995 年的结果相一致，表明家庭教育资源这一因素对学生学业成就的影响不仅显著，而且相当稳定与持续。虽然社会在不断进步，"资源"的含义有所调整（如在互联网尚未普及的 1995 年，字典仍被视为一项主要的学习资源，但到 2000 年以后，随着网络的普及，字典已经被集成在各种智能终端当中，因此不再作为一项主要资源），但书籍数量、电脑以及父母的受教育程度等对学生的影响始终是重要的。

五　学生对科学的态度

自 1995 年至 2007 年，TIMSS 测评对学生对于科学的态度进行了调查与分析，提出了学生"对科学的正面情感"（PATS）这一调查指标，学生对科学的态度具体可分为三种不同的类型：①喜欢学习科学；②科学很枯燥；③喜欢科学。

除此以外，考虑到学生可能由于升学、就业、未来发展等外在动机而重视科学学习，TIMSS 在 PATS 指标的基础上，又提出了"学生对科学价值的认识"（SVS）指标，在这一指标下，学生的回答主要可以分为：①学习科学能够在日常生活中给我帮助；②需要科学知识来学习其他学科；③学好科学以便能够进入心仪的大学；④学好科学以便得到期望的工作。

（一）学生对科学的正面情感（PATS）

表 2-25 中给出了 9 年级、5 年级学生不同科学态度和其相应的平均学业成绩，以及科学态度与其他年份测评结果的对比情况。从表中可以看出，对科学的态度越积极，其相应的学业成绩也越高。

表 2-25 学生平均得分与其 PATS 水平的统计

年级	高 PATS				中等 PATS				低 PATS			
	2007 年学生比例（%）	平均分（分）	与 1999 年的比例差异（百分点）	与 1995 年的比例差异（百分点）	2007 年学生比例（%）	平均分（分）	与 1999 年的比例差异（百分点）	与 1995 年的比例差异（百分点）	2007 年学生比例（%）	平均分（分）	与 1999 年的比例差异（百分点）	与 1995 年的比例差异（百分点）
9	55	561	-21	-15	20	532	9	4	25	510	12	11
5	59	548	—	-13	17	538	—	4	24	533	—	9

对 9 年级学生而言，2007 年有 55% 的学生对科学的态度处于高水平，但这一比例与 1995 年、1999 年相比仍有大幅下降，最高降幅达 21 个百分点；对科学的态度处在中等水平的学生比例有所增加，比 1999 年增加 9 个百分点；对科学的态度处于低水平的学生比例大幅增加，达到 25%，比 1999 年增加 12 个百分点。对 5 年级的学生而言，情况与 9 年级类似，虽然 2007 年有 59% 的学生对科学的态度非常正面，但与 1995 年相比，仍大幅下

降 13 个百分点，对科学持消极态度的学生比例增加 9 个百分点，达到 24%。

2011 年，虽仅对 PATS 当中学生"喜欢学习科学"的程度进行了调查，但结果与之前保持一致，即喜欢学习科学的程度与其成绩具有正相关性，且分数差异类似（9 年级 30 分左右，5 年级 7~10 分），由此可以推断，"喜欢学习科学"可能是 PATS 这一整体指标中最为核心的部分，能够凸显与学业成绩之间的关系。

虽然 2015 年的测评没有对该指标进行调查，但以上数据足以表明，就学生整体而言，其对科学的态度与学业成绩具有显著的正相关性，但对科学持积极态度的学生比例却在大幅减少，这势必会影响该国学生整体的科学学业成绩。

（二）学生对科学价值的认识（SVS）

表 2-26 给出了学生学业成绩与其对科学价值的认识之间的关系，从表中可以看出，整体而言，9 年级学生对科学价值的认识与其学业成绩之间也呈现显著的正相关性，同时认为学习科学很有价值的学生比例达到 41%，持中间态度的学生比例达到 37%，持负面态度的有 22%。与 2007 年、2003 年相比，2011 年认为科学很有价值的比例降幅明显，持中间态度以及负面态度的比例扩大，相应的分布比例与学生对科学的态度的分布比例基本一致，暗示两者之间存在一定的相关性。

表 2-26　学生平均得分与其 SVS 水平的统计

年级	高 SVS				中等 SVS				低 SVS			
	2011 年学生比例(%)	平均分(分)	与2007年的比例差异（百分点）	与2003年的比例差异（百分点）	2011 年学生比例(%)	平均分(分)	与2007年的比例差异（百分点）	与2003年的比例差异（百分点）	2011 年学生比例(%)	平均分(分)	与2007年的比例差异（百分点）	与2003年的比例差异（百分点）
9	41	547	−9	−4	37	530	6	2	22	516	5	2
5	—	—			—	—			—	—		

（三）学生对学习科学的自信程度（SCS）

学生对学习科学的自信程度，主要是指"自我感觉在学习科学上的表现"（1995 年），在 2003 年以后，具体细化为学生在"我通常在学习科学上做得好""科学对于我来说比对其他学生难""我就是不擅长科学""我在学习科学时学得很快"等问题上的回答。

由于 1995 年 TIMSS 对 SCS 题目采用四点量表法，即强烈同意、同意、不同意、强烈不同意，而在 2003 年以后整合为三个水平，即高、中等、低水平。所以，为了能够更严格地从统计数字中得出相应规律，本部分的分析不包含 1995 年的统计数据。从表 2－27 中可以看到，对于 9 年级和 5 年级的学生而言，学生学习科学的自信程度与其学业成绩之间存在显著的正相关性。但从数据中同样也可以看出，高 SCS 水平的学生比例在 2011 年急剧减少，而低 SCS 水平的学生比例却在显著增加，中等 SCS 水平的学生比例也显著增加。

表 2－27 学生平均得分与其 SCS 水平的统计

年级	高 SCS				中等 SCS				低 SCS			
	2011 年学生比例（%）	平均分（分）	与 2007 年的比例差异（百分点）	与 2003 年的比例差异（百分点）	2011 年学生比例（%）	平均分（分）	与 2007 年的比例差异（百分点）	与 2003 年的比例差异（百分点）	2011 年学生比例（%）	平均分（分）	与 2007 年的比例差异（百分点）	与 2003 年的比例差异（百分点）
9	23	579	－30	－29	52	529	21	20	25	503	10	10
5	33	549	－22	－20	38	530	7	5	29	506	15	15

（四）学生课后学习科学的时间（TSH）

TIMSS 在 1995 年开始便关注调查学生完成课后作业所需的时间（the Time Students Spend on Doing Science Homework，TSH），但由于 1995 年仅统计了各国学生完成科学课程课后作业所需的平均时间，而 1999 年则仅综合统计了学生完成各科作业所需总时间的平均值，所以本部分将从 2003 年起，对学生完成作业所需时间的变化情况进行描述。

TSH 指标被分为三个水平，即高 TSH、中等 TSH 和低 TSH。高 TSH 表示学生每周至少完成 3~4 次科学作业，每次需要至少 30 分钟；低 TSH 表示学生每周完成两次科学作业，每次用时不超过 30 分钟；其余学生则属于中等 TSH 水平。

　　表 2-28 展示了 9 年级学生学业平均成绩与 TSH 指标之间的相关变化情况（由于 5 年级学生仅在 2003 年、2007 年进行了两次统计，故不对 5 年级的数据进行分析）。从表中可以看到，9 年级学生写作业所用时间在不断减少，在 2011 年、2015 年的调查中，超过 70% 的学生每周的科学作业用时少于 1 小时，基本没有学生每周的作业用时超过 2 小时。从数据中可以看出，TSH 指标也与学生的学业成绩之间具有正相关性。这可能是由于 TSH 指标不仅由每次作业时间决定，而且还由教师留作业的频次所决定。学生单次作业用时长，可能是作业量大造成的，也可能是学生知识掌握不够、学习质量不高造成的，作业的频次则能在一定程度上反映出学生学习科学课程内容的广度和深度。因此，从 TSH 与学业成绩之间的正相关性中，可以推测出英国教师每次所留的作业量相对适中，学业成绩高的学生很可能是在学习深度和广度上优于其他人。

表 2-28　9 年级学生学业成就与 TSH 水平的统计

单位：分，%

时间	高 TSH		中等 TSH		低 TSH	
	比例	平均分	比例	平均分	比例	平均分
2015	1	—	26	568	72	529
2011	1	—	26	555	73	528
2007	7	588	31	558	62	536
2003	9	576	38	556	53	537

（五）小结

　　从以上分析可以看出，学生对科学的态度、对科学价值的认识以及对学习科学的自信程度，都遵从同样的规律，即态度越积极、正面，其学业成绩水平越高，二者呈现显著的正相关性。换句话说，PATS、SVS、SCS 三项指标可以作为判断学生学业成绩的"敏感指标"。但同样不可忽略的是，三项指标中处于高水平的学生比例都在显著下降，表明截至 2011 年的测试，英国 5 年级、9 年级学生中擅长科学的学生比例在显著下降，即今后该国的人力、技术竞争优势等将面临严峻挑战。此外，可以尝试适当增加学生科学作业的数量，进而提高学生学业成绩。

六　教师、课程与教学方式对学业水平的影响

TIMSS 对教师、课程、教学方式与学生学业成绩之间的关系进行了分析，本部分从这三个方面对 9 年级和 5 年级学生的情况进行描述与分析。

（一）教师对学生学业水平的影响

教师因素包括教师的受教育程度、教龄、专业发展情况等相关因素。

1. 教师受教育程度

表 2 - 29 和表 2 - 30 呈现了 2007 年以来历次 TIMSS 测评中 9 年级和 5 年级教师学历水平的变化情况，从表中可以看出，相比 2011 年、2007 年，2015 年教师中研究生的比例显著下降，本科生的比例显著增加，很少有专科生从事教师职业。值得注意的是，虽然英国教师整体素质高于国际平均水平（本科生比例显著高于国际平均值，专科及以下学历的教师很少），但具有研究生学历的教师比例在 2015 年已经低于当年国际平均水平，更是低于其自身 2011 年、2007 年的水平，尤其是 5 年级教师中的研究生比例，已不足国际平均水平的二分之一。这一现象似乎表明，英国教师行业在最近几年对高学历人员的吸引力不断下降。教师中高学历人才的减少，势必影响学生的学业水平。

表 2 - 29　9 年级教师的学历水平变化情况

单位：%

年份	研究生比例	本科生比例	专科生比例	低于专科水平的比例
2015	26	74	0	0
2011	45	54	1	0
2007	39	56	4	0
平均水平（2015）	28	64	7	2

表 2 - 30　5 年级教师的学历水平变化情况

单位：%

年份	研究生比例	本科生比例	专科生比例	低于专科水平的比例
2015	12	87	1	0
2011	35	60	4	1
2007	34	56	10	0
平均水平（2015）	28	57	11	4

2．教师教龄

教师教龄则是影响学生学业的另一个主要因素，从表 2 - 31 和表 2 - 32 可知，从 1995 年到 2015 年，教龄多于 20 年的资深教师比例显著下降，从 1995 年的超过 30% 降低至 2015 年的 20% 以下；0 ~ 5 年教龄的新教师比例则有所上升，尤其是 5 年级教师中的新教师比例，从 1995 年的 18% 上升到 2015 年的 36%；6 ~ 10 年教龄的教师比例也有所上升，在 2015 年超过 20%；同时，11 ~ 20 年教龄的教师比例有所下降。此外，教师教龄与学生平均成绩之间并没有表现出清晰的关系，即二者之间不存在相关性。这一结果同时暗示，英国教师的从教时间似乎并不是判断教师能力的理想指标。

表 2 - 31　9 年级教师教龄与学生学业水平的关系

单位：分，%

年份	0 ~ 5 年		6 ~ 10 年		11 ~ 20 年		多于 20 年	
	比例	平均分	比例	平均分	比例	平均分	比例	平均分
2015	29	537	25	531	28	534	17	555
2011	32	533	24	521	27	545	18	525
1995	21	559	14	559	33	566	32	569

表 2 - 32　5 年级教师教龄与学生学业水平的关系

单位：分，%

年份	0 ~ 5 年		6 ~ 10 年		11 ~ 20 年		多于 20 年	
	比例	平均分	比例	平均分	比例	平均分	比例	平均分
2015	36	531	21	546	24	534	18	543
2011	30	511	22	534	30	536	18	551
1995	18	555	16	556	34	548	33	553

3. 教师的专业发展情况

教师的专业发展是指在职教师接受与教学相关的培训，以及与同事讨论教学等专业问题等。从 2003 年起，TIMSS 调查了教师参加科学知识、科学教学、科学课程、科学教育中的信息技术、促进学生批判性思维和探究技能、科学测验等方面的培训情况，具体结果如表 2 - 33 和表 2 - 34 所示。

表 2 - 33　9 年级教师参加各项培训的情况

单位：%

年份	参加各项培训的教师所教学生的比例					
	科学知识	科学教学	科学课程	信息技术	批判性思维与探究技能	科学测验
2015	54	61	62	32	41	53
2011	57	75	66	36	39	55
2007	66	75	71	44	49	65
2003	67	82	73	64	54	59
平均水平（2015）	55	57	49	50	45	44

表 2 - 34　5 年级教师参加各项培训的情况

单位：%

年份	参加各项培训的教师所教学生的比例					
	科学知识	科学教学	科学课程	信息技术	批判性思维与探究技能	科学测验
2015	37	32	47	16	33	30
2011	29	43	28	23	—	42
2007	32	41	34	28	42	36
2003	43	47	47	31	37	30
平均水平（2015）	32	32	32	30	33	25

从表 2 - 33 中可以看出，与之前历年相比，2015 年 9 年级仅有 54% 的教师接受了科学知识方面的培训，61% 的教师接受了科学教学方面的培训，62% 的教师接受了科学课程方面的培训，32% 的教师接受了信息技术方面的培训，41% 的教师接受了批判性思维和探究技能方面的培训，53% 的教师接受了科学测验方面的培训，除最后两项外，其余各项的比例都不同程度地逐

年下降。同国际平均水平相比，信息技术、批判性思维与探究技能等培训的参与度均低于平均水平，尤其是信息技术，远低于国际平均水平。5 年级情况与 9 年级基本相同，此处不再赘述。

（二）课程与教学方式对学生学业水平的影响

课时与教学内容是影响学生学业的两个主要课程因素。TIMSS 自 1995 年以来，针对这两个因素做了相关统计。

1. 课时方面

在 1999 年，9 年级学生在科学方面的课时为 182 小时，占总课时数的 19%。在 2007 年，科学课时数为 137 小时，2011 年的科学课时数为 102 小时，占总课时数约 10%；2015 年的科学课时数为 97 小时，占总课时数的 10% 左右。对 5 年级学生而言，2007 年的科学课时数为 70 小时；2011 年的科学课时数为 76 小时，占总课时数的 8% 左右。从以上的统计结果可以看到，9 年级科学课时数的绝对数量在不断下降，2015 年的课时量仅为 1999 年的一半左右，占总课时的比例也下降一半左右。

2. 教学内容方面

9 年级学生在科学课程中学过 TIMSS 测评当中涉及知识内容的比例分别为：2003 年 84%、2007 年 87%、2011 年 87%、2015 年 81%。5 年级与 9 年级情况类似，学生学过相关知识内容的比例维持在 70% 左右。

教学方式是另一项影响学生学业的因素。TIMSS 报告中描述的教学方式既有教师向全班讲授的集体学习方式，也有没有教师辅导，学生各自学习的学习方式，还有在教师的指导下，同伴或小组学习的方式（见表 2 - 35）。

表 2 - 35　1995 年常用课堂教学方式情况统计结果

单位：%

年级	常用课堂教学方式的种类及比例					
	全班集体学习，学生之间互相回应	全班集体学习，教师向全班讲授	在教师的辅导下学生各自学习	没有教师辅导，学生各自学习	在教师指导下，同伴或小组学习	没有教师指导，同伴或小组学习
5	18	17	14	4	34	7
9	—	—	—	—	—	—

此外，TIMSS 还强调科学探究在科学课程中的实践情况。在 1999 年的测评中，以 9 年级学生为例，有 96% 的学生在课堂上学习了科学探究中的科学方法，包括形成假设、如何观察、得出结论、归纳推理等内容；95% 的学生学习了实验设计，包括实验的控制、材料和流程等；92% 的学生学习了科学测量，包括可靠性、实验误差、精度等；98% 的学生学习了如何使用科学仪器以及进行常规实验操作；98% 的学生学习了如何收集、整理和呈现数据，包括数据的单位、表格、图形的方式等；98% 的学生学习了如何描述和解释数据。

在 2003 年、2007 年的测评中，TIMSS 调查了在半节课以上的时间内进行各项科学探究活动的学生比例，从表 2 – 36 可以看到，英国学生在课堂上参与各项探究活动的比例与国际平均水平基本相同，并且在 2003 年、2007 年无明显变化。

表 2 – 36　2003 年、2007 年 9 年级学生参加科学探究活动的情况

单位：%

年份	在半节课以上的时间内进行科学探究活动的学生比例						
	观察与描述	解释所学内容	观看教师演示实验或探究	设计或制订实验或探究计划	进行实验或探究活动	小组合作进行实验或探究	将所学知识与日常生活相连
2007	67	61	61	51	60	70	41
2003	—	—	60	54	63	71	35
平均水平（2007）	65	65	67	50	54	56	57

在 2011 年、2015 年，研究者调查了在半节课以上的时间内进行科学活动的学生比例以及探究活动与学业成绩之间的相关性。在 2015 年，9 年级学生探究活动占半节课及以上的比例显著下降，且仅为国际平均水平的三分之二；5 年级学生的这一比例也在显著下降，基本与平均水平持平。另一方面，探究活动与学业成绩之间并未表现出明显的相关性，且这种相关性在 2015 年进一步减弱，从平均水平的角度看，二者之间是否存在相关性甚至都是值得怀疑的（见表 2 – 37）。

表 2 – 37　学生成绩与进行探究活动之间的相关性

单位：分，%

年份	年级	探究活动占半节课及以上		探究活动不足半节课	
		比例	平均分	比例	平均分
2015		18	547	82	532
2011	9	37	544	63	525
平均水平（2015）		27	490	73	485
2015		26	540	74	537
2011	5	41	535	59	524
平均水平（2015）		27	508	73	505

（三）小结

从该部分的分析可以发现，英国教师的整体学历水平正面临着严峻的考验，虽然教师教龄与学生成绩之间没有显著相关性，但资深教师的急剧减少同样为教育系统的稳定性带来潜在风险。此外，信息技术等方面的培训不足，同样会影响教师对未来社会所需人才的培养。另外，科学探究在课堂中的实践情况也不容乐观，2015 年，科学探究活动的比例不断下降，同样为未来人才的培养带来隐患。值得注意的是，探究活动与学业成绩之间没有表现出相关性，这并非暗示科学探究不会提升学业成就，而是在提醒 TIMSS命题团队，不应使用传统题目以及传统视角定义学业成就，同时，为了测量出学生真正的学业成就，应该进一步完善测评方式，提高实验操作、对真实问题的解决等多方面能力的考查比例。

七　总结

（一）学生学业水平总体稳定，显著高于国际平均水平

英国学生的学业水平总体保持稳定，自 1995 年起，始终在 540 分左右波动（9 年级与 5 年级），并且显著高于国际平均水平。按照 TIMSS 设定的国际科学素质的标准，80% 左右的学生处于中等水平及以上，50% 的学生处在高水平及以上。此外，学业成就之间的性别差异问题自 2011 年起便已消

失，暗示这一问题已经得到解决。各学科方面，9 年级、5 年级学生在各学科上的表现同样相对稳定。

（二）学生学习科学的积极性有所消退

根据学生对科学的态度调查，可以看到英国学生对学习科学的态度、对科学价值的认识，以及对学习科学的自信程度等都有显著的下降趋势，且花费在学习科学知识上的时间明显减少（既包括学校科学课程的课时数，也包括学生在家中用来学习科学的时间），虽然目前学生的学业成绩总体稳定，但这些因素具有滞后性，若成为整个社会的一种导向，将为今后的学业成就带来风险（例如 2019 年的 TIMSS 测评等）。

（三）家庭教育资源对学生学业水平有显著影响

家庭拥有的图书数量、是否为学生提供必要的资源和设备，如书桌、电脑等，以及家长的受教育程度等，成为影响学生学业成就的主要因素。这一结果再次说明，提升学生的科学成就，不仅要关注学校、课堂的资源建设，更要关心学生家庭的资源建设，只有将校内、校外统筹起来，才能有效提升学生的学业水平。

（四）教师整体素质下降，科学探究面临挑战

教师是教育系统中最为宝贵的资源。通过数据可知，英国中小学教师中的高学历背景人才所占比例正在不断下降，教学经验丰富的资深教师比例也同样在不断降低。与之类似，以科学探究为主要教学方式的课堂已经成为极少数现象。这些变化将给教育系统的稳定性以及教育的质量带来潜在风险和挑战。

第三节 教师素质面临挑战：基于意大利 TIMSS 结果分析

意大利参与 TIMSS 测评的情况如表 2-38 所示，自 1999 年起参加 8 年级测评，自 2003 年起参加 4 年级测评。

表 2 – 38　参加测评学生平均年龄统计

单位：岁

年份	8 年级学生平均年龄	4 年级学生平均年龄
1995	—	—
1999	14.0	—
2003	13.9	9.8
2007	13.9	9.8
2011	13.8	9.7
2015	13.8	9.7

一　总体发展趋势

（一）　8年级学生和4年级学生的得分变化趋势

从图 2 – 16 中可以看出，意大利 8 年级学生的平均得分没有较大变化，维持在 500 分左右的水平，与历年的国际平均得分基本持平。从表 2 – 39 中可以进一步看出，低分段的学生得分维持在 340 ~ 370 分的范围内，高分段的学生得分维持在 610 ~ 630 分的范围内。这一结果表明，从 1999 年到 2015年，意大利 8 年级学生整体水平较为稳定。

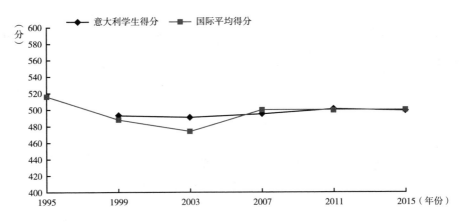

图 2 – 16　意大利 8 年级学生历年总分变化情况

表 2 – 39　意大利历次 TIMSS 得分情况汇总（1999 ~ 2015 年）

单位：分

年份	年级	平均分	后 5%	后 25%	前 25%	前 5%
1999	8	493	340	440	550	630
2003		491	350	440	540	610
2007		495	350	440	540	610
2011		501	360	450	550	620
2015		499	370	450	550	620
2003	4	516	370	460	570	650
2007		535	390	480	590	670
2011		524	400	470	575	640
2015		516	400	470	560	620

　　从图 2 – 17 中可以看出，4 年级学生的得分维持在 520 分左右（2007 年达到 535 分），4 年级学生的得分略高于国际平均水平。从表 2 – 39 中可以看出，低分段的学生得分维持在 370 ~ 400 分，高分段的学生得分维持在 620 ~ 670 分。与 8 年级的情况类似，2003 年到 2015 年这一时期，除 2007 年外，4 年级学生的整体水平较为稳定。

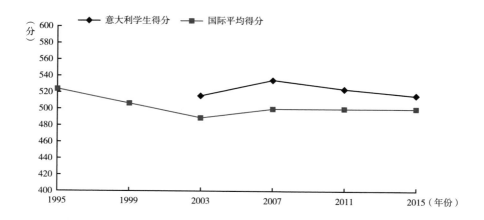

图 2 – 17　意大利 4 年级学生历年总分变化情况

（二）不同性别学生的得分变化趋势

对不同性别学生的平均得分进行比较，从结果可以看出，8 年级男、女生之间的得分具有一定差异，男生平均成绩相对女生较高，但二者差异并不十分显著，且差异水平相对稳定（见图 2 - 18）。

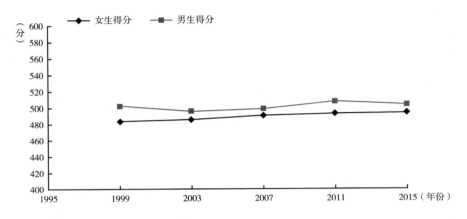

图 2 - 18　意大利 8 年级不同性别学生得分的变化情况

与 8 年级学生的情况类似，4 年级学生的得分仍然表现为男生优于女生，且除 2003 年以外，在所参加的余下 3 次测评中，男、女生平均得分的差异均基本相同（见图 2 - 19）。

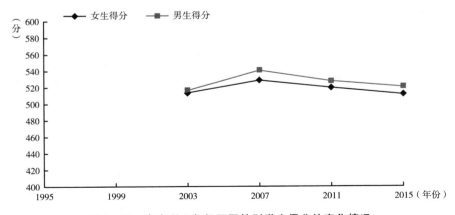

图 2 - 19　意大利 4 年级不同性别学生得分的变化情况

（三）与国际科学素质基准的比较结果

根据 TIMSS 设定的国际科学素质基准，TIMSS 对学生的得分进行了转化，分为极高水平（Advanced International Benchmark，625 分）、高水平（High International Benchmark，550 分）、中等水平（Intermediate International Benchmark，475 分）以及低水平（Low International Benchmark，400 分）四个层次。

对于 8 年级的学生而言，各个层级学生的比例总体保持稳定，没有显著变化。90% 左右的学生能够达到低水平层次，60% 左右的学生能够达到中等水平层次，25% 左右的学生能够达到高水平层次，5% 左右的学生能够达到极高水平层次（见图 2 – 20）。这一比例说明，在 8 年级学生这个群体中，半数学生处于中等水平及以上，但处于高水平和极高水平的学生比例则相对较低。

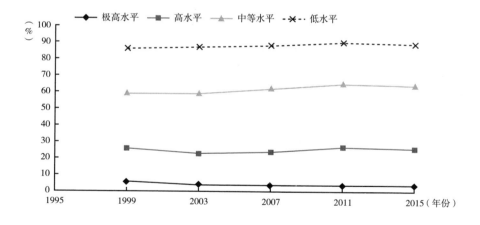

图 2 – 20　意大利 8 年级学生依据国际科学素质基准的水平分布

4 年级学生中有 95% 左右能够达到低水平及以上，75% 左右能够达到中等水平及以上；高水平以及极高水平学生的比例自 2007 年以后则呈现下降趋势，具体而言，2007 年有 44% 处于高水平及以上，而 2015 年这一比例则仅有 32%，降幅超过 10 个百分点；2007 年处于极高水平的学生比例为 13%，而 2015 年这一比例仅为 4%，降幅接近 10 个百分点（见图2－21）。

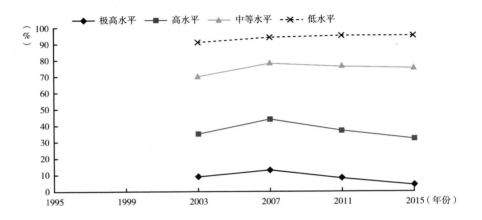

图 2－21　意大利 4 年级学生依据国际科学基准的水平分布

二　学生在各学科维度上的得分变化

8 年级学生参加了地球科学、生物学、物理、化学四个学科维度的测评，4 年级学生参与了地球科学、生命科学、物质科学三个学科维度的测评。以下分别就 8 年级学生和 4 年级学生在各学科维度上的得分以及变化情况进行描述和分析。

（一）8年级学生在各学科维度上的得分变化

针对意大利的数据我们仍然仅对 2007 年、2011 年、2015 年三次 TIMSS 测评的成绩进行比较。从表 2－40 和图 2－22 的结果可以看出，学生在生物学、物理方面的表现相对稳定，在化学和地球科学方面的表现有较大的波动。具体而言，在生物学领域，学生 2015 年的得分相对较低，但与 2011 年的最高得分相比，波动幅度仅为 7 分；在化学领域，学生 2011 年、2015 年两次成绩均较大幅度高于 2007 年；在物理领域，2015 年成绩相对高于 2007 年、2011 年成绩。

表 2-40 意大利 8 年级学生历次各学科成绩统计

单位：分

年份	生物学			化学			物理			地球科学		
	得分	得分差异		得分	得分差异		得分	得分差异		得分	得分差异	
		2011	2007		2011	2007		2011	2007		2011	2007
2015	496	-7	-6	487	-4	9	496	6	7	514	1	12
2011	503		1	491		13	490		1	513		11
2007	502			478			489			502		

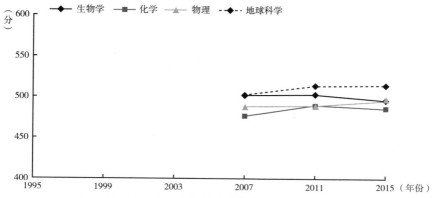

图 2-22 意大利 8 年级学生在各学科的得分变化情况

（二）4 年级学生在各学科维度上的得分变化

从表 2-41 以及图 2-23 中可以看出，学生在生命科学、地球科学上的得分呈逐渐下降的态势；在物质科学上的得分呈现波动起伏状态，整体依然为下降趋势，但降幅相对较小。生命科学的得分降幅最为明显，从 2007 年的 555 分下降为 2015 年的 519 分，地球科学的得分在 2015 年也迎来"断崖式"下降，从 527 分降至 510 分。

表 2-41 意大利 4 年级学生历次各学科成绩统计

单位：分

年份	生命科学			物质科学			地球科学		
	得分	得分差异		得分	得分差异		得分	得分差异	
		2011	2007		2011	2007		2011	2007
2015	519	-16	-36	513	4	-7	510	-13	-17
2011	535		-20	509		-11	523		-4
2007	555			520			527		

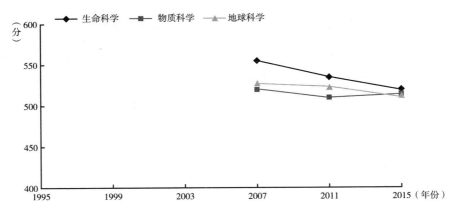

图 2 – 23　意大利 4 年级学生在各学科的得分变化情况

三　学生在认知维度上的得分变化

自 2007 年开始，TIMSS 在学科内容评分的基础上，增加了从认知维度进行评分的角度，从而更全面地评价学生的学业水平。TIMSS 在认知上划分了三个维度，即知道（Knowing）、应用（Applying）和推理（Reasoning）。以下就 8 年级和 4 年级学生在认知维度上的得分变化情况进行描述。

（一）8年级学生在认知维度上的得分变化

从表 2 – 42 和图 2 – 24 可以看出，在"知道"这一维度上，学生的表现有所起伏，2011 年学生的得分最高，2015 年的得分有所降低，但仍高于 2007 年得分。在"应用"和"推理"两个认知维度上，学生的表现虽有所起伏，但 2015 年与 2007 年的表现相差不大。

表 2 – 42　意大利 8 年级学生在各认知维度的成绩统计

单位：分

年份	知道			应用			推理		
	得分	得分差异		得分	得分差异		得分	得分差异	
		2011	2007		2011	2007		2011	2007
2015	505	– 7	9	496	– 4	– 1	493	4	4
2011	512		16	500		3	489		0
2007	496			497			489		

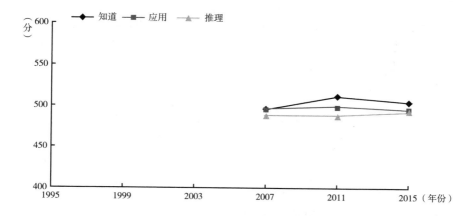

图 2 - 24 意大利 8 年级学生在各认知维度的得分变化情况

（二）4 年级学生在认知维度上的得分变化

从图 2 - 25 和表 2 - 43 中可以看到，4 年级学生在"知道"和"应用"两个认知维度上的表现呈持续下降趋势。2007 年和 2015 年在"知道"维度上的得分差异达到 14 分，在"应用"维度上的得分差异达到 28 分。在"推理"维度上也呈现下降趋势，2011 年、2007 年的表现差异较大，达到 13 分，2011 年与 2015 年得分基本一致。

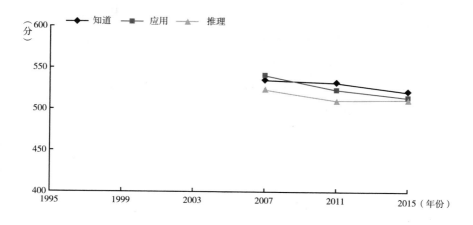

图 2 - 25 意大利 4 年级学生在各认知维度的得分变化情况

表 2 – 43　意大利 4 年级学生在各认知维度的成绩统计

单位：分

年份	知道			应用			推理		
	得分	得分差异		得分	得分差异		得分	得分差异	
		2011	2007		2011	2007		2011	2007
2015	521	– 11	– 14	513	– 10	– 28	511	1	– 12
2011	532		– 3	523		– 18	510		– 13
2007	535			541			523		

四　学生家庭学习资源情况分析

TIMSS 调查了学生家中学习资源的丰富程度，并将其与学生所获得的学习成绩进行了关联和比较。虽然历年的 TIMSS 测评始终含有这一角度的信息，但测评框架与测评指标经历了几次调整。本部分对 1999 年（8 年级）、2003 年（4 年级）、2015 年（8 年级与 4 年级）几个时间节点的情况进行分析，从而展示出多年来学生家庭教育资源的变化情况，以及其与学业成就之间的联系。

（一）1999年、2003年学生家庭教育资源与学业成就间的联系

1999 年，衡量 8 年级学生家庭教育资源丰富程度的指标变为：①家庭书籍的拥有量；②书桌、电脑的拥有情况；③父母的受教育程度。对这三个指标进行整合后，归纳为"许多资源"（Many Resources）、"一些资源"（Some Resources）、"很少资源"（Few Resources）三个层级。"许多资源"表示学生拥有超过 100 本图书，具有书桌和电脑两项学习用品，父母中至少一方完成了大学教育。"很少资源"表示学生拥有不超过 25 本图书，没有书桌以及电脑，父母均没有接受过高中以上的教育。其余学生均属于"一些资源"的层级。

对于 8 年级的学生而言，表 2 – 44 展示了学生家庭资源丰富程度以及与成绩间的相关性，从表中可以看出，学生资源拥有量与其学业成就间呈现显著的正相关性。具体而言，拥有"许多资源"学生的平均成绩高出拥有

"一些资源"学生成绩约 50 分，而拥有"一些资源"比拥有"很少资源"学生的平均成绩同样高出 50 分左右。

表 2-44　1999 年学生学业成就与家庭教育资源拥有量情况的统计

单位：分，%

年级	许多资源		一些资源		很少资源	
	比例	平均分	比例	平均分	比例	平均分
8	6	546	81	498	14	446

2003 年，衡量学生家庭教育资源的指标主要为是否拥有电脑、书桌，以及书籍数量等。从表 2-45 可以看到，对于 4 年级学生，是否拥有电脑、书桌与成绩之间具有一定的相关性。拥有电脑学生的平均成绩比没有电脑学生的平均成绩高 12 分；拥有书桌学生的平均成绩比没有书桌学生的平均成绩高 22 分。

表 2-45　2003 年学生学业成就与拥有电脑、书桌情况的统计

单位：分，%

年级	有电脑		没有电脑		有书桌		没有书桌	
	比例	平均分	比例	平均分	比例	平均分	比例	平均分
4	79	519	21	507	72	523	28	501

学生家庭拥有的书籍数量则是 TIMSS 考量的另一指标，TIMSS 将学生家庭拥有的图书数量分为 0~10 本、11~25 本、26~100 本、101~200 本、多于 200 本 5 个层级，对每个层级的学生比例以及学业成就进行了统计，结果如表 2-46 所示。从表中可以看出，总体上，4 年级学生的学业水平与其家中藏书数量有一定的正相关性，但藏书数量的"边际效益"逐渐递减，家中藏书多于 200 本的学生成绩甚至有小幅下降。

表 2-46　学生学业成就与家庭拥有图书数量情况的统计

单位：分，%

年级	0~10 本		11~25 本		26~100 本		101~200 本		多于 200 本	
	比例	平均分	比例	平均分	比例	平均分	比例	平均分	比例	平均分
4	18	498	33	511	27	525	11	531	10	525

（二）2015年学生家庭教育资源与学业成就间的联系

2015 年，衡量 8 年级学生家庭教育资源丰富程度的指标与 1999 年相同。此外，衡量 4 年级学生家庭教育资源丰富程度的指标还包括父母的工作情况，以及父母报告拥有儿童读物的情况。"许多资源"指标额外要求父母有超过 25 本儿童读物，至少一方具有专业性的职业；除 8 年级描述的条件外，4 年级的"很少资源"指父母拥有少于 10 本儿童读物，而且双方既不是小业主也不是"白领"或从事专业技术的人员。

从表 2 - 47 中可以看出，资源的丰富程度与学生的学业成就显著正相关。例如，在 8 年级学生中，拥有"许多资源"学生的平均成绩显著高于拥有"一些资源"学生 46 分，而拥有"一些资源"学生的成绩高于"很少资源"学生 58 分。这一结果与 1999 年的结果相一致，表明"家庭教育资源"这一因素对学生学业成就不仅有显著的影响，而且具有相当的稳定性与持续性。书籍数量、电脑以及父母的受教育程度等对学生的影响始终是重要的。4 年级学生的情况与 8 年级学生类似，相比于将各项资源分开统计和描述，综合性的指标更具稳定性和代表性。

表 2 - 47   学生学业成就与家庭拥有图书数量情况的统计

单位：分，%

年级	许多资源		一些资源		很少资源	
	比例	平均分	比例	平均分	比例	平均分
8	13	548	72	502	15	444
4	8	562	85	520	7	470

五 学生对科学的态度

自 1995 年至 2007 年，TIMSS 测评对学生对于科学的态度进行了调查与分析，提出了学生"对科学的正面情感"（PATS）这一调查指标，学生对科学的态度具体可分为三种不同的类型：①喜欢学习科学；②科学很枯燥；③喜欢科学。

除此以外，考虑到学生可能由于升学、就业、未来发展等外在动机而重视科学学习，TIMSS 在 PATS 指标的基础上，又提出了"学生对科学价值的认识"（SVS）指标，在这一指标下，学生的回答主要可以分为：①学习科学能够在日常生活中给我帮助；②需要科学知识来学习其他学科；③学好科学以便能够进入心仪的大学；④学好科学以便得到期望的工作。

（一）学生对科学的正面情感（PATS）

表 2－48 中给出了 8 年级、4 年级学生不同科学态度和其相应的平均学业成绩，以及科学态度与其他年份测评结果的对比情况。从表中可以看出，对科学的态度越积极，相应的学业成绩也越高。

表 2－48　学生平均得分与其 PATS 水平的统计

年级	高 PATS			中等 PATS			低 PATS		
	2007 年学生比例（%）	平均分（分）	与 1999 年的比例差异（百分点）	2007 年学生比例（%）	平均分（分）	与 1999 年的比例差异（百分点）	2007 年学生比例（%）	平均分（分）	与 1999 年的比例差异（百分点）
8	47	511	－16	26	488	10	26	475	7
4	78	541	—	12	522	—	10	516	—

对 8 年级学生而言，2007 年有 47% 的学生对科学的态度处于最高水平，但这一比例与 1999 年相比仍有大幅下降，降幅达 16 个百分点；对科学的态度处在中等水平的学生比例大幅增加，比 1999 年增加 10 个百分点；对科学的态度处于消极水平的学生比例有所增加，达到 26%，比 1999 年增加 7 个百分点。4 年级的学生对科学的态度情况显著优于 8 年级，78% 的学生对科学的态度处于最高水平，只有小部分学生（10%）对科学的态度较为负面。

2011 年，仅对 PATS 当中学生"喜欢学习科学"的程度进行了调查，喜欢学习科学的程度与成绩仍具有一定的正相关性，8 年级分数差异为 20 分左右，4 年级分数差异为 4～10 分。此外，"喜欢学习科学"的比例进一步大幅下降，8 年级仅有 26% 的学生表示喜欢学习科学，50% 左右的学生则持中间立场；4 年级中喜欢学习科学的比例也仅为 51%，而持中间立场的比例则增加至 36%。虽然"喜欢学习科学"与 PATS 无法完全对应，但二者与学生学业成绩间的规律类似，且属于包含关系，因此也具有一定可比性，从这个角度看，学生中对科学持积极态度的比例呈逐年递减的趋势。

2015 年的测评没有对该指标进行调查，但以上数据足以表明，就学生整体而言，其对科学的态度与学业成绩具有显著正相关性，但对科学持积极态度的学生比例却在大幅减少，这势必会影响该国学生整体的科学学业成绩。

（二）学生对科学价值的认识（SVS）

表 2－49 给出了学生学业成绩与其对科学价值的认识之间的关系，从表中可以看出，整体而言，8 年级学生对科学价值的认识与其学业成绩之间也呈现显著的正相关性。认为学习科学很有价值的学生比例为 13%，持中间态度的学生比例为 36%，持负面态度的为 50%。与 2007 年、2003 年相比，2011 年认为科学很有价值的比例大幅下降，持中间态度的学生比例也有明显下降，持负面态度的比例扩大，增幅约 30 个百分点。

表 2－49　学生平均得分与其 SVS 水平的统计

年级	高 PATS				中等 PATS				低 PATS			
	2011 年学生比例（%）	平均分（分）	与 2007 年的比例差异（百分点）	与 2003 年的比例差异（百分点）	2011 年学生比例（%）	平均分（分）	与 2007 年的比例差异（百分点）	与 2003 年的比例差异（百分点）	2011 年学生比例（%）	平均分（分）	与 2007 年的比例差异（百分点）	与 2003 年的比例差异（百分点）
8	13	532	－21	－20	36	505	－10	－12	50	490	29	30
4												

（三）学生对学习科学的自信程度（SCS）

学生对学习科学的自信程度，主要是指"自我感觉在学习科学上的表现"（1995 年），在 2003 年以后，具体细化为学生在"我通常在学习科学上做得好""科学对于我来说比对其他学生难""我就是不擅长科学""我在学习科学时学得很快"等问题中的回答，并将学生的回答情况整合为三个水平，即高、中等、低水平。

　　为了便于比较，本节选取 2003～2011 年的数据进行分析。从表 2-50 中可以看到，对于 8 年级和 4 年级的学生而言，学生学习科学的自信程度与其学业成绩之间存在显著的正相关性。但从数据中同样可以看出，高 SCS 水平的学生比例在 2011 年急剧减少，而中等、低 SCS 水平的学生比例却在显著增加。

表 2-50　学生平均得分与其 SCS 水平的统计

年级	高 SCS				中等 SCS				低 SCS			
	2011 年学生比例（%）	平均分（分）	与 2007 年的比例差异（百分点）	与 2003 年的比例差异（百分点）	2011 年学生比例（%）	平均分（分）	与 2007 年的比例差异（百分点）	与 2003 年的比例差异（百分点）	2011 年学生比例（%）	平均分（分）	与 2007 年的比例差异（百分点）	与 2003 年的比例差异（百分点）
8	13	540	-40	-44	61	505	28	29	26	473	12	14
4	39	540	-30	-30	44	524	19	18	17	496	11	11

（四）学生课后学习科学的时间（TSH）

　　TIMSS 在 1995 年便开始关注调查学生完成课后作业所需的时间（the Time Students Spend on Doing Science Homework，TSH），但由于 1995 年仅统计了各国学生完成科学课程课后作业所需的平均时间，而 1999 年仅综合统计了学生完成各科作业所需总时间的平均值，因此，本部分将从 2003 年起，对学生完成作业所需时间的变化情况进行描述。

　　TSH 指标被分为三个水平，即高 TSH、中等 TSH 和低 TSH。高 TSH 表示学生每周至少完成 3～4 次科学作业，每次需要至少 30 分钟；低 TSH 表示学生每周完成 2 次科学作业，每次用时不超过 30 分钟；其余学生则属于中等 TSH 水平。

　　表 2-51 展示了 8 年级学生学业平均成绩与 TSH 指标之间的相关变化情况（由于仅在 2003 年、2007 年对 4 年级学生进行了两次统计，所以不对

4 年级的数据进行分析）。从表中可以看到，8 年级学生写作业所用时间在减少。从数据中可以看出，TSH 指标与学生的学业成绩之间具有一定的负相关性。这一现象与其他国家的情况有所不同，这可能与教师所留作业的类型等有关，学生单次作业用时长，可能是由作业量大造成的，也可能是由学生知识掌握不够、学习质量不高造成的。

表 2–51　8 年级学生学业成就与 TSH 水平的统计

单位：分，%

年份	高 TSH		中等 TSH		低 TSH	
	比例	平均分	比例	平均分	比例	平均分
2015	6	492	37	501	57	500
2011	5	478	35	502	60	504
2007	11	485	42	496	47	501
2003	14	489	41	487	45	496

六　教师、课程与教学方式对学业水平的影响

TIMSS 对教师、课程、教学方式与学生学业成绩之间的关系进行了分析，本节从这三个方面对 8 年级和 4 年级学生的情况进行描述和分析。

（一）教师对学生学业水平的影响

教师因素包括教师的受教育程度、教龄、专业发展情况等相关因素。表 2–52 和表 2–53 呈现了 2007 年以来历次 TIMSS 测评中 8 年级和 4 年级教师学历水平的变化情况，从表中可以看出，相比 2011 年，2015 年 8 年级教师中研究生的比例显著下降，低于 2007 年水平；本科生的比例也有所下降，显著低于 2007 年水平；而专科生的比例则显著上升，从 0 升至 17%。意大利教师各个学历层次的比例均与国际平均水平有显著差距，说明该国 8 年级科学教师的学历水平亟待提升。与 8 年级情况有所不同，4 年级教师的学历情况总体稳定，但绝大部分教师的受教育程度均低于专科水平，这一比例远远高于国际平均水平。

表 2 - 52　意大利 8 年级教师的学历水平变化情况

单位：%

年份	研究生比例	本科生比例	专科生比例	低于专科学历的比例
2015	12	71	17	0
2011	26	74	0	0
2007	14	86	0	0
平均水平（2015）	28	64	7	2

表 2 - 53　意大利 4 年级教师的学历水平变化情况

单位：%

年份	研究生比例	本科生比例	专科生比例	低于专科学历的比例
2015	3	20	9	68
2011	6	19	2	73
2007	2	19	6	73
平均水平（2015）	28	57	11	4

教师教龄则是影响学生学业的另一个主要因素，从表 2 - 54 和表 2 - 55 可知，2011 年和 2015 年，8 年级和 4 年级各教龄的教师比例保持稳定，教龄超过 20 年的资深教师比例均维持在 60% 左右，11 ~ 20 年教龄的教师比例也保持在 20% 左右，而新教师的比例则仅占 5% 左右。这一比例结构说明，虽然意大利科学教师的整体结构稳定，但整体年龄偏大，而青年教师数量的不足，会对未来的科学教育产生不利影响。此外，教师教龄与学生平均成绩之间并没有表现出清晰的关系，即二者之间不存在相关性。这一结果同时暗示，教师的从教时间似乎并不是判断教师能力的理想指标。

表 2 - 54　8 年级教师教龄与学生学业水平的关系

单位：分，%

年份	0 ~ 5 年		6 ~ 10 年		11 ~ 20 年		多于 20 年	
	比例	平均分	比例	平均分	比例	平均分	比例	平均分
2015	5	492	13	505	19	486	63	500
2011	8	499	11	508	22	490	59	505

表 2 - 55　4 年级教师教龄与学生学业水平的关系

单位：分，%

年份	0 ~ 5 年		6 ~ 10 年		11 ~ 20 年		多于 20 年	
	比例	平均分	比例	平均分	比例	平均分	比例	平均分
2015	3	523	7	529	26	514	64	517
2011	4	530	7	527	24	525	64	525

　　教师的专业发展是指在职教师接受与教学相关的培训，以及与同事讨论教学等专业问题等。从 2003 年起，TIMSS 调查了教师参加科学知识、科学教学、科学课程、科学教育中的信息技术、促进学生批判性思维与探究技能、科学测验等方面的培训情况，具体结果如表 2 - 56 和表 2 - 57 所示。

　　从表 2 - 56 中可以看出，2015 年有 25% 的 8 年级教师接受了科学知识方面的培训，27% 的教师接受了科学教学方面的培训，22% 的教师接受了科学课程方面的培训，37% 的教师接受了信息技术方面的培训，18% 的教师接受了批判性思维和探究技能方面的培训，16% 的教师接受了科学测验方面的培训。除前两项外，其余各项的培训情况都有不同程度的提升。但需要指出的是，同国际平均水平相比，意大利教师的培训比例显著低于平均水平，多项指标不足平均水平的 1/2。4 年级情况与 8 年级基本相同，多项指标仅为平均值的 1/3，此处不再赘述。

表 2 - 56　8 年级教师参加各项培训的情况

单位：%

年份	参加各项培训的教师所教学生的比例					
	科学知识	科学教学	科学课程	信息技术	批判性思维与探究技能	科学测验
2015	25	27	22	37	18	16
2011	22	35	19	28	13	16
2007	24	28	13	25	10	15
2003	35	24	11	24	8	10
平均水平（2015）	55	57	49	50	45	44

表 2 - 57 4 年级教师参加各项培训的情况

单位：%

年份	参加各项培训的教师所教学生的比例					
	科学知识	科学教学	科学课程	信息技术	批判性思维与探究技能	科学测验
2015	11	11	10	13	12	5
2011	21	21	17	10	—	8
2007	16	10	8	17	12	6
2003	22	15	10	11	5	5
平均水平（2015）	32	32	32	30	33	25

（二）课程与教学方式对学生学业水平的影响

课时与教学内容是影响学生学业的两个主要课程因素。TIMSS 自 1995 年以来，针对这两个因素做了相关统计。课时方面，在 1999 年，8 年级学生在科学方面的课时为 72 小时，占总课时数的 6%；在 2007 年，科学课时数为 69 小时；2011 年的科学课时数为 78 小时，占总课时数约 7%；2015 年的科学课时数为 71 小时，占总课时数的 7% 左右。对 4 年级学生而言，2007 年的科学课时数为 68 小时；2011 年的科学课时数为 76 小时，占总课时数的 8% 左右；2015 年的课时数为 76 小时，占总课时数的 7%。从以上的统计结果可以看到，意大利 8 年级和 4 年级的科学课时数虽总体保持稳定，但无论是绝对数量，还是所占比例，均远低于 2015 年的国际平均水平（144 小时，14% 左右）。教学内容方面，8 年级学生在科学课程中学过 TIMSS 测评当中涉及知识内容的比例分别为：2003 年 77%、2007 年 78%、2011 年 77%、2015 年 79%。4 年级的比例分别为：2003 年 65%、2007 年 64%、2011 年 57%、2015 年 52%。从数据中可以看出，8 年级学生学过相关知识内容的比例维持在 75% 左右，而 4 年级则呈轻微下降趋势，从 65% 下降至 52%。

TIMSS 强调科学探究在科学课程中的实践情况。在 1999 年的测评中，以 8 年级学生为例，有 100% 的学生在课堂上学习了科学探究中的科学方法，包括形成假设、如何观察、得出结论、归纳推理等内容；94% 的学生学习了实验设计，包括实验的控制、材料和流程等；92% 的学生学习了科学测量，包括可靠性、实验误差、精度等；98% 的学生学习了如何使用科学仪器以及进行常规实验操作；95% 的学生学习了如何收集、整理和呈现数据，包括数据的单位、表格、图形的方式等；94% 的学生学习了如何描述和解释数据。

在 2003 年、2007 年的测评中，TIMSS 调查了在半节课以上的时间内进行各项科学探究活动的学生比例，从表 2 – 58 可以看到，除"解释所学内容"外，意大利 8 年级学生在课堂上参与各项探究活动的比例均大幅低于世界平均水平。同时，除"解释所学内容"的比例大幅上升外，其他指标在 2003 年、2007 年无明显变化。

表 2 – 58　2003 年、2007 年 8 年级学生参加科学探究活动的情况

单位：%

年份	在半节课以上的时间内进行科学探究活动的学生比例						
	观察与描述	解释所学内容	观看教师演示实验或探究	设计或制订实验或探究计划	进行实验或探究活动	小组合作进行实验或探究	将所学知识与日常生活相连
2007	41	78	22	12	11	10	32
2003	—	32	26	16	13	12	35
平均水平（2007）	65	65	67	50	54	56	57

在 2011 年、2015 年，TIMSS 调查了在半节课以上的时间内进行科学活动的学生比例以及探究活动与学业成绩之间的相关性，从表 2 – 59 可以看到，在 2015 年，8 年级学生探究活动占半节课及以上的比例显著下降，且仅为国际平均水平的 1/2 左右；4 年级学生的这一比例也在显著下降，基本与平均水平持平。另外，探究活动与学业成绩之间并未表现出明显的相关性，且这种相关性在 2015 年进一步减弱，从平均水平的角度看，二者之间是否存在相关性是值得怀疑的。

表 2 - 59　学生成绩与进行探究活动之间的相关性

单位：分，%

年份	年级	探究活动占半节课及以上		探究活动不足半节课	
		比例	平均分	比例	平均分
2015	8	15	494	85	499
2011		29	502	71	502
平均水平（2015）		27	490	73	485
2015	4	28	515	72	518
2011		49	523	51	528
平均水平（2015）		27	508	73	505

七　总结

（一）学生学业水平总体稳定，处于国际平均水平

意大利学生的学业水平总体保持稳定，自1999年起，8年级学生始终在500分左右波动，4年级学生始终在520分左右波动，与国际平均水平相当。按照国际科学素质的标准，75%左右的4年级学生处于中等水平及以上，40%左右的4年级学生处在高水平及以上。此外，学业成就之间的性别差异问题并不显著。各学科方面，8年级、4年级学生在各学科上的表现同样相对稳定（除4年级学生在生物学领域的表现以外）。

（二）学生对学习科学的积极性有所消退

根据学生对科学的态度调查，可以看到意大利学生对学习科学的态度、对科学价值的认识和对学习科学的自信程度等都呈显著的下降趋势，且学校安排的科学课时数保持稳定（学生在家中用来学习科学的时间基本保持稳定），虽然目前学生的学业成绩总体稳定，但这些因素具有滞后性，给今后的学业成就带来风险。

（三）家庭教育资源对学生学业水平有显著影响

家庭拥有的图书数量、是否为学生提供必要的资源和设备，如书桌、电脑等，以及家长的受教育程度等，成为影响学生学业成就的主要因素。这一结果再一次说明，提升学生的科学成就，不仅要关注学校、课堂的资源建

设，更要关心学生家庭的资源建设，只有将校内、校外统筹起来，才能有效提升学生的学业水平，这已成为普遍适用于各国的一条规律。

（四）教师整体素质稳定，科学探究面临挑战

教师是教育系统中最为宝贵的资源。通过数据可知，2015 年，意大利 4 年级教师中的高学历背景人才所占比例保持稳定，虽然 8 年级有所下降，但相比其他国家，仍处于稳定的状态。教学经验丰富的资深教师比例甚至有所上升。但是，以科学探究为主要教学方式的比例则显著下降，即使在探究课中，学生亲自设计、动手实验探究的比例极少（2007 年为 12% 、11%），而观察教师的演示实验、利用概念进行解释说明则占据了相当比例。

第四节　"对学习科学缺乏足够的重视"：基于法国 TIMSS 科学测试的分析

目前为止，法国仅参加过 2 次 TIMSS 科学测评，分别是 2015 年的 4 年级测评和 1995 年的 7、8 年级测评。本节将基于 TIMSS 1995 科学报告[①]和 TIMSS 2015 科学报告[②]中的数据，对法国 TIMSS 科学测评得分情况、各内容领域与认知维度、性别差异，以及相关背景因素展开分析与讨论。

一　TIMSS 科学测评得分情况

（一）相比其他国家和地区，法国4年级学生的平均分较低，达到和超出 TIMSS 中等基准的人数不足六成

法国 4 年级学生在 2015 年 TIMSS 科学测评中平均分为 487 分，在全部

① Beaton, A. E., Martin, M. O., Mullis, I. V. S., Gonzalez, E. J., Smith, T. A., & Kelly, D. L. (1997). Science Achievement in the Middle School Years: IEA's Third International Mathematics and Science Report. Retrieved from https://timssandpirls.bc.edu/timss1995i/TIMSSPDF/BSciAll.pdf.

② Martin, M. O., Mullis, I. V. S., Foy, P., & Hooper, M. (2016). TIMSS 2015 International Results in Science. Retrieved from http://timssandpirls.bc.edu/timss2015/international-results/wp-content/uploads/filebase/full%20pdfs/T15-International-Results-in-Science.pdf.

47 个参测国家和地区中排名第 34。这次测评中得分（从低到高）排在第 5%、10%、25%、50%、75%、90% 和 95% 位的学生分数及其与平均分的差值详见表 2-60。从表中可以看出：①此次测评的中位数（排在第 50% 位，即得分排名居于最中间位置的学生分数）为 491 分，略高于平均分；②相比于排在 90% 和 95% 的高分段学生的得分与平均分之间的差距（92 分和 115 分），排在 5% 和 10% 的低分段学生的得分与平均分之间的差距（-124 分和 -96 分）更大。这说明虽然得分高于平均分的学生超过了一半，但低分段学生成绩与平均分差距较大。

表 2-60 法国学生 2015 年 TIMSS 科学测评得分的百分位数

单位：分

得分排名百分位数	5%	10%	25%	50%	75%	90%	95%
学生得分	363	391	439	491	539	579	602
与平均分的分差	-124	-96	-48	4	52	92	115

法国 4 年级学生在此次科学测评中达到 TIMSS 高阶基准（625 分）及以上、较高基准（550 分）及以上、中等基准（475 分）及以上、较低基准（400 分）及以上的人数百分比如表 2-61 所示。从表中可以看出：①有近九成的法国 4 年级学生具备关于生命、物质和地球科学的基本知识（TIMSS 较低基准的定义）；②近六成的法国 4 年级学生具备并理解关于生命、物质和地球科学的基本知识（TIMSS 中等基准的定义）；③1/5 的法国 4 年级学生能够在日常生活和抽象情境中交流和运用有关生命、物质和地球科学的知识（TIMSS 较高基准的定义）；④少数（2%）法国 4 年级学生能够交流有关生命、物质和地球科学的知识并在科学探究过程中展示出对部分知识的理解（TIMSS 高阶基准的定义）。

表 2-61 法国学生 2015 年 TIMSS 科学测评之国际基准累计达成百分比情况

单位：%

类别	高阶基准 625 分	较高基准 550 分	中等基准 475 分	较低基准 400 分
4 年级学生累计达成百分比	2	20	58	88

（二）法国 7、8 年级学生 TIMSS 科学测评均分排名国际中游，科学表现优异的学生比例较低，且有近 2/3 的学生得分未进入国际前 50%

法国 7 年级学生在 1995 年 TIMSS 科学测评中平均分为 451 分，国际排名第 21 位。法国 8 年级学生在 1995 年 TIMSS 科学测评中平均分为 498 分，国际排名第 19 位。在这次测评中得分（从低到高）排在第 5%、25%、50%、75% 和 95% 位的学生分数及其与平均分的差值详见表 2 – 62。从表中可以看出：①7 年级学生此次测评得分的中位数为 453 分（略高于平均分），8 年级学生此次测评得分的中位数为 498 分（与平均分持平）；②无论是 7 年级还是 8 年级，排在 5% 和 25% 的低分段学生得分与平均分之间的差值与排在 75% 和 95% 的高分段学生得分与平均分之间的差值大致相当。这些都表明，法国 7 年级和 8 年级学生的平均分位于国际中等水平，且学生得分在平均分两侧的分布相对较为均衡。

表 2 – 62　法国 7、8 年级学生 1995 年 TIMSS 科学测评得分的百分位数

单位：分

类别	5%	25%	50%	75%	95%
7 年级学生得分	330	402	453	502	574
与平均分的分差	– 121	– 49	2	51	123
8 年级学生得分	374	446	498	553	623
与平均分的分差	– 124	– 52	0	55	125

1995 年 TIMSS 科学测评还未界定国际基准并划定相应分数线，但给出了各参测国家或地区达到国际排名（从高至低）前 10%、前 25% 和前 50% 分数线的学生百分比，法国的这一数据详见表 2 – 63。从表中可以看出，法国少数（1%）7 年级与 8 年级学生的得分可以进入国际前 10%，一成左右的 7 年级学生（9%）和 8 年级学生（11%）得分可以进入国际前 25%，三成多的 7 年级学生（34%）和 8 年级学生（37%）得分可以进入国际前 50%。这表明，相比于其他国家和地区，法国 7、8 年级的学生群体里科学表现优异的学生比例较低，且有近 2/3 的学生得分未进入国际前 50%。

表 2-63 法国学生 1995 年 TIMSS 科学测评之国际标线达成百分比情况

单位：%

类别	前 10% 标线	前 25% 标线	前 50% 标线
7 年级学生累计达成百分比	1	9	34
8 年级学生累计达成百分比	1	11	37

二 各内容领域与认知维度的得分情况

（一）法国4年级学生在生命科学与地球科学领域的表现相对较好，但在物质科学领域的表现有待加强；在"应用"维度上的表现远远优于其"知道"与"推理"方面的表现

图 2-26 标注了法国 4 年级学生在 2015 年 TIMSS 科学测评中生命科学、物质科学和地球科学三个内容维度上的得分情况以及科学总分。

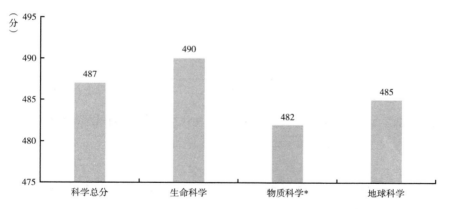

图 2-26 法国 4 年级学生 TIMSS 科学测评总分及各内容维度得分情况

注：＊与科学总分有统计学意义上的显著性差异。

从图中可以看出：①生命科学领域的得分（490 分）是所有内容领域中最高的，略高于科学总分（487 分）但不存在统计学意义上的显著性差异；②物质科学领域的得分（482 分）是所有内容领域中最低的，显著低于科学总分；③地球科学领域的得分（485 分）略低于科学总分，但不存在统计学

意义上的显著性差异。这些都说明法国 4 年级学生在生命科学与地球科学领域的表现与科学总体表现基本一致，但物质科学的表现显著低于科学总体表现。

法国 4 年级学生在 2015 年 TIMSS 科学测评中各认知维度的得分情况如图 2－27 所示。从图中可以看出：①"知道"与"推理"维度的得分显著低于科学总分，这表明学生在这两个维度上的表现相对较弱；②"应用"维度的得分显著高于科学总分，这表明学生在该维度上的表现优于科学总体表现，在所有认知维度中相对较强。

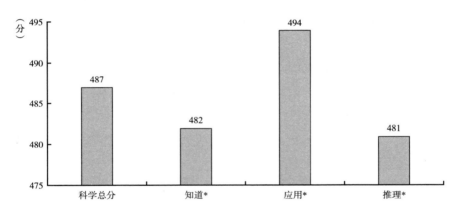

图 2－27　法国 4 年级学生 TIMSS 科学测评总分及各认知维度得分情况

注：＊与当年的科学测评总分有统计学意义上的显著性差异。

（二）法国 7、8 年级学生在化学以外的其他内容领域表现较好

1995 年 TIMSS 科学测评的内容维度划分与近些年测评（如 2015 年）不同，是将科学划分为地球科学、生命科学、物理、化学，以及环境与科学本质等内容领域。图 2－28 标注的就是法国 7、8 年级学生在 1995 年 TIMSS 测评中全部科学题目的正确率，以及这五个内容领域题目的正确率。1995 年 TIMSS 科学报告中提到，由于当年测评时各个内容领域的题目难度不一致，为便于进行比较和分析，先对各内容领域的题目难度进行了修正，而后计算了各内容领域题目正确率与相应年级全部科学题目正确率之间是否具有统计

学意义上的显著性差异。因此，虽然某些领域的题目正确率（难度修正前，如图 2 - 28 中的数值所示）远低于全部科学题目正确率，但仍有可能在调整难度后与科学总体正确率之间并不存在统计学意义上的显著性差异，例如 7 年级化学领域的题目正确率。

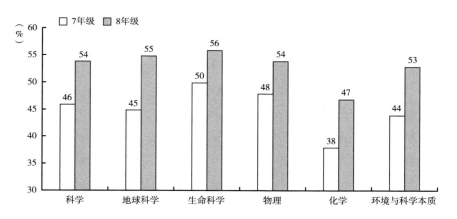

图 2 - 28　法国 7、8 年级学生 TIMSS 科学测评全部题目及各内容维度题目的正确率

从图 2 - 28 中可以看出：①7 年级和 8 年级学生在地球科学、生命科学、物理、环境与科学本质这四个内容领域的题目正确率均显著地高于或不显著地低于相应年级的科学题目总正确率，这说明 7、8 年级学生在这四个内容领域的表现显著优于或不弱于当年的科学总体表现；②7 年级学生在化学领域的题目正确率与其科学题目总正确率无统计学意义上的显著性差异，但 8 年级学生在化学领域的题目正确率显著低于其科学题目总正确率，这表明 8 年级学生在化学领域的表现显著弱于或不优于当年的科学总体表现；③8 年级学生的科学题目总正确率、各内容领域的题目正确率都高于 7 年级学生，这表明 8 年级学生的科学表现优于 7 年级学生。

由于 1995 年 TIMSS 科学测评中未涉及认知维度，且法国 7、8 年级学生只参加了这一次测评，故本节不对法国 7、8 年级学生在各认知维度的表现情况展开分析。

三　性别差异分析

（一）法国4年级男、女生科学平均分相等，但在各内容维度上具有显著的性别差异，而在认知维度上无显著的性别差异

图 2 – 29 标注了法国 4 年级学生在 2015 年 TIMSS 科学测评中男、女生在科学总分、各内容维度、各认知维度上的差异。纵轴右侧显示的是男生平均分比女生高出的分数，纵轴左侧显示的是女生平均分比男生高出的分数，标记星号的代表高出的分数具有统计学意义上的显著性差异。

从图 2 – 29 中可以看出：①在科学总分上，男、女生平均分相等，这表明法国 4 年级学生在科学总体表现上无性别差异；②在生命科学领域，女生均分比男生高 8 分，且存在统计学意义上的显著性差异，而在物质科学和地球科学领域，男生平均分比女生分别高出 10 分和 9 分，且均存在统计学意义上的显著性差异，这些都表明法国 4 年级学生在科学各内容领域上存在显著的性别差异，女生在生命科学领域更具优势，而男生在物质科学和地球科学领域表现更为优秀；③虽然男生在知道与应用这两个认知维度上得分高于女生，女生在推理维度上得分高于男生，但都不存在统计学意义上的显著性差异，这表明法国 4 年级男、女生虽然在各认知维度上得分有差异，但不存在显著的性别差异。

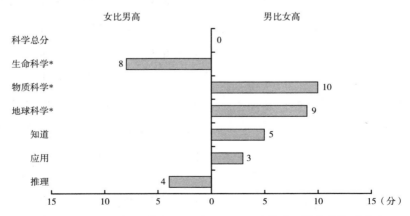

图 2 – 29　法国 4 年级学生 2015 年 TIMSS 科学测评得分的性别差异

注：*具有统计学意义上的显著性差异。

（二）法国 7、8 年级男生在科学总体表现上显著优于女生，在除环境与科学本质以外的其他内容领域的表现显著优于或不弱于女生

图 2-30 标注了法国 7、8 年级男女生在 1995 年 TIMSS 科学测评中在科学总分以及各内容维度题目正确率上的差异。纵轴右侧显示的是男生平均分比女生高出的分数或正确率，纵轴左侧显示的是女生平均分比男生高出的分数或正确率，标记" * "的代表差异具有统计学意义上的显著性。

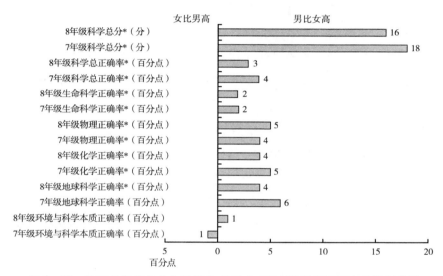

图 2-30 法国 7 年级与 8 年级学生 1995 年 TIMSS 科学测评中的性别差异

注：* 具有统计学意义上的显著性差异（科学总分除外，因为 1995 年 TIMSS 科学报告中并未呈现 7、8 年级学生科学总分性别差异的统计学检验结果）。

从图 2-30 中可以看出：①法国 7、8 年级的男生科学测评得分比女生高出 18 分和 16 分，科学测评全部题目总正确率也分别比女生高出 4 个和 3 个百分点且具有统计学意义上的显著性差异，这表明男生在科学总体表现上显著优于女生；②法国 7、8 年级男生在生命科学、物理、化学等领域的正确率均显著高于女生，这表明男生在这四个领域的表现显著优于女生；③法国 7、8 年级学生在环境与科学本质领域的正确率差异很小，均只有 1 个百分点，且不存在统计学意义上的显著性差异，这表明男、女生在这一内容领域上不存在显著的性别差异。

四 背景因素分析

（一）法国4年级的学生家庭环境、教师教龄与校长任职时长情况优于其学校构成与资源、校园安全以及课堂教学情况，在学校氛围、学生参与度和态度方面有较大改善空间

在 2015 年 TIMSS 科学报告中，共呈现了 25 项关于法国 4 年级学生科学成就的背景因素指数。这些背景因素的名称、指数、指数所在区间及其含义如表 2 – 64 所示。其中"教师教龄""校长经验""总教学时间""科学教学时间"这 4 项指数都是使用年或小时作为单位直接表征该背景因素的情况，TIMSS 并未对这些指数所在区间及其含义给出界定。TIMSS 科学报告中对其余 21 项指数所在区间及其含义都进行了界定，将其中 20 项指数都划分为 3 个区间范围、1 项指数划分为 2 个区间范围。以"家中学习资源"这一背景因素为例，2015 年 TIMSS 科学报告将其指数划分为 3 个区间，Ⅰ类区间（较高水平，指数≥11.9）代表"有很多学习资源"，Ⅱ类区间（中等水平，11.9 > 指数 > 7.4）代表"有一些学习资源"，Ⅲ类区间（较低水平，指数≤7.4）代表"少有学习资源"。法国这一指数为 10.6，位于Ⅱ类区间，意味着学生家中有一些学习资源，属于 TIMSS 界定的中等水平。唯一一项被划分为 2 个区间的指数是"教师对科学探究的重视度"，即较高区间（指数≥11.3）代表"在大约一半或以上的课程中强调科学探究"，较低区间（中等水平，指数 < 11.3）代表"仅在不到一半的课程中强调科学探究"。法国这一指数为 9.7，位于较低区间，意味着教师对科学探究的重视不足。

表 2 – 64　2015 年法国 4 年级 TIMSS 科学测评背景因素指数及其含义

类别	背景因素	指数	指数所在区间与含义
家庭环境	家中学习资源	10.6	Ⅱ类区间（11.9 > 指数 > 7.4）：家中有一些学习资源
	父母对科学与数学的态度	9.4	Ⅰ类区间（指数≥9.3）：持非常积极的态度
	入学前参与读写/算术活动	10.1	Ⅱ类区间（10.4 > 指数 > 6.5）：有时会参与读写/算术的学前活动

类别	背景因素	指数	指数所在区间与含义
家庭环境	入学前读写/算术能力	9.5	Ⅱ类区间（11.5＞指数＞8.7）：学生入学前可较好完成读写/算术任务
学校构成与资源	学校生源入学前读写与算术能力	10.1	Ⅱ类区间（11.7＞指数＞8.6）：25%～75%的学校生源入学前已具备读写与算术能力
	科学资源短缺对教学的影响	9.6	Ⅱ类区间（11.2＞指数＞7.2）：教学受到了科学资源短缺的影响
	学校条件与资源	9.2	Ⅱ类区间（10.6＞指数＞8.2）：学校条件与资源存在少量问题
学校氛围	家长对学校目前情况的感受	9.1	Ⅱ类区间（9.7＞指数＞6.7）：对学校的情况感到满意
	校长认为学校重视学业成就	9.6	Ⅱ类区间（13.0＞指数＞9.2）：学校对学业成就高度重视
	教师认为学校重视学业成就	9.6	Ⅱ类区间（12.9＞指数＞9.2）：学校对学业成就高度重视
	教师对工作的满意度	8.9	Ⅱ类区间（10.1＞指数＞6.6）：教师对工作感到满意
	教师面对的挑战	8.7	Ⅱ类区间（10.4＞指数＞7.1）：教师面临着一些挑战
	学校归属感	9.3	Ⅰ类区间（指数≥9.1）：学生对学校具有高度的归属感
校园安全	纪律问题	9.9	Ⅰ类区间（指数≥9.7）：学校中的学生几乎不存在纪律问题
	安全与秩序	9.5	Ⅱ类区间（10.0＞指数＞6.7）：学校里是安全、有序的
	欺凌	10.4	Ⅰ类区间（指数≥9.6）：学校几乎不存在欺凌问题
教师与校长情况	教师教龄	14	教师的平均教龄（年）
	校长经验	10	校长担任该职位的平均时长（年）
课堂教学	总教学时间	858	一年中的总教学时长（小时）
	科学教学时间	56	一年中用于科学教学的总时长（小时）
	教师对科学探究的重视度	9.7	较低区间（指数＜11.3）：在不到一半的课程中强调科学探究
	教学受限于学情	9.3	Ⅱ类区间（11.0＞指数＞6.9）：教师感到教学有些受限于学情
学生参与度及态度	学生对参与科学课堂教学的看法	9.6	Ⅰ类区间（指数≥9.0）：学生在科学课堂上积极参与教学活动
	学生喜欢学习科学	9.6	Ⅰ类区间（指数≥9.6）：学生非常喜欢学习科学
	学生对学习科学的自信	9.4	Ⅱ类区间（10.2＞指数＞8.2）：学生对学习科学有信心

从表 2 - 64 可以看出，在 20 项被划分为 3 类区间的背景因素中，法国有 6 项指数位于 I 类区间，即达到了 TIMSS 界定的较高水平，它们分别是 "父母对科学与数学的态度" "学校归属感" "纪律问题" "欺凌" "学生对参与科学课堂教学的看法" "学生喜欢学习科学"。其余 14 项指数均位于 II 类区间，即属于 TIMSS 界定的中等水平，它们分别是 "家中学习资源" "入学前参与读写/算术活动" "入学前读写/算术能力" "学校生源入学前读写与算术能力" "科学资源短缺对教学的影响" "学校条件与资源" "家长对学校目前情况的感受" "校长认为学校重视学业成就" "教师认为学校重视学业成就" "教师对工作的满意度" "教师面对的挑战" "安全与秩序" "教学受限于学情" "学生对学习科学的自信"。

为更综合、全面地分析这些背景因素指数的意义与价值，将这些指数在国际上的排名情况进行统计，结果如图 2 - 31 所示。

2015 年法国 4 年级学生 TIMSS 测评平均分在国际排名第 34 位（有 33 个国家或地区学生的平均分高于法国）。从图 2 - 31 中可以看出，法国共有 14 项背景因素指数的排名不低于其 TIMSS 测评平均分排名，分别是 "家中学习资源"（第 12 位）、"父母对科学与数学的态度"（第 32 位）、"入学前参与读写/算术活动"（第 22 位）、"入学前读写/算术能力"（第 26 位）、"学校生源入学前读写与算术能力"（第 20 位）、"校长认为学校重视学业成就"（第 30 位）、"教师认为学校重视学业成就"（第 29 位）、"纪律问题"（第 29 位）、"欺凌"（第 11 位）、"教师教龄"（第 30 位）、"校长经验"（第 20 位）、"总教学时间"（第 26 位）、"科学教学时间"（第 34 位）、"教师对科学探究的重视度"（第 27 位）。其余 11 项指数的排名均低于 TIMSS 测评平均分排名，排名最低是 "教师对工作的满意度"（第 45 位）和 "教师面对的挑战"（第 45 位）。

综合表 2 - 64 和图 2 - 31 可以看出，关于法国 4 年级 TIMSS 测评的背景因素呈现下列特点。

（1）相比于其他背景因素，家庭环境情况较好，4 项指数排名均高于其 TIMSS 测评平均分排名，且有 1 项指数达到了 TIMSS 界定的较高水平，其余 3 项指数均属于 TIMSS 界定的中等水平。这具体表现为：①学生家中有一些

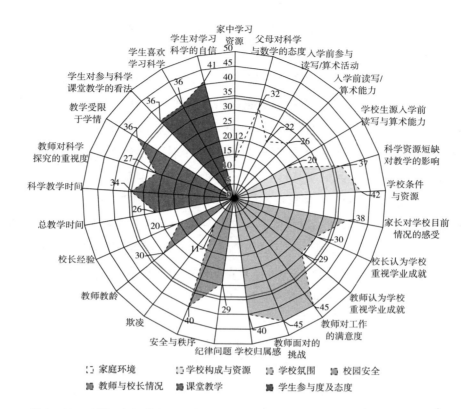

图 2-31 法国 4 年级学生 2015 年 TIMSS 科学测评背景因素指数的国际排名情况

注：图中纵轴代表的是各项背景因素的国际排名，排名 = 比法国该指数高的国家和地区的个数（不计参加 benchmark 的单列国家/地区）+1。

学习资源，这一指数虽未达到 TIMSS 界定的较高水平但国际排名第 12 位；②父母对科学与数学持非常积极的态度，虽然这一指数的国际排名不高（第 32 位）但达到了 TIMSS 界定的较高水平；③家长有时会让学生参与读写/算术的学前活动，且学生入学前可较好地完成读写/算术任务，这 2 项指数都属于 TIMSS 界定的中等水平。

（2）学校构成与资源情况一般，3 项指数均属于 TIMSS 界定的中等水平，其中 1 项指数的排名高于其 TIMSS 测评平均分排名。这具体表现为：①25% ~ 75% 的学校生源入学前已具备读写与算术能力，这一指数国际排名第 20 位，高于其 TIMSS 测评平均分排名；②教学受到了科学资源短缺的影响，学校条件与资源存在少量问题，这 2 项指标都属于 TIMSS 界定的中等水平。

（3）相比于其他国家和地区，学校氛围有较大改善空间，6 项相关指数中有 4 项排在国际第 40 位左右，且都低于其科学测评平均分排名，其余 2 项虽然高于科学测评平均分排名但也仅属于国际中等偏下水平。这具体表现为：①家长对学校目前的情况感到满意，虽然这一指数位于 TIMSS 界定的中等水平，但在 2015 年全部 47 个（参与 4 年级 TIMSS 测评）国家和地区中仅排名第 38 位，且低于其科学测评平均分排名；②校长与教师都认为学校高度重视学业成就，2 项指数都位于 TIMSS 界定的中等水平，分别排名国际第 30 位和第 29 位，均高于其科学测评平均分排名，但在总体 47 个参测国家和地区中位于中等偏下水平；③教师在工作中面临着一些挑战，对工作感到满意，这 2 项指数虽然都位于 TIMSS 界定的中等水平，但在全体 47 个参测国家和地区中都仅排名第 45 位；④学生对学校具有高度的归属感，达到了 TIMSS 界定的较高水平，但仅排名第 40 位。

（4）校园安全情况一般，3 项指数中有 2 项达到了 TIMSS 界定的较高水平且高于其科学测评平均分排名，剩余 1 项指数位于 TIMSS 界定的中等水平但仅排名第 40 位。这具体表现为：①学校中的学生几乎不存在纪律问题，学校里也几乎不存在欺凌问题，都达到了 TIMSS 界定的较高水平，其中一项排名较为靠前（第 11 位），另一项位于中等偏下（第 29 位）；②学校里是安全、有序的，这一指数属于 TIMSS 界定的中等水平且仅排名第 40 位。

（5）相比与其他背景因素，教师教龄与校长任职时长情况较好。这具体表现为平均 14 年的教师教龄和 10 年的校长任职时长，在全体 47 个参测国家和地区中分别排名第 30 位和第 20 位，属于国际中等水平，且排名均高于其学生科学测评平均分的国际排名。

（6）课堂教学情况一般，4 项相关指数中有 3 项排名不低于其科学测评平均分的国际排名，TIMSS 有界定的 2 项指数均不属于较高水平。这具体表现为：①一年中 858 小时的总教学时间（第 26 位）和 56 小时的科学教学时间（第 34 位）的国际排名均不低于其学生科学测评平均分的排名；②科学教师仅在不到一半的课程中强调科学探究，未达到 TIMSS 界定的较高水平，且这一指数排名第 27 位；③教师感到教学有些受限于学情，国际排名第 36 位，属于 TIMSS 界定的中等水平。

（7）相比于其他国家和地区，学生参与度及态度有待提升，3 项指数中虽然有 2 项达到了 TIMSS 界定的较高水平，但在全部 47 个参测国家和地区中都仅排名第 36 位。这具体表现为：①学生在科学课堂上积极参与教学活动，而且非常喜欢学习科学，这 2 项指数达到了 TIMSS 界定的较高水平，但国际排名均为第 36 位，非常接近学生科学测评平均分的排名；②学生对学习科学有信心，属于 TIMSS 界定的中等水平，但这一指数国际排名第 41 位。

（二）法国8年级的教师教龄与班额具有一定优势，在学生家庭环境、课余学习和作业时长以及课堂学习任务的设置方面处于国际中等水平，但对学好科学的重要性缺乏足够的认识

在 1995 年的 TIMSS 科学测评中，还未提出背景因素指数并对其区间进行界定，而是使用不同背景情况下的人数比例对背景因素进行分析。此外，在 TIMSS 1995 科学报告中，主要呈现了 8 年级的情况。因此，下文将主要以各背景情况下的人数比例对法国 8 年级 TIMSS 科学测评的背景因素展开分析与讨论。

1. 法国 8 年级学生的家庭教育资源情况大致位于国际中等水平

图 2 – 32 呈现的是法国 8 年级学生参加 1995 年 TIMSS 科学测评时家庭教育资源的相关信息。图中，柱状图代表的是各类学生人数的百分比，如"家有字典、书桌、电脑"的学生占 49%；▲表示该项人数百分比在 1995 年参测 8 年级的 39 个国家和地区中的排名。例如，法国 8 年级学生"家有字典、书桌、电脑"的占比为 49%，这一比例排在国际第 19 位，即有 18 个国家或地区在这一人数比例上高于法国。

从图 2 – 32 可以看出，法国 8 年级学生家庭教育资源大致属于国际中等水平。这具体表现在以下三个方面。第一，就家中是否有字典、书桌和电脑而言，近半数学生家中都备有这三项物品，且这一人数比例（49%）排在国际第 19 位。第二，就家中图书而言，法国 8 年级学生家中最普遍的情况

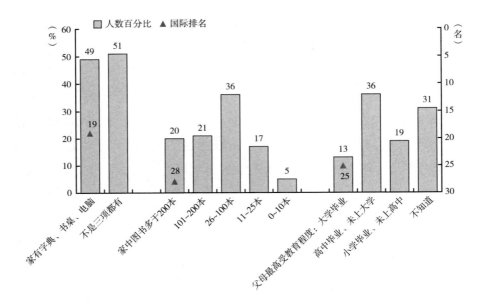

图 2 – 32 法国 8 年级学生 1995 年 TIMSS 测评之家庭教育资源情况

是具有 26 ～ 100 本 （占 36% ），其余较多的情况分别是家中具有 11 ～ 25 本
（占 17% ）、101 ～ 200 本 （占 21% ）、多于 200 本 （占 20% ），其中藏书多
于 200 本的学生比例排在国际第 28 位。第三，就父母的受教育程度而言，
法国 8 年级学生最普遍的情况是父母中至少有一方高中毕业但未上大学
（占 36% ）；此外，父母中至少有一方大学毕业的占 13% ，这一比例排在国
际第 25 位。

2. 相比于其他国家和地区，法国 8 年级学生及其母亲和伙伴对学好科
学的重要性缺乏足够的认识

图 2 – 33 呈现的是法国 8 年级学生及其母亲和伙伴对各学科成就表现的
重视程度。图中，柱状图代表的是各类学生人数的百分比，如认为学好科学
很重要的学生占 83% ；▲表示该项人数百分比在 1995 年参测 8 年级的 39 个
国家和地区中的排名。例如，有 83% 的法国 8 年级学生认为学好科学很重
要，这一比例排在国际第 34 位，即有 33 个国家或地区在这一人数比例上高
于法国。

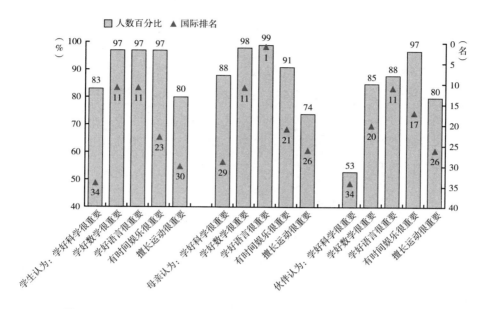

图 2 – 33 法国 8 年级学生 1995 年 TIMSS 测评之学业成就期待情况

从图 2 – 33 可以看出，法国 8 年级学生及其母亲和伙伴对学好科学的重要性认可度不高，有待提升。这具体表现在以下三个方面。第一，就学生本人而言，仅有 83% 的学生认可学好科学很重要，几乎与认为擅长运动很重要的人数比例相同，而认可数学、语言、娱乐时间重要性的比例很高（均为 97%）。而且法国学生认可科学重要性的比例在 39 个参测国家和地区中仅排在第 34 位。第二，就学生母亲而言，有 88% 的母亲认可学好科学很重要，高于认为擅长运动很重要的人数比例（74%），而认可数学、语言、娱乐时间重要性的比例分别为 98%、99% 和 91%；而且学生母亲认可科学重要性的比例在 39 个参测国家和地区中仅排在第 29 位。这些都表明法国 8 年级学生母亲普遍认为学好数学和语言以及有时间娱乐是很重要的，对科学的认可在她们心中只排在第四。第三，就学生的伙伴而言，仅有 53% 的伙伴认可学好科学很重要，远低于对其他学科以及运动的认可度，而这一人数比例在 39 个参测国家和地区中也仅排在第 34 位。

3. 相比于其他国家和地区，法国 8 年级学生课余用于学习或作业的时长适中，但用于娱乐休闲和家务等方面的时间相对较少

图 2 – 34 呈现的是法国 8 年级学生上学期间的课余时间分配情况。图中，柱状图代表的是各类情况的时长，如平均每天用于学习科学或完成科学课后作业的时长是 0.6 小时；▲表示该时长在 1995 年参测 8 年级的 39 个国家和地区中的排名。例如，法国 8 年级学生平均每天用 0.6 小时学习科学或完成科学课后作业，这一时长排在国际第 21 位，即有 20 个国家或地区的这一时长数值大于法国。

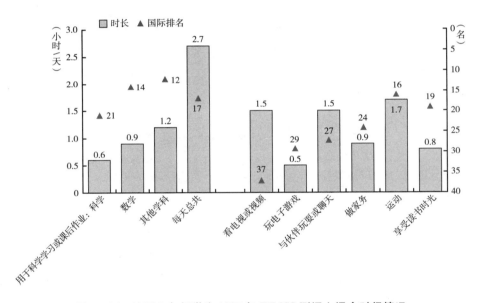

图 2 – 34　法国 8 年级学生 1995 年 TIMSS 测评之课余时间情况

从图 2 – 34 可以看出，法国 8 年级学生课余用于学习或完成家庭作业的时间排在国际中游偏上，但在娱乐休闲和家务等方面花费的时间仅排在国际中游偏下。这具体表现在以下两个方面。第一，法国 8 年级学生每天课余用于学习或课后作业的总时长为 2.7 小时，国际排名第 17 位。其中，用于科学学习或课后作业的时长为 0.6 小时，国际排名第 21 位，无论是时长还是排名均低于其他学科。这些都表明法国 8 年级学生在课

余用于学习或课后作业的过程中，科学不是最耗时的。第二，法国 8 年级学生课余除了学习和写作业以外，每天用时由多至少依次是运动（1.7小时）、看电视或视频（1.5 小时）、与伙伴玩耍或聊天（1.5 小时）、做家务（0.9 小时）、享受读书时光（0.8 小时）、玩电子游戏（0.5 小时）。而这些时长数值大多排在第 30 位左右，排名最低为第 37 位。这些都说明法国 8 年级学生课余在娱乐休闲和家务等方面花费的时间仅排在国际中游偏下。

4. 法国 8 年级教师以具有 20 年以上教龄的中老年教师为主，班额以21 ~ 30 人为主，课堂上推理式学习任务的设置情况居于国际中等水平

图 2 - 35 呈现的是法国 8 年级教师教龄及科学课堂组织的情况。图中，柱状图代表的是各类人数的百分比，如教龄为 0 ~ 5 年的教师占 16%；▲ 表示该项人数百分比在 1995 年参测 8 年级的 39 个国家和地区中的排名。例如，有 16% 的法国 8 年级教师具有 0 ~ 5 年的教龄，这一比例排在国际第 25位，即有 24 个国家或地区在这一人数比例上高于法国。

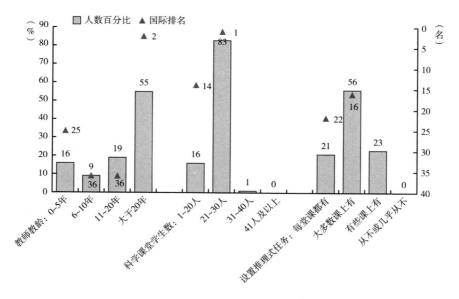

图 2 - 35　法国 8 年级学生 1995 年 TIMSS 测评之教师教龄及科学课堂组织情况

从图 2 - 35 可以看出，法国 8 年级科学课堂情况居于国际中等偏上水平，教师以中老年为主，中青年教师比例不高。这具体表现在以下三个方面。第一，就教师教龄而言，法国 8 年级教师以具有 20 年以上教龄的中老年教师为主（占 55%），在所有参测国家和地区中这一数值排名第 2 位。然而相比于其他国家和地区，法国的中青年教师比例不高。第二，就科学课堂学生数而言，法国 8 年级最为普遍的情况是每班 21～30 名学生（占 83%），此外还有 16% 的情况是每班 1～20 名学生，这两项比例均排在国际前 15 名中。第三，就科学课堂上设置的推理式学习任务而言，法国 8 年级最普遍的情况依次为在大多数课上有推理式学习任务（占 56%）、有些课上有（23%）、每堂课都有（21%）。其中，每堂课都有以及大多数课上有的比例分别排名第 22 位和第 16 位，居于国际中等水平。

五　小结

综合本节对法国 TIMSS 测评得分情况、各内容领域与认知维度的得分情况、性别差异以及背景因素的分析，可以看出法国科学教育展现出下列特征与趋势。

（1）相比于其他国家和地区，法国学生的科学学习情况有继续提高的空间。法国 4 年级学生科学测评平均分较低，在全部 47 个参测国家和地区中排名第 34，达到和超出 TIMSS 中等基准的人数不足六成。法国 7、8 年级学生 TIMSS 测评平均分排在国际中游，但科学表现优异的学生比例较低，有近 2/3 的学生得分未进入国际前 50%。

（2）法国 4 年级学生在物质科学（含化学和物理）领域的表现和 7、8 年级学生在化学领域的表现均有待加强，在其他学科领域的表现较好，显著优于或不弱于科学总体表现。此外，法国 4 年级学生在"应用"维度上的表现远远优于在"知道"与"推理"方面的表现。

（3）法国 4 年级学生在科学总分和各认知维度上不存在性别差异，但在各内容领域上存在显著的性别差异，即女生在生命科学领域具有显著优势，而男生在物质科学和地球科学领域具有显著优势。法国 7、8 年级学生在科学总体表现上具有显著的性别差异，男生明显优于女生，且在除环境与科学本质以外的其他内容领域的表现均显著优于或不弱于女生。

（4）与学校构成和资源、校园安全以及课堂教学情况相比，法国 4 年级的学生家庭环境情况、教师教龄与校长任职时长情况较好，但在学校氛围、学生参与度及态度方面有较大改善空间。法国 8 年级的教师教龄与班额具有一定优势，在学生家庭环境、课余学习和作业时长以及课堂学习任务的设置方面处于国际中等水平，但无论是学生还是学生的母亲或伙伴都对学好科学的重要性缺乏足够的认识。

综上所述，基于 TIMSS 测评可以看出，法国科学教育背景因素中最突出的两个特点就是：第一，相比于其他国家和地区，法国 4 年级的学生参与度及态度，以及 8 年级学生对学好科学的重要性认识都有较大改善空间，这意味着法国社会对科学重要性的认可和偏爱度可能并不高；第二，法国 4 年级的教师平均教龄与校长平均任职时长排在国际中游、8 年级教师以具有 20 年以上教龄的中老年为主，这两个情况都反映出法国在吸引青年人从事学校科学教育事业方面与其他国家和地区相比还有待进一步提高。从学生 TIMSS 测评结果来看，这样背景下的法国学生群体平均分较低，4 年级学生达到和超出 TIMSS 中等基准的人数不足六成，7、8 年级学生中科学表现优异的比例较低，有近 2/3 的学生得分未进入国际前 50%。

第五节 高水平的稳中有升——俄罗斯学生的 TIMSS 测评报告

一 俄罗斯的教育体系及参加 TIMSS 测评的情况

根据俄罗斯 2012 年通过的教育法，所有公民都可以享受免费的通识教育和职业教育。联邦政府负责制定和实施统一的教育政策，为不同学段、不同学科制定教育标准，为学校制定示范课程和示范学习计划，还组织专家评审学生使用的教材和其他学习材料。

俄罗斯的通识教育包括学前教育、小学教育、初中教育和高中教育。其中，小学阶段学制为 1～4 年级，初中阶段为 5～9 年级，高中阶段为 10～11 年级。如 9 年级学生完成学习后希望接受职业教育，则需要在相关学校完成 10～11 年级的学习，达到基础高中水平后才能进入职业学校学习。根据俄罗斯的学制，1～11 年级为学生必须接受的义务教育。①

在小学阶段，学生将学习一门名为"周围的世界"课程，这门课是科学与社会的综合课程，其中科学约占 70% 的内容比例。在小学阶段，学生应能掌握自然和社会相关的基础概念，通过实践活动对概念进行扩展和组织，对世界的整体性和多样性有一个全面的了解。完成 4 年级的学习后，学生应掌握如表 2－65 所示的要点。中学阶段，5 年级学生接受的是不分科的基础教育，从 6 年级开始分科开设科学课程。其中，6～9 年级开设生物课和地理课，7～9 年级开设物理课，8～9 年级开设化学课。总体来说，中学阶段科学教育的主要内容如表 2－66 所示。

表 2－65　俄罗斯小学阶段科学教育的要点

- 识别具有生命的和没有生命的物体，描述其特征。能够根据外部特征对生物和非生物进行分类和比较
- 能够使用简单的实验室设备和测量仪器进行环境观察和实验
- 面对科学问题时，能从纸质或电子资料中检索信息、回答问题、找到解释、进行自己原创的口头或书面展示
- 能够使用各种参考书（例如科学词典、植物和动物的野外指南、地图、出版物等）搜索信息
- 能够使用现成的模型（例如地球仪，地图等）来解释或描述现象
- 探究生物与非生物之间的相互关系，以及两者在自然中是如何相互影响的，理解尊重自然的必要性
- 确定人与自然关系的本质，能举例说明自然会对人类健康和安全产生影响
- 了解健康生活方式的必要性，遵守安全行为准则；应用有关人体结构和功能的知识维持和改善自身的健康

---

① Galina Kovaleva, Klara Krasnianskaia, Overview of Russian Federation Education System. http：//timssandpirls. bc. edu/timss2015/encyclopedia/countries/russian － federation/. 2018 － 12 － 15.

表 2－66　俄罗斯中学阶段科学教育的主要内容

- 获取有关自然现象、基本科学概念、自然界相互关系和规律、科学思维方法的相关知识,知道科学在社会中的作用
- 能够运用科学知识解释各种现象和过程,知道使用基本技术设备解决问题的原理,能够进行科学观察和实验,熟练使用科学装置、设备和仪器,能够用不同形式说明、展示实验结果
- 能够通过搜集信息,进行科学观察或调查、解决科学问题。在这一过程中培养学生的智力、学习兴趣和创造力
- 培养对自然环境的积极态度,理解环保文化,认识自然规律并明白谨慎使用科学技术促进社会进一步发展的必要性,尊重科学家,对科学持有积极态度
- 在日常生活和实际行为中,运用学到的知识和技能保护自然,关爱自己的健康和行为安全

　　俄罗斯参加了每一届 TIMSS 测评。1995 年、1999 年,俄罗斯 8 年级学生参加了测评;2003 年、2007 年、2011 年、2015 年,俄罗斯 4 年级和 8 年级学生均参加测评;1995 年、2008 年和 2015 年,俄罗斯高中毕业年级学生参加了 TIMSS 高阶测评。俄罗斯参加 TIMSS 测评的结果已经被认为是衡量该国教育质量的重要基准。俄语是俄罗斯的官方语言。超过 95% 的学校将俄语作为所有科目的主要教学语言,其余学校则使用民族语言教学。

二　俄罗斯学生科学测评的成绩

(一)俄罗斯4年级学生科学测评的成绩

　　俄罗斯 4 年级学生参与 TIMSS 测评的情况如表 2－67 所示。1995～2015 年,俄罗斯 4 年级学生共参加 4 次科学测评。总体来说,俄罗斯 4 年级学生科学成绩一直在稳定上升。俄罗斯 4 年级学生科学成绩在国际上的排名比较靠前,2003 年就跻身世界前 10 名,从 2007 年起就稳居前 5 名。

表 2－67　俄罗斯 4 年级学生参与 TIMSS 测评的情况

测试年份	平均科学成绩 (分)(标准差)	国际排名 (名次/总数)	参评学校 (所)	参评学生 (人)	学生平均 年龄(岁)
2015	567(3.2)	4/48	208	4291	10.8
2011	552(3.4)	5/50	202	4467	10.8
2007	546(5.0)	5/37	206	4464	10.8
2003	526(5.3)	9/25	205	3963	10.6

从平均科学成绩来看，2015 年俄罗斯学生的科学成绩为 567 分，相比 2011 年的 552 分有显著的提升；2007 年的科学成绩为 546 分，相比 2003 年的 526 分也有显著的提升。从国际排名来看，2007 年俄罗斯学生成绩显著上升，国际排名从第 9 位提升到第 5 位；2015 年成绩显著上升，国际排名提升到第 4 位。

从学校和学生的参评情况来看，2003 ~ 2015 年，俄罗斯参评学校数量基本稳定在约 200 所，参评学生从约 4000 人增加到约 4500 人。从学生平均年龄来看，俄罗斯参与测评的 4 年级学生平均年龄在 10.8 岁左右。

以 TIMSS 科学成绩的基准为标尺，可以看到俄罗斯学生达到国际基准的百分比（见表 2 – 68）。俄罗斯几乎所有学生都能达到"较低水平"，从 2011 年起大部分学生能达到"较高水平"。2007 年俄罗斯 4 年级学生达到 "中等水平"的百分比显著提高，超过总学生数的 80%；2015 年更提高到 91%。2011 年俄罗斯 4 年级学生已有超过一半达到"较高水平"，2015 年这一百分比提高到 62%。达到"高级水平"的学生百分比也不断增加，2015 年为 20%。这说明俄罗斯学生的科学成绩总体提高，排名相对靠前的 "学优生"和排名相对靠后的"学困生"成绩都在提高，大部分排名中段的学生成绩也在提高。

表 2 – 68　俄罗斯 4 年级学生达到国际科学成绩标准的百分比

单位：%

测试年份	高级水平 （达到 625 分）	较高水平 （达到 550 分）	中等水平 （达到 475 分）	较低水平 （达到 400 分）
2015	20	62	91	99
2011	16	52	86	98
2007	16	49	82	96
2003	11	39	74	93

在内容维度，俄罗斯 4 年级学生的科学成绩如表 2 – 69 所示。俄罗斯 4 年级学生在"生命科学""物质科学""地球科学"维度的成绩从 2003 年起呈现逐渐增加的态势。尤其是在"生命科学"和"地球科学"维度，学生

成绩每年都显著高于上一个测评年份。"物质科学"维度学生成绩也有一定的提高，尤其是 2007 年学生成绩提高的幅度较大。

表 2 - 69　俄罗斯 4 年级学生科学成绩在内容维度的分布

单位：分

测试年份	生命科学		物质科学		地球科学	
	平均成绩	标准差	平均成绩	标准差	平均成绩	标准差
2015	569	3.1	567	3.6	562	4.7
2011	556	3.7	548	4.0	552	4.0
2007	545	4.7	552	5.6	541	5.6
2003	526	4.5	527	5.2	527	6.0

根据俄罗斯 4 年级学生内容维度的科学成绩分布图，可以看到各年份俄罗斯 4 年级学生在各内容维度的科学成绩是比较均衡的（见图 2 - 36）。总体来说，俄罗斯 4 年级学生没有表现出明显的内容偏好，2007 年"物质科学"维度成绩较好，2011 年和 2015 年"生命科学"维度成绩较好。

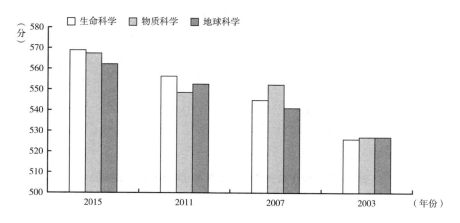

图 2 - 36　俄罗斯 4 年级学生科学成绩分布（内容维度）

在认知维度，俄罗斯 4 年级学生的成绩如表 2 - 70 所示。总体来看，俄罗斯 4 年级学生在"知道""应用""推理"维度的成绩均呈现上升趋势。"知道"和"应用"维度的学生成绩逐年递增，每一测评年份都比上一个测评年份的成绩显著提高。"推理"维度，虽然 2011 年与 2007 年的成绩没有太大变化，但 2015 年成绩有了显著的提高。通常学生成绩应呈现在"知道"维度平均成绩最高、"应用"维度次之、"推理"维度最低的分布。但在俄罗斯 4 年级学生 2015 年的表现中，3 个认知维度的成绩差异并不大，这说明俄罗斯 4 年级学生整体能力较强，进一步印证了许多学生都达到高级水平和较高水平。

表 2-70　俄罗斯 4 年级学生科学成绩在认知维度的分布

单位：分

测试年份	知道		应用		推理	
	平均成绩	标准差	平均成绩	标准差	平均成绩	标准差
2015	569	3.9	568	3.3	561	3.8
2011	553	3.8	556	3.5	542	4.3
2007	546	5.5	550	5.3	542	5.3

注：TIMSS 官网提供的数据仅包括 2007 年至今科学成绩认知维度的数值。

（二）俄罗斯8年级学生科学测评的成绩

1995～2015 年，俄罗斯 8 年级学生共参加 6 次科学测评，测评的情况如表 2-71 所示。俄罗斯 8 年级学生科学成绩从 2003 年起逐渐提高。从国际排名来看，俄罗斯 8 年级学生也从 2003 年起逐渐提高，2011 年与 2015 年排名稳定在第 7 名。与俄罗斯 4 年级学生相比，8 年级学生的科学成绩略低，国际排名也略落后。

表 2-71　俄罗斯 8 年级学生参与 TIMSS 测评的情况

测试年份	平均科学成绩（分）（标准差）	国际排名（名次/总数）	参评学校（所）	参评学生（人）	学生平均年龄（岁）
2015	544(4.2)	07/39	204	4780	14.7
2011	542(3.3)	07/42	210	4893	14.7
2007	530(3.7)	10/49	210	4472	14.6
2003	514(3.6)	17/46	214	4667	14.2
1999	529(6.4)	16/38	189	4332	14.1
1995	523(4.4)	09/41	348	8160	14.0

从学校和学生的参评情况来看，从 2003 年起俄罗斯参评学校数量与学生数量变化不大，学校数量稳中有降，近三次测评从 210 所降低到 204 所，参评学生数量稳中有升，从 4500 名左右上升到 4800 名左右。需要特别说明的是，1995 年测评的学生包括 8 年级学生和 7 年级学生。1995 年俄罗斯有 174 所学校的 4022 名 8 年级学生，以及 174 所学校的 4138 名 7 年级学生参加测评。从学生平均年龄来看，俄罗斯参与测评的学生平均年龄逐渐增高，近两次测试平均年龄均在 14.7 岁。

以 TIMSS 科学成绩的基准为标尺，可以得出俄罗斯学生达到国际基准的百分比（见表 2 - 72）。总体来看，俄罗斯 8 年级学生的 90% 以上都能达到 "较低水平"。2003 年，俄罗斯 8 年级学生达到 "高级水平" 和 "较高水平" 的百分比较低，说明成绩排名在 "顶部" 的学生比例较小。从 2011 年起 80% 以上的学生能达到 "中等水平"，有近一半的学生能达到 "较高水平"。学生的成绩差异变小，学生总体成绩提高。

表 2 - 72　俄罗斯 8 年级学生达到国际科学成绩标准的百分比

单位：%

测试年份	高级水平 （达到 625 分）	较高水平 （达到 550 分）	中等水平 （达到 475 分）	较低水平 （达到 400 分）
2015	14	49	81	96
2011	14	48	81	96
2007	11	41	76	95
2003	6	32	70	93
1999	15	41	73	92
1995	11	38	71	92

在内容维度，俄罗斯 8 年级学生的科学成绩如表 2 - 73 所示。总体来看，8 年级学生在 "生物学" "化学" "物理" 维度的成绩都呈现增长趋势，"地球科学" 也体现出一定的增长态势。"环境科学" 和 "自然科学" 只经过 1 ~ 2 次测试，从成绩上看明显低于前四个维度。总体来看，俄罗斯 8 年级学生 "化学" 维度的成绩较突出，1995 年、2003 年、2007 年、2011 年

和 2015 年，均为学生成绩最高的维度。"物理"维度的成绩在 2007 年之前相对较低，但 2011 年和 2015 年有非常显著的增长，成为学生成绩次高的维度。"生物学"维度的成绩在 2003 年后逐年上升，2011 年后已经超过"地球科学"维度的成绩。相比较而言，近几次测评中学生在"地球科学"维度上的表现欠佳。

表 2 - 73　俄罗斯 8 年级学生科学成绩在内容维度的分布

单位：分

测试年份	生物学（标准差）	化学（标准差）	物理（标准差）	地球科学（标准差）	环境科学（标准差）	自然科学（标准差）
2015	539（4.4）	558（4.9）	548（4.2）	532（4.7）	—	—
2011	537（3.3）	554（3.5）	547（3.6）	535（3.6）	—	—
2007	527（3.9）	540（4.2）	521（4.3）	528（4.2）	—	—
2003	514（3.3）	527（4.0）	511（3.4）	518（3.5）	491（3.5）	—
1999	517（6.8）	523（7.5）	529（7.2）	529（6.3）	495（6.3）	491（5.4）
1995	519（4.3）	535（6.0）	519（4.7）	530（3.9）	—	—

俄罗斯 8 年级学生成绩在认知维度的表现如表 2 - 74 所示。总体来看，俄罗斯 8 年级学生在"知道""应用""推理"维度的成绩均呈现整体上升趋势。从 2011 年到 2015 年"知道"维度的学生成绩有略微提升，"推理"维度的成绩有显著性提升。"知道"维度成绩最高，"应用"和"推理"维度成绩相同的趋势，说明俄罗斯学生"推理"能力较强，综合实力较高。

表 2 - 74　俄罗斯 8 年级学生科学成绩在认知维度的分布

单位：分

测试年份	知道		应用		推理	
	平均成绩	标准差	平均成绩	标准差	平均成绩	标准差
2015	558	5.2	538	4.6	538	3.9
2011	557	3.8	539	3.3	533	3.2
2007	541	4.4	527	4.0	519	4.0

注：TIMSS 官网提供的数据仅包括 2007 年至今科学成绩认知维度的数值。

（三）俄罗斯高中毕业年级学生参与 TIMSS 高阶科学测评的成绩

由于俄罗斯的学制设置，高中阶段最后一年为 11 年级，所以无法像其他国家一样由 12 年级学生参加高阶科学测评。俄罗斯参与测评的学生有以下特征：第一，在初中阶段（5～9 年级），每年均接受物理课程的学习；第二，高中阶段选择物理课程的学习。俄罗斯迄今为止参加了所有的高阶科学测评，但参与测评的学生年级不同。1995 年俄罗斯由 10 年级学生参加高阶科学测评，2008 年参加测评的有 10 年级学生也有 11 年级学生，2015 年参加测评的全部为 11 年级学生。

俄罗斯高中毕业年级学生参与高阶科学测评的情况如表 2－75 所示。总体来看，俄罗斯高中毕业年级学生的科学测评成绩逐年下降，国际排名相对靠前。从学校和学生的参评情况来看，俄罗斯参评学校数量逐渐增加，从 1995 年的 84 所增加到 2015 年的 193 所，参评学生从 985 人增加到 3800 余人。从学生平均年龄来看，俄罗斯参与测评的学生年龄逐渐上升，这是由参加测评的学生样本变化导致的。

表 2－75　俄罗斯高中毕业年级学生参与 TIMSS 高阶科学测评的情况

测试年份	平均科学成绩（分）（标准差）	国际排名（名次/总数）	参评学校（所）	参评学生（人）	学生平均年龄（岁）
2015	508(7.1)	02/09	193	3822	17.7
2008	521(10.1)	04/09	149	3166	17.1
1995	546(10.1)	03/11	84	985	16.9

以 TIMSS 科学成绩的基准为标尺，可以得出俄罗斯学生达到国际基准的百分比（见表 2－76）。总体来看，每一测试年份，俄罗斯高中毕业年级学生达到"高级水平""较高水平""中等水平"的百分比均较前一年份有所下降，俄罗斯高中毕业年级学生整体成绩下滑明显。1995 年有 53% 的学生能达到"较高水平"，2015 年只有 38% 的学生还能维持这一水平。与 1995 年相比，2015 年学生达到"高级水平"和"中等水平"的比例也有较大幅度的下降。

表 2 - 76　俄罗斯高中毕业年级学生达到国际科学成绩标准的百分比

单位：%

测试年份	高级水平（达到 625 分）	较高水平（达到 550 分）	中等水平（达到 475 分）
2015	16	38	62
2008	19	42	66
1995	21	53	77

在内容维度，俄罗斯高中毕业年级学生的科学成绩如表 2 - 77 所示。其中，2015 年与 1995 年为学生在各测试科目上的平均成绩，2008 年为学生在各科目上的得分率。总体来看，相比于 1995 年和 2008 年，2015 年学生在"波动现象和原子能/核物理"测试科目的成绩下降非常明显。各维度成绩相比来看，俄罗斯学生在"力学"和"电磁学"维度的成绩相对较高，就测试数据而言这两个维度为俄罗斯学生的"传统优势"。

表 2 - 77　俄罗斯高中毕业年级学生测评成绩在内容维度的分布

测试年份	内容维度（所含题目数，个）	平均成绩/得分率（分，%）
2015	力学和热力学（39）	514
	电磁学（27）	518
	波动现象和原子能/核物理（35）	490
2008	力学（18）	48
	电磁学（21）	47
	热和温度（15）	39
	原子能与核物理（14）	50
1995	力学（16）	537
	电磁学（16）	549
	热力学（9）	530
	波动现象（10）	515
	现代物理（14）	542

在认知维度，统计 2008 年和 2015 年的学生表现如表 2 - 78 所示。2008 年为平均得分率，2015 年为学生平均成绩。可以看出，2008 年俄罗斯学生在认知维度的成绩分布符合"知道"维度得分率最高、"应用"维度次之、

"推理"维度较差的一般规律。但 2015 年俄罗斯学生在"知道"维度的平均成绩显著低于"应用"维度，也显著低于科学总成绩。此外，"推理"维度的平均成绩是所有维度中最低的，这说明俄罗斯学生的基础知识掌握出现了问题，同时，在更高阶的思维能力上又发展得不够。这也许是 2015 年俄罗斯高中毕业年级学生在测试中表现较差的原因之一。

表 2 - 78　俄罗斯高中学生测试成绩在认知维度的分布

测试年份	认知维度（所含题目数,个）	平均成绩/得分率（分,%）
2015	知道(30)	521
	应用(41)	543
	推理(30)	414
2008	知道(20)	58
	应用(31)	49
	推理(17)	29

三　俄罗斯学生背景差异与科学成绩

俄罗斯学生的背景因素有很多，这里选择性别差异和学习态度作为两大方面进行分析。

（一）性别差异与科学成绩

如表 2 - 79 所示，俄罗斯 4 年级学生科学成绩存在性别差异，但差异不明显。从 2003 年至 2015 年整体表现出女生成绩略微高于男生的趋势，但只有 2007 年女生成绩高于男生成绩 4 分，为性别差异最大值。

表 2 - 79　俄罗斯 4 年级学生科学成绩的性别差异

单位：分

测试年份	女生			男生		
	平均成绩	标准差	距平值	平均成绩	标准差	距平值
2015	567	3.1	0	567	3.7	0
2011	553	3.5	1	552	3.8	0
2007	548	5.4	2	544	5.1	-2
2003	527	6.1	1	526	5.0	0

从内容维度分析俄罗斯 4 年级学生的性别差异，如表 2 - 80 所示。总体来看，性别差异是存在的，不过在"生命科学"维度女生成绩高于男生，2011 年和 2015 年在"物质科学"和"地球科学"维度男生成绩高于女生。2003 年俄罗斯 4 年级学生的性别差异不明显，但从 2007 年开始性别差异逐年扩大。俄罗斯 4 年级女生更擅长"生命科学"，男生成绩则比较均衡。

表 2 - 80　俄罗斯 4 年级学生科学成绩在各内容维度的性别差异

单位：分

测试年份	生命科学		物质科学		地球科学	
	女生平均成绩	男生平均成绩	女生平均成绩	男生平均成绩	女生平均成绩	男生平均成绩
2015	573(3.6)	565(3.5)	565(3.9)	569(4.0)	560(4.7)	565(5.7)
2011	561(3.8)	552(4.2)	546(4.0)	551(4.8)	551(4.7)	554(4.5)
2007	547(5.5)	542(5.3)	554(6.0)	550(5.9)	541(6.2)	541(5.7)
2003	528(5.1)	525(4.5)	527(5.8)	526(5.2)	528(6.8)	527(5.7)

如表 2 - 81 所示，俄罗斯 8 年级学生科学成绩的性别差异比较明显，男生成绩明显高于女生。除 2015 年和 2007 年外，男生科学成绩显著高于女生。从 1999 年至今，性别差异正在逐渐减小，2015 年男生平均科学成绩仅比女生高出 4 分，性别差异虽然存在但已经不显著了。

表 2 - 81　俄罗斯 8 年级学生科学成绩的性别差异

单位：分

测试年份	女生			男生		
	平均成绩	标准差	距平值	平均成绩	标准差	距平值
2015	542	4.6	-2	546	4.3	2
2011	539	3.6	-3	546	3.5	4
2007	527	4.1	-3	533	4.0	3
2003	508	3.8	-6	519	4.1	5
1999	519	7.0	-10	540	6.3	11
1995	516	4.6	-7	530	5.0	7

在内容维度上，如表 2 - 82 和表 2 - 83 所示，俄罗斯 8 年级学生存在较为明显的性别差异。在"生物学"维度表现出女生成绩相对高于男生的特

点，在"物理""地球科学""环境科学"维度表现为男生成绩高于女生。在"化学"和"自然科学"维度性别差异不显著。尤其是 2011 年和 2015 年，在"生物学"维度女生成绩显著高于男生，同时在"物理"和"地球科学"维度男生成绩显著高于女生，性别差异越来越显著。8 年级学生的性别差异特点与 4 年级学生比较一致，女生擅长生物学，男生擅长物理。

表 2-82　俄罗斯 8 年级学生科学成绩在各内容维度的性别差异（第一部分）

单位：分

测试年份	生物学		化学		物理	
	女生平均成绩	男生平均成绩	女生平均成绩	男生平均成绩	女生平均成绩	男生平均成绩
2015	544(4.8)	534(4.8)	558(5.4)	558(5.6)	538(4.8)	557(4.6)
2011	541(3.7)	533(3.6)	549(4.1)	558(3.8)	539(3.9)	555(4.2)
2007	528(4.3)	525(4.8)	538(4.3)	542(5.0)	510(5.3)	532(4.4)
2003	515(3.5)	513(3.8)	526(4.3)	529(4.6)	502(3.8)	520(3.5)
1999	513(9.1)	522(7.5)	516(9.6)	531(6.8)	518(8.1)	542(8.2)
1995	521(4.2)	515(4.8)	524(6.1)	548(6.4)	504(4.7)	536(5.3)

表 2-83　俄罗斯 8 年级学生科学成绩在各内容维度的性别差异（第二部分）

单位：分

测试年份	地球科学		环境科学		自然科学	
	女生平均成绩	男生平均成绩	女生平均成绩	男生平均成绩	女生平均成绩	男生平均成绩
2015	528(5.2)	536(4.9)	—	—	—	—
2011	527(4.2)	543(4.0)	—	—	—	—
2007	522(4.4)	534(4.9)	—	—	—	—
2003	508(3.8)	527(3.9)	486(3.9)	496(4.1)	—	—
1999	518(8.4)	541(7.2)	490(7.3)	499(9.2)	491(4.7)	491(9.9)
1995	520(3.8)	541(4.7)	—	—	—	—

俄罗斯高中毕业年级学生科学成绩的性别差异比较明显。如表 2-84 所示，从 1995 年到 2015 年男生科学成绩显著高于女生，不过这种性别差异表现出缩小的趋势。考虑到俄罗斯女生擅长生物学，并不擅长物理，而 TIMSS 高阶科学测评的内容是以物理学为主的，因此女生成绩落后于男生并不令人感

到惊奇。在具体内容维度上，各年份所有内容维度均表现出性别差异，男生成绩普遍高于女生，因此不再汇报各年份、各内容维度男生和女生的具体成绩。

表 2 - 84　俄罗斯高中学生高阶科学测评成绩的性别差异

单位：分

测试年份	女生			男生		
	平均成绩	标准差	距平值	平均成绩	标准差	距平值
2015	498	7.9	- 10	514	7.3	6
2008	498	10.5	- 23	540	10.4	19
1995	509	15.3	- 37	575	9.9	29

　　总体来说，俄罗斯学生的科学成绩是存在性别差异的。在"物质科学/物理"和"地球科学"等内容维度上男生成绩均高于女生；在"生物学"维度上女生成绩高于男生。高中毕业年级学生在物理主题的测试中，男生成绩显著高于女生。

　　（二）学习态度与科学成绩

　　1. 俄罗斯学生对学习科学的态度

　　培养学生学习科学的积极态度是许多国家科学课程的重要目标。TIMSS在背景因素调查中着重设计了问题，调查学生学习科学的态度是否积极。TIMSS 调查学习态度的问题主要从以下方面设计。学生是否喜欢学习科学？一些测试年份也称为"学生面对科学学习的积极态度"。一般是根据学生对"我喜欢科学""我希望我能不学习科学""科学是很无聊的""我在科学中学到了很多有趣的东西"等相关陈述的回答综合得出的分数。

　　俄罗斯 4 年级学生的科学学习兴趣与科学成绩之间的关系如表 2 - 85 所示。总体来看，越喜欢科学的学生成绩越高。2007 年俄罗斯有 78% 的学生非常喜欢科学。但从 2007 年至 2015 年，俄罗斯"非常喜欢"科学的学生比例逐渐下降，2015 年下降至 58%，基本回到了 2003 年的水平。虽然俄罗斯非常喜欢科学的学生比例下降，但仍然有超过一半的学生表示"非常喜欢"科学。而且从 2007 年起"一般喜欢"的学生比例稳步上升，2015 年这一比例已上升到 34%，总体来说学习兴趣浓厚。这也许是俄罗斯学生成绩越来越好的原因之一。

表 2 - 85　俄罗斯 4 年级学生的科学学习兴趣与科学成绩

单位：分，%

测试年份	非常喜欢		一般喜欢		不喜欢	
	学生百分比	学生平均成绩	学生百分比	学生平均成绩	学生百分比	学生平均成绩
2015	58(1.2)	570(3.2)	34(1.1)	564(3.8)	8(0.5)	566(9.2)
2011	62(1.2)	561(3.6)	30(0.9)	540(4.1)	7(0.5)	542(5.6)
2007	78(1.0)	552(4.5)	13(0.8)	540(7.2)	9(0.5)	521(8.1)
2003	57(1.2)	—	27(1.0)	—	16(0.9)	—

　　俄罗斯 8 年级学生是分科统计学习兴趣的，因此从各内容维度进行分析。如表 2 - 86 所示，在"生物学"维度，历次测试学生"非常喜欢"的比例经历了一个波峰，从 1999 年的 28% 上升到 2007 年的 66%；2007 年后这一比例逐渐回落，2015 年回到 35%。相对而言，"一般喜欢"的学生比例经历了一个波谷，从 1999 年的 51% 逐渐下降到 2007 年的 21%，最终回到 2015 年的 52%。与两者的变化趋势不同，"不喜欢"的学生比例稳步下降，从 1995 年的 23% 下降到 2015 年的 13%。结合学习兴趣与科学成绩的关系，可以发现学习兴趣与科学成绩成正比。但需要注意的是，2007 年"不喜欢"生物学的学生成绩是最高的，高于"非常喜欢"和"一般喜欢"的学生。总而言之，"不喜欢"生物学的学生比例一直在下降，学生的生物学平均成绩一直在上升，近两次测试"一般喜欢"的学生比例已达到 50% 左右。

表 2 - 86　俄罗斯 8 年级学生的"生物学"学习兴趣与科学成绩

单位：分，%

测试年份	非常喜欢		一般喜欢		不喜欢	
	学生百分比	学生平均成绩	学生百分比	学生平均成绩	学生百分比	学生平均成绩
2015	35(1.3)	550(5.2)	52(0.8)	540(4.1)	13(1.1)	544(6.3)
2011	36(0.9)	546(4.5)	50(0.8)	540(3.4)	14(0.9)	546(5.0)
2007	66(1.4)	532(3.7)	21(0.9)	523(4.7)	13(0.8)	537(6.7)
2003	36(1.3)	—	43(1.1)	—	21(1.0)	—
1999	28(1.6)	—	51(1.5)	—	21(1.1)	—
1995	26(1.0)	—	51(0.9)	—	23(1.2)	—

"物理""地球科学""化学"维度的学习兴趣变化与"生物学"总体趋势一致（见表 2-87 至表 2-89）。与其他年份相比，2007 年学生对科学学习的兴趣猛增。有 59% 的学生表示"非常喜欢"物理，有 60% 的学生表示"非常喜欢"地球科学，有 54% 的学生"表示非常"喜欢化学。另外，2007 年"一般喜欢"科学的学生平均成绩反而低于"不喜欢"的学生。2011 年、2015 年学生"非常喜欢"科学的比例有所减少，但"一般喜欢"的比例有所增加，总体而言，喜欢科学的学生比例都超过 50%。2015 年"不喜欢"物理与地球科学的学生比例相比 2011 年有所增加，不同的是"不喜欢"化学和生物学的学生比例仍然在下降。

表 2-87　俄罗斯 8 年级学生的"物理"学习兴趣与科学成绩

单位：分，%

测试年份	非常喜欢		一般喜欢		不喜欢	
	学生百分比	学生平均成绩	学生百分比	学生平均成绩	学生百分比	学生平均成绩
2015	29(1.0)	563(5.4)	51(0.8)	542(4.5)	20(1.2)	524(4.8)
2011	34(1.0)	562(4.0)	48(0.7)	536(3.2)	18(0.9)	523(4.3)
2007	59(0.9)	540(4.4)	25(0.7)	516(5.3)	16(0.7)	519(4.8)
2003	23(1.0)	—	41(0.9)	—	36(1.1)	—
1999	18(0.9)	—	46(1.1)	—	36(1.3)	—
1995	18(0.9)	—	42(1.1)	—	40(1.4)	—

表 2-88　俄罗斯 8 年级学生的"地球科学"学习兴趣与科学成绩

单位：分，%

测试年份	非常喜欢		一般喜欢		不喜欢	
	学生百分比	学生平均成绩	学生百分比	学生平均成绩	学生百分比	学生平均成绩
2015	23(1.2)	547(6.5)	54(1.2)	546(4.5)	23(1.4)	540(4.7)
2011	29(1.1)	550(3.9)	50(0.8)	540(3.6)	20(1.1)	542(4.3)
2007	60(1.2)	538(4.1)	23(0.9)	516(5.0)	17(0.9)	528(5.0)
2003	27(1.1)	—	42(1.1)	—	32(1.5)	—
1999	19(1.4)	—	47(1.2)	—	34(1.7)	—
1995	16(1.8)	—	45(1.1)	—	39(1.3)	—

表 2 - 89　俄罗斯 8 年级学生的"化学"学习兴趣与科学成绩

单位：分，%

测试年份	非常喜欢		一般喜欢		不喜欢	
	学生百分比	学生平均成绩	学生百分比	学生平均成绩	学生百分比	学生平均成绩
2015	31(1.4)	561(5.0)	46(0.8)	541(4.8)	23(1.4)	530(5.0)
2011	31(0.9)	561(4.1)	44(0.8)	538(4.0)	25(1.0)	530(3.4)
2007	54(1.2)	538(4.2)	26(0.7)	521(5.1)	21(1.0)	524(4.5)
2003	27(1.1)	—	37(1.0)	—	36(1.1)	—
1999	17(0.7)	—	42(1.3)	—	41(1.7)	—
1995	14(0.8)	—	41(1.1)	—	45(1.4)	—

2015 年俄罗斯高中毕业年级学生有 28% "非常喜欢"科学，50% "一般喜欢"科学，22% "不喜欢"科学。与 4 年级和 8 年级学生相比，高中毕业年级学生"非常喜欢"科学的比例相对较低，"不喜欢"的比例相对较高；"一般喜欢"科学的比例比 4 年级低，与 8 年级处于同一水平。从成绩来看，"非常喜欢"科学的学生平均成绩为 568 分，"一般喜欢"为 472 分，"不喜欢"为 403 分，学习兴趣越浓厚学生的成绩越高。学生的成绩总体来说比 4 年级低，与 8 年级处于同一水平。

2. 俄罗斯学生学习科学的自信程度

俄罗斯 4 年级学生对学习科学的自信与科学成绩之间的关系如表 2 - 90 所示。总体来说，俄罗斯 4 年级学生从以"非常自信"为主，转变为以"一般自信"和"非常自信"为主，"不自信"的学生比例也略有升高。通过纵向对比科学成绩，发现"非常自信""一般自信""不自信"的学生成绩均逐年提高。

表 2 - 90　俄罗斯 4 年级学生对学习科学的自信与科学成绩

单位：分，%

测试年份	非常自信		一般自信		不自信	
	学生百分比	学生平均成绩	学生百分比	学生平均成绩	学生百分比	学生平均成绩
2015	40(1.1)	582(3.3)	41(0.7)	566(3.8)	19(1.0)	543(6.5)
2011	48(1.2)	570(3.9)	32(0.8)	548(4.2)	20(0.8)	521(4.1)
2007	63(1.2)	563(4.1)	27(1.1)	523(6.9)	10(0.7)	520(7.8)
2003	63(1.3)	542(5.7)	27(1.2)	506(5.8)	10(0.8)	499(6.3)

俄罗斯 8 年级学生对学习科学的自信是按内容维度分别统计的，如表 2 - 91 至表 2 - 94 所示。从 1999 年至 2015 年，俄罗斯 8 年级学生对学习科学的自信程度逐渐回落。"非常自信"的学生比例不断下降，"一般自信"和"不自信"的学生比例整体升高。例如，1999 年有 78% 的学生在"生物学"维度"非常自信"，仅有 5% 的学生"不自信"；但在 2015 年只有 28% 的学生表示"非常自信"，22% 的学生表示"不自信"，50% 的学生表示"一般自信"。"地球科学"维度学生对学习科学的自信与"生物学"维度类似，也是从"非常自信"为主转变为"一般自信"为主。但在"物理"和"化学"维度，学生是从"非常自信"为主转变为"不自信"和"一般自信"为主。例如在"物理"维度，1999 年有 63% 的学生表示"非常自信"，2015 年这一数值仅为 16%；"不自信"的学生比例从 1999 年的 13% 增长到 2015 年的 42%。结合学生成绩变化来看，随着学生对学习科学的自信程度逐渐回落，学生科学成绩不断提高。

横向比较学生在各内容维度上的自信程度，学生在"生物学"和"地球科学"维度比较自信，在"化学"和"物理"维度自信程度较低。结合学生成绩来看，在"生物学"和"地球科学"维度，"非常自信"的学生成绩相对较低，"化学"和"物理"维度则相对较高。此外，据前文分析，2007 年之后学生在"物理"维度的平均成绩显著提高。结合表 2 - 93 来看，2007 年之后也是大部分学生的自我评价转变为"一般自信"的时间段。

表 2 - 91　俄罗斯 8 年级学生对学习科学的自信与科学成绩（生物学维度）

单位：分，%

测试年份	非常自信		一般自信		不自信	
	学生百分比	学生平均成绩	学生百分比	学生平均成绩	学生百分比	学生平均成绩
2015	28(1.1)	561(4.7)	50(0.8)	542(4.6)	22(1.0)	529(5.2)
2011	23(0.9)	565(4.2)	57(0.9)	543(3.3)	20(0.8)	519(3.9)
2007	60(1.3)	547(4.1)	30(0.9)	510(4.7)	10(0.8)	496(6.0)
2003	70(2.1)	526(3.4)	23(1.5)	492(4.0)	7(0.0)	478(6.6)
1999	78(1.2)	542(6.3)	17(0.9)	510(7.6)	5(0.5)	481(11.7)

表 2-92　俄罗斯 8 年级学生对学习科学的自信与科学成绩（地球科学维度）

单位：分，%

测试年份	非常自信		一般自信		不自信	
	学生百分比	学生平均成绩	学生百分比	学生平均成绩	学生百分比	学生平均成绩
2015	25(1.3)	563(4.9)	50(0.8)	547(4.4)	25(1.3)	522(4.7)
2011	23(0.9)	565(4.2)	57(0.9)	543(3.3)	20(0.8)	519(3.9)
2007	57(1.2)	551(3.9)	32(1.0)	508(4.7)	10(0.6)	490(6.7)
2003	58(1.8)	529(3.8)	32(1.3)	498(3.5)	10(0.7)	484(5.7)
1999	68(1.2)	545(6.4)	22(0.9)	519(7.2)	10(0.6)	488(8.1)

表 2-93　俄罗斯 8 年级学生对学习科学的自信与科学成绩（物理维度）

单位：分，%

测试年份	非常自信		一般自信		不自信	
	学生百分比	学生平均成绩	学生百分比	学生平均成绩	学生百分比	学生平均成绩
2015	16(0.8)	579(5.1)	41(0.9)	551(4.6)	42(1.2)	525(4.7)
2011	17(0.7)	584(4.1)	51(1.2)	545(3.5)	32(1.3)	517(3.9)
2007	46(1.2)	558(3.7)	37(0.9)	515(4.3)	17(0.9)	490(5.2)
2003	51(1.4)	536(3.5)	35(0.9)	497(4.0)	15(0.8)	485(5.1)
1999	63(1.1)	548(6.5)	24(0.8)	520(7.0)	13(0.8)	490(10.0)

表 2-94　俄罗斯 8 年级学生对学习科学的自信与科学成绩（化学维度）

单位：分，%

测试年份	非常自信		一般自信		不自信	
	学生百分比	学生平均成绩	学生百分比	学生平均成绩	学生百分比	学生平均成绩
2015	18(1.2)	576(6.0)	34(1.0)	549(4.4)	48(1.5)	530(4.9)
2011	14(0.8)	583(4.8)	44(1.1)	548(4.1)	42(1.3)	525(3.3)
2007	38(1.1)	555(4.0)	36(0.9)	521(4.2)	26(1.1)	510(5.8)
2003	41(1.4)	540(3.7)	36(1.0)	503(3.5)	22(1.0)	492(3.7)
1999	53(1.6)	551(6.2)	28(0.8)	524(7.8)	19(1.2)	499(9.2)

四　学校环境差异与科学成绩

（一）教师教龄与学历

根据对俄罗斯 4 年级科学教师的调查，教师的平均教龄与学历水平如表

2－95 所示。俄罗斯教师平均教龄在 20 年以上，从 2003 年至 2015 年教龄逐年增加。从教师学历来看，俄罗斯教师大部分为大学本科、研究生及以上学历。拥有研究生及以上学历的教师比例从 2003 年的 44% 逐渐下降到 2015 年的 31%，拥有大学本科或同等学历的教师比例从 2003 年的 26% 逐渐上升到 2015 年的 52%。另外，根据 2011 年的统计资料，有 80% 的教师为研究生及以上学历，这一信息与历年的数据有明显的差异。

表 2－95　俄罗斯 4 年级科学教师的教龄与学历

单位：年，%

测试年份	教师平均教龄	教师学历			
		研究生及以上	大学本科（或同等学历）	高中以上但不到大学本科学历（类似大专）	高中及以下
2015	25(0.7)	31(4.6)	52(4.4)	17(2.8)	0(0.0)
2011	24(0.7)	80(2.6)	0(0.0)	20(2.6)	0(0.0)
2007	22(0.5)	36(3.4)	35(3.5)	29(3.1)	0(0.0)
2003	21(0.7)	44(3.8)	26(3.4)	29(3.5)	1(0.9)

　　根据对俄罗斯 8 年级科学教师的调查，教师的平均教龄与学历水平如表 2－96 所示。从教龄来看，俄罗斯 8 年级科学教师的教龄变化比较大。1995 年和 1999 年，俄罗斯教师平均教龄为 18 年，2003 年教龄为 29 年，从 2007 年至 2015 年教龄稳定在 20 年以上。可以理解为，2003 年有一批教龄较长的资深教师加入了科学教师队伍，2007 年至 2015 年又有不少新教师加入，因此教龄呈现这样的变化。从学历来看，俄罗斯 8 年级教师大部分为研究生及以上学历。从 2003 年至 2011 年，拥有研究生及以上学历的教师比例不断增加，2011 年达到 99%。不过 2015 年这一比例回落到 74%，并有 25% 的教师为大学本科学历。猜测这一变化的原因是 2011 年至 2015 年可能有较多拥有大学本科学历的新教师加入教师队伍。另外，1999 年和 1995 年没有设置教师学历的背景问卷，因此没有相关数据。

表 2-96 俄罗斯 8 年级科学教师的教龄与学历

单位：年，%

测试年份	教师平均教龄	教师学历			
		研究生及以上	大学本科（或同等学历）	高中以上但不到大学本科（类似大专）	高中及以下
2015	23(0.6)	74(2.3)	25(2.4)	1(0.5)	0(0.0)
2011	23(0.4)	99(0.3)	0(0.0)	0(0.2)	0(0.2)
2007	22(0.5)	90(1.1)	9(1.1)	1(0.4)	1(0.5)
2003	29(0.7)	89(1.0)	8(1.1)	3(0.5)	1(0.3)

2015 年俄罗斯高中毕业年级科学教师的平均教龄为 26 年，相比于 2011 年的 24 年略有增长。教授物理学科的教师平均教龄为 20 年。如表 2-97 所示，2015 年俄罗斯高中科学教师的学历为大学本科及以上，有 21% 的教师拥有大学本科或同等学历，有 79% 的教师拥有研究生及以上学历。比较这两年的数据发现，教师的学历分布没有明显变化。

表 2-97 俄罗斯高中科学教师的教龄与学历

单位：年，%

测试年份	教师平均教龄	教师学历		
		研究生及以上	大学本科（或同等学历）	大学本科以下
2015	26(0.8)	79(3.5)	21(3.5)	0(0.0)
2011	24(0.9)	78(3.6)	22(3.6)	0(0.0)

（二）课堂教学差异

课堂教学时间是课堂教学差异的重要组成部分。根据对 4 年级俄罗斯科学教师的调查，2015 年和 2011 年有 49 小时的科学教学时间；2007 年有 40 小时而 2003 年有 33 小时的科学教学时间。总体来看，4 年级教学时间是不断增长的。结合科学成绩来看，随着教学时间的增长，学生成绩显著提高。根据对 8 年级俄罗斯科学教师的调查，1999 年有 221 小时的教学时间，2003 年下降为 206 小时，2007 年进一步缩短为 202 小时，2011 年增长为

208 小时，2015 年增长为 219 小时。总体来看，8 年级科学教学时间经历了逐渐缩短又逐渐增长的调整。在这一过程中，学生平均科学成绩也在提高。根据对 12 年级俄罗斯科学教师的调查，2015 年有 133 小时的教学时间，相比于 2008 年 122 小时的教学时间略有增加。

　　科学探究是科学教育中很重要的能力培养目标，TIMSS 在一些测试年份也关注课堂教学中科学探究的实施。根据 TIMSS 设计的量表，4 年级俄罗斯学生在课堂上进行科学探究的情况如表 2 – 98 所示。表中报告的是每月在课堂教学中进行过一次探究活动的比例，2007 年探究活动主要分为 6 类。其中，"观察记录"意为观察科学事物的变化并记录，例如观察天气的变化或植物的生长，并将自己观察到的内容记录下来。"解释"意为对正在学习的科学事物进行解释。"观看实验"意为观看教师进行科学实验。"设计实验或调查"意为自行设计一个科学实验，或规划一项科学调查。"实验或调查"意为自己动手进行实验或实施调查。"合作"意为以小组形式与同学合作，完成实验或调查。2003 年探究活动主要分为 5 类，与 2007 年相比缺少"观察记录"一项。根据报告结果，2003 年和 2007 年俄罗斯教师都比较强调"解释"，而且 2007 年更加重视"解释"。与 2003 年相比，2007 年俄罗斯教师更关注在课堂上进行探究活动，有一半以上的学生每月都会有一次以上的"观察记录"和"观看实验"活动，实施其他种类探究活动的比例也提高很多。

表 2 – 98　俄罗斯 4 年级学生进行科学探究的表现

单位：%

年份	每月进行一次以上科学探究活动的学生百分比					
	观察记录	解释	观看实验	设计实验或调查	实验或调查	合作
2007	58	86	57	40	36	33
2003	—	54	15	8	12	20

　　根据 TIMSS 设计的量表，8 年级俄罗斯学生在课堂上进行科学探究的情况如表 2 – 99 所示。与 4 年级相比，8 年级的探究活动较为丰富，有 2 种不同的

探究活动。"观察描述"意为对我们所见的科学事物进行观察和描述,"联系实际"意为将学生所学的科学知识与日常生活紧密联系起来。根据报告结果,与 2003 年相比,2007 年俄罗斯教师更重视探究活动的开展,尤其是强调"解释",各内容维度的学生百分比均超过了 80%。各内容维度中,"物理"与"化学"更注重"观看实验""设计实验或调查""实验或调查""合作"。

表 2 - 99　俄罗斯 8 年级学生进行科学探究的表现

单位:%

测试年份	内容维度	每月进行一次以上科学探究活动的学生百分比						
		观察描述	解释	观看实验	设计实验或调查	实验或调查	合作	联系实际
2007	生物学	34	84	27	20	15	19	61
2007	地球科学	32	84	21	17	13	22	59
2007	化学	64	89	67	48	38	34	54
2007	物理	59	88	63	43	40	36	58
2003	生物学	—	42	20	17	12	14	55
2003	地球科学	—	38	15	14	11	15	56
2003	化学	—	54	62	46	33	26	47
2003	物理	—	49	57	37	31	27	51

2015 年,TIMSS 在教师问卷中设计了 8 种科学探究的教学活动,请教师报告在课堂上使用科学探究活动的频率。教师回答的情况如表 2 - 100 所示,无论 4 年级还是 8 年级学生,探究活动占课堂教学的 50% 及以上的学生成绩显著高于探究活动开展较少的学生。探究活动占课堂教学的 50% 及以上的 4 年级学生比例要高于 8 年级学生,平均科学成绩也要高于 8 年级学生。可见,开展探究活动对学生科学成绩的影响还是比较明显的。

表 2 - 100　俄罗斯学习 TIMSS 科学专题的学生百分比

单位:分,%

测试年级	探究活动占课堂教学的 50% 及以上				探究活动占课堂教学的 50% 以下			
	学生比例		科学成绩		学生比例		科学成绩	
	百分比	标准差	平均值	标准差	百分比	标准差	平均值	标准差
4	16	2.9	572	6.5	84	2.9	567	3.7
8	11	1.5	556	8.7	89	1.5	543	4.3

（三）学生家庭经济条件与科学成绩

根据学校问卷中的学生家庭经济条件选项，可判断该校学生的家庭经济条件。由于统计方式变更，仅选择 2011 年和 2015 年的 4 年级学生家庭经济条件与科学成绩的数据进行分析。根据各学校校长对该校学生家庭经济条件相关问题的回答，如表 2-101 所示，俄罗斯"更富裕"家庭的学生成绩最高，"既不富裕也不贫困"家庭的学生次之，"更贫困"家庭的学生成绩最低。与 2011 年相比，2015 年俄罗斯"更富裕"家庭的学生比例增大，"既不富裕也不贫困"和"更贫困"家庭的学生比例减小。2015 年俄罗斯学生的科学成绩整体提高，"既不富裕也不贫困"和"更贫困"家庭的学生科学成绩提高幅度更大。

表 2-101　俄罗斯 4 年级学生的家庭经济条件与科学成绩

单位：分，%

测试年份	更富裕		既不富裕也不贫困		更贫困	
	学生百分比	学生平均成绩	学生百分比	学生平均成绩	学生百分比	学生平均成绩
2015	72(3.6)	569(2.5)	24(3.8)	567(10.3)	4(1.2)	551(13.6)
2011	58(3.2)	563(4.5)	29(3.3)	540(6.0)	13(2.1)	537(10.1)

俄罗斯 8 年级学生的家庭经济条件与科学成绩如表 2-102 所示，俄罗斯"更富裕"家庭的学生成绩最高，"既不富裕也不贫困"家庭的学生次之，"更贫困"家庭的学生成绩最低。与 2011 年相比，2015 年俄罗斯"更富裕"家庭的学生比例增大，"既不富裕也不贫困"和"更贫困"家庭的学生比例减小。2015 年俄罗斯"既不富裕也不贫困"和"更贫困"家庭的学生科学成绩整体提高，但"更富裕"家庭的学生科学成绩有所降低。

表 2-102　俄罗斯 8 年级学生的家庭经济条件与科学成绩

单位：分，%

测试年份	更富裕		既不富裕也不贫困		更贫困	
	学生百分比	学生平均成绩	学生百分比	学生平均成绩	学生百分比	学生平均成绩
2015	68(3.7)	547(5.1)	22(3.4)	541(6.1)	10(2.3)	533(11.7)
2011	58(3.5)	555(4.7)	25(2.8)	532(3.8)	16(3.1)	518(9.4)

根据 2015 年的统计结果，俄罗斯高中毕业年级学生有 84% 来自"更富裕"家庭，13% 来自"既不富裕也不贫困"家庭，3% 来自"更贫困"家庭。总体来说，学生家庭条件比较优越。这一点与 4 年级和 8 年级学生形成了鲜明对比。"更富裕"家庭的学生平均科学成绩为 519 分，"既不富裕也不贫困"家庭学生为 458 分，"更贫困"家庭学生为 439 分。不同家庭经济条件的学生，其成绩存在显著的差异。家庭经济条件与成绩之间的关系比 4 年级和 8 年级学生更加明显。

五　家庭环境差异与科学成绩

家庭环境差异包括家长的学历、家长的职业和收入水平、家庭经济情况、学生在家的学习环境、学生在家可使用的学习资源等。从 2011 年开始，TIMSS 将学生家庭的各项条件综合为"家庭资源丰富程度"，这一指数是 TIMSS 根据家庭图书数量、家庭儿童书籍的数量、家长的学历及收入水平、学生在家能使用互联网及独立房间的情况综合计算得出的。"资源丰富"家庭通常拥有 100 本以上的图书及 25 本以上的儿童书籍，学生能使用互联网并拥有独立房间，家长中至少有一位拥有本科学历并从事专业性较强的工作（如公司经理或高级官员、专业人员或技术人员或助理专业人员）。

俄罗斯 4 年级学生的家庭环境与科学成绩如表 2 - 103 所示。根据 TIMSS 对学生家庭资源丰富程度的划分，俄罗斯 4 年级学生大部分为"资源一般"家庭，较小部分为"资源丰富"家庭，极小部分是"资源较少"

表 2 - 103　俄罗斯 4 年级学生家庭环境与科学成绩

单位：分，%

测试年份	资源丰富		资源一般		资源较少	
	学生百分比	学生平均成绩	学生百分比	学生平均成绩	学生百分比	学生平均成绩
2015	16(1.0)	606(4.1)	83(1.0)	562(3.1)	2(0.3)	—
2011	16(1.0)	592(3.7)	82(1.1)	546(3.6)	2(0.4)	—

注："—"意为此类学生数量太少，计算平均成绩没有统计学意义。

家庭。结合成绩来看，俄罗斯"资源丰富"家庭的学生成绩要高于"资源一般"家庭的学生。2015 年与 2011 年的家庭资源丰富情况基本没有变化，但 2015 年"资源丰富"和"资源一般"家庭的学生成绩要高于 2011 年。

俄罗斯 8 年级学生的家庭环境与科学成绩如表 2 - 104 所示。与 4 年级一样，大部分是"资源一般"家庭。与 2011 年相比，2015 年俄罗斯"资源丰富"家庭比例有所降低，"资源一般"家庭的比例有所提高。结合成绩来看，2015 年"资源丰富"家庭的学生成绩要低于 2011 年。

表 2 - 104　俄罗斯 8 年级学生家庭环境与科学成绩

单位：分，%

测试年份	资源丰富		资源一般		资源较少	
	学生百分比	学生平均成绩	学生百分比	学生平均成绩	学生百分比	学生平均成绩
2015	12(0.6)	576(4.9)	83(0.6)	541(4.3)	5(0.4)	509(9.7)
2011	19(0.9)	579(3.8)	75(0.9)	537(3.1)	6(0.6)	501(8.3)

根据 2015 年的统计，俄罗斯高中毕业年级学生有 22% 的学生家庭"资源丰富"，78% 的学生家庭"资源一般"，没有来自"资源较少"家庭的学生。这样的比例与 4 年级和 8 年级学生相似。俄罗斯高中毕业年级"资源丰富"家庭学生的平均成绩为 533 分，"资源一般"家庭学生为 501 分，两者有显著的差异。对俄罗斯高中毕业年级学生而言，家庭环境仍然是比较重要的影响成绩的因素。

组成"家庭资源丰富程度"指数的各参数与学生成绩基本呈正相关。例如，家庭图书数量是"家庭资源丰富程度"指数的重要组成部分，它与科学成绩有显著的正相关关系。根据俄罗斯 4 年级学生的统计结果（见表 2 - 105）、8 年级学生的统计结果（见表 2 - 106）可知：家庭图书数量越多，学生科学成绩越高。总体来说，家庭图书超过 100 本的学生成绩显著高于家庭图书少于 25 本的学生。

表 2 - 105　俄罗斯 4 年级学生家庭图书数量与科学成绩

单位：分

测试年份	非常少 (0~10 本)		约一书架 (11~25 本)		约一书柜 (26~100 本)		约两书柜 (101~200 本)		约三书柜及以上 (200 本以上)	
	平均分	标准差	平均分	标准差	平均分	标准差	平均分	标准差	平均分	标准差
2015	520	5.3	557	3.1	574	3.2	588	4.7	594	7.2
2011	521	6.0	538	4.1	557	3.6	569	5.4	574	5.6
2007	508	15.7	538	5.3	553	5.4	564	5.6	555	6.4
2003	499	8.5	516	5.8	532	5.2	537	7.0	545	7.7

表 2 - 106　俄罗斯 8 年级学生家庭图书数量与科学成绩

单位：分

测试年份	非常少 (0~10 本)		约一书架 (11~25 本)		约一书柜 (26~100 本)		约两书柜 (101~200 本)		约三书柜及以上 (200 本以上)	
	平均分	标准差	平均分	标准差	平均分	标准差	平均分	标准差	平均分	标准差
2015	514	7.7	529	5.5	550	4.3	565	4.8	560	5.5
2011	501	6.6	519	5.1	545	3.0	565	4.1	574	4.7
2007	498	8.8	502	3.9	531	4.6	545	4.2	556	4.8
2003	458	8.5	481	4.7	512	4.3	526	4.0	538	3.5
1999	470	21.1	495	8.7	521	7.2	541	7.3	555	6.4
1995	456	11.9	491	11.7	511	4.7	535	5.0	548	4.9

第六节　优秀中的隐患——芬兰学生的 TIMSS 测评报告

一　芬兰的教育体系及参加 TIMSS 测评的情况

在芬兰，教育被视为所有公民的基本权利。芬兰教育政策的主要目标是为所有公民提供平等接受教育的机会，不因公民的年龄、居住地、经济状况、语言种类等有所差别。

芬兰政府确定基础教育的总体目标，并为不同学科分配教学时间。芬兰国家教育委员会确定各科的教学目标和教学内容，并记录在国家核心课程标准中。地方政府根据国家核心课程标准编制当地学校的课程。

芬兰的义务教育包括小学阶段和初中阶段，共 9 年的基础教育课程。一般孩子从 7 岁开始就进入综合性学校学习，接受小学和初中教育。芬兰的高中阶段包括普通高中和职业高中，两类高中课程都需要 3 年的学习才能完成。普通高中毕业时学生可参加大学入学考试，根据成绩进入专科学校或大学学习。①

芬兰参加 TIMSS 测评较晚，迄今为止只参加了 2011 年和 2015 年的科学测试，且芬兰仅有 4 年级学生参与科学测评。芬兰 1~4 年级学生的科学教育背景如下。

在义务教育的 1~4 年级，环境与自然是作为一门综合科目在学校开设的。课程内容包括生物、地理、物理、化学和健康教育等领域，并关注可持续发展。学习目标是让学生了解自然环境和社会环境、自己和他人的关系、人类的多样性、健康和疾病等。环境与自然的教学是探究性的，以问题为中心的方法展开，教学的出发点通常是学生已有的知识、技能和经验，还有与学生自身及周边环境相关的经验、现象和事物。在体验式教学的帮助下，学生与自然和环境建立了积极的关系。在 5 年级至 9 年级，与科学相关的科目开始单独授课，具体包括生物、地理、物理、化学和健康。

芬兰 1 年级至 4 年级科学课程的核心内容②和 TIMSS 测评框架内容相吻合，学生科学成绩受到课程标准的影响较小。

在语言方面，芬兰有两种官方语言——芬兰语和瑞典语。芬兰全国 550 万居民中有 90% 使用芬兰语，大约 5% 的人口使用瑞典语，其中大多数人也会说芬兰语。③ 2011 年、2015 年芬兰开展的 4 年级学生科学测试同时准备了芬兰语和瑞典语的试题及背景调查问卷，学生科学成绩受到语言的影响较小。

---

① Vettenranta J, Hiltunen J, et al. Overview of Education System. http：//timssandpirls. bc. edu/timss2015/encyclopedia/countries/finland/. 2018－11－26.

② Finnish National Board of Education. *National Core Curriculum for Basic Education 2004*. Helsinki, 2004.

③ Ministry of Education and Culture. Basic Education（2015）. http：//www. minedu. fi/OPM/Koulutus/perusopetus/？lang＝en，2015－3－16.

二　芬兰4年级学生科学测评成绩的情况

（一）科学成绩的测评情况

芬兰 4 年级学生参与 TIMSS 科学测评的情况如表 2 – 107 所示。2011 年芬兰学生的科学成绩为 570 分，有 4638 名学生参与测试，学生平均科学成绩在 48 个参测国家和地区中处于第 3 位。2015 年芬兰学生的科学成绩为 554 分，有 5015 名学生参与测试，学生平均科学成绩在 50 个参测国家和地区中处于第 7 位。

表 2 – 107　芬兰 4 年级学生参与 TIMSS 科学测评的情况

测试年份	学生平均年龄（岁）	学生科学成绩		参与测评学生（人）
		平均成绩（分）	标准差	
2015	10.8	554	2.3	5015
2011	10.8	570	2.6	4638

总体来看，芬兰 4 年级学生 2015 年的科学成绩相比于 2011 年显著下降，具体下降 16 分。芬兰 4 年级学生科学成绩在国际上的排名也有所下降。

以 TIMSS 科学成绩的基准为标尺，可以得出芬兰学生 TIMSS 科学成绩的分布（见表 2 – 108）。与 2011 年相比，2015 年芬兰学生出现科学成绩低于 400 分的情况，550 分以上学生成绩有所下降，总体分布差距较大。

表 2 – 108　芬兰 4 年级学生 TIMSS 科学成绩的分布

单位：分

测试年份	低于 400 分		400 ~ 474 分		475 ~ 549 分		550 ~ 624 分		高于 625 分	
	平均分	标准差	平均分	标准差	平均分	标准差	平均分	标准差	平均分	标准差
2015	359	0.6	448	1.6	518	0.7	584	1.0	654	1.6
2011	—	—	448	2.1	519	0.8	586	0.7	658	1.5

（二）各内容维度科学成绩的测评情况

在内容维度，芬兰 4 年级学生的成绩如表 2 – 109 所示。2011 年芬兰 4

年级学生在"生命科学"维度的平均成绩最高，"物质科学"次之，"地球科学"最低。从国际排名来看，芬兰"物质科学"排名第 5，"地球科学"排名第 2，"生命科学"排名第 2。2015 年芬兰 4 年级学生在"地球科学"维度的平均成绩最高，"生命科学"次之，"物质科学"最低。从国际排名来看，芬兰"地球科学"排名第 5，"生命科学"排名第 6，"物质科学"排名第 8。

表 2 - 109　芬兰 4 年级学生 TIMSS 科学成绩在内容维度的分布

单位：分

测试年份	生命科学		物质科学		地球科学	
	平均成绩	标准差	平均成绩	标准差	平均成绩	标准差
2015	556	2.6	547	2.3	560	2.6
2011	574	2.8	568	2.9	566	2.8

与 2011 年相比，2015 年芬兰学生各内容维度的科学成绩均有所下降，尤其在"物质科学"和"生命科学"维度成绩有显著下降。其中"物质科学"维度学生成绩下降 21 分，"生命科学"维度学生成绩下降 18 分。

（三）各认知维度科学成绩的测评情况

在认知维度，芬兰 4 年级学生的成绩如表 2 - 110 所示。2011 年和 2015 年，芬兰 4 年级学生在"知道"维度的平均成绩最高，"应用"次之，"推理"最低。从国际排名来看，2011 年"知道"排名第 1，"应用"排名第 3，"推理"排名第 5；2015 年"知道"排名第 6，"应用"排名第 8，"推理"排名第 7。

表 2 - 110　芬兰 4 年级学生 TIMSS 科学成绩在认知维度的分布

单位：分

测试年份	知道		应用		推理	
	平均成绩	标准差	平均成绩	标准差	平均成绩	标准差
2015	556	3.1	553	2.4	552	2.3
2011	579	2.5	568	2.4	560	3.0

与 2011 年相比，2015 年芬兰学生各认知维度的科学成绩均有显著下降。学生成绩在"知道""应用""推理"维度分别下降 23 分、15 分和 8 分。

三 芬兰4年级学生的背景问卷情况

学生的背景问卷包括很多方面，此处选择课堂教学、学生对科学学习的态度、学校的环境三方面进行汇总。

（一）课堂教学

通常认为学生的科学成绩与课堂教学密切相关。因此在背景调查问卷中，尤其注重课堂教学方面的问题统计。在课堂教学方面，关注学生的班级规模、教师教龄、教师职业满意度、科学教师的教学时间安排等。

芬兰 4 年级学生的班级规模较小，据统计 2011 年为平均每班 21 人，2015 年为平均每班 20 人。

根据 2011 年的背景调查，芬兰科学教师平均每周花费 2.44 小时开展科学教学，科学教师平均教龄为 16.9 年，职业满意度平均得分为 9.4 分。2015 年科学教师平均教龄为 16.2 年，略短于 2011 年；职业满意度平均得分为 9.8 分，相比于 2011 年有显著上升（表 2 - 111）。

表 2 - 111 芬兰科学教师的教龄与职业满意度

单位：年，分

测试年份	教师教龄		职业满意度	
	平均	标准差	平均得分	标准差
2015	16.2	0.58	9.8	0.13
2011	16.9	0.65	9.4	0.14

芬兰科学教师在"生命科学""物质科学""地球科学"方面的教学时间安排如表 2 - 112 所示。无论是 2011 年还是 2015 年，科学教师都更倾向于花费更多教学时间教授"生命科学"维度的内容。与 2011 年相比，2015

年科学教师更愿意花费时间教授"地球科学"维度的内容。结合前文来看，2015 年芬兰 4 年级学生"地球科学"维度的成绩并没有显著下降，可能与教师花费更多时间进行教学有关系。

表 2 - 112　芬兰科学教师教学时间在内容维度上的安排

单位：小时

测试年份	生命科学		物质科学		地球科学	
	时长	标准差	时长	标准差	时长	标准差
2015	73.2	1.50	47.7	2.24	64.5	1.84
2011	50.3	1.29	18.1	0.91	20.1	1.07

（二）学生对科学学习的态度

在背景问卷中，将学生学习科学的兴趣、学习科学的信心以及学习科学的积极性作为衡量学生对科学学习的态度的三个方面。芬兰 4 年级学生对科学学习的态度如表 2 - 113 所示。与 2011 年相比，2015 年芬兰 4 年级学生仍然保持着学好科学的信心、更喜欢学习科学、更积极地学习科学。但结合前文来看，学生科学成绩反而有所下降。

表 2 - 113　芬兰 4 年级学生对科学学习的态度

单位：分

测试年份	喜欢学习科学		有信心学好科学		积极学习科学	
	平均得分	标准差	平均得分	标准差	平均得分	标准差
2015	9.19	0.05	9.7	0.03	9.4	0.04
2011	9.07	0.06	9.7	0.04	8.8	0.04

（三）学校的环境

根据对芬兰科学教师的调查，2011 年，平均每所学校有 17 台电脑用于科学教学和学习。芬兰科学教师的资源短缺与工作条件如表 2 - 114 所示，相比于 2011 年，2015 年芬兰教师的教学资源短缺情况更严重，教师工作条件的得分显著降低。

表 2 - 114　芬兰科学教师的教学资源情况与工作条件

单位：分

测试年份	教学资源短缺		教师工作条件	
	平均得分	标准差	平均得分	标准差
2015	10.5	0.10	9.5	0.11
2011	10.1	0.14	10.1	0.12

四　影响学生科学成绩的因素分析

（一）性别差异与科学成绩

学生科学成绩的性别差异长期以来是众多研究者关注的焦点。2011 年，芬兰 4 年级学生的科学成绩性别差异很小，即女生和男生的平均成绩均为 570 分。但 2015 年芬兰 4 年级学生的科学成绩性别差异变得显著，女生的平均成绩为 560 分，显著高于男生的平均成绩 548 分（见表 2 - 115）。无论是女生还是男生，2015 年的科学成绩均比 2011 年有所下降，尤其是男生的科学成绩，下降幅度更大。

表 2 - 115　芬兰 4 年级学生 TIMSS 科学成绩的性别差异

单位：分

测试年份	女生			男生		
	平均成绩	标准差	距平值	平均成绩	标准差	距平值
2015	560	2.3	+6	548	2.9	-6
2011	570	2.8	0	570	3.1	0

1. 在科学成绩的具体内容维度上分析芬兰4年级学生的性别差异

2011 年和 2015 年，芬兰 4 年级学生在"生命科学"维度的成绩均表现出显著的性别差异（见表 2 - 116），女生的平均成绩显著高于男生。

2011 年和 2015 年，芬兰 4 年级学生在"物质科学"维度的成绩表现出截然相反的性别差异（见表 2 - 117）。2011 年女生"物质科学"维度的平均成绩显著低于男生；2015 年女生"物质科学"维度的平均成绩高于男生，但成绩差异不显著。

表 2 – 116　芬兰 4 年级学生 TIMSS 科学成绩在"生命科学"维度的性别差异

单位：分

测试年份	女生			男生		
	平均成绩	标准差	距平值	平均成绩	标准差	距平值
2015	566	2.2	+ 10	546	3.9	– 10
2011	580	2.7	+ 6	569	3.7	– 5

表 2 – 117　芬兰 4 年级学生 TIMSS 科学成绩在"物质科学"维度的性别差异

单位：分

测试年份	女生			男生		
	平均成绩	标准差	距平值	平均成绩	标准差	距平值
2015	550	2.2	+ 3	545	3.1	– 2
2011	564	3.6	– 4	572	3.3	+ 4

　　2011 年和 2015 年芬兰 4 年级学生在"地球科学"维度的成绩也表现出截然相反的性别差异（见表 2 – 118）。2011 年女生"地球科学"维度的平均成绩显著低于男生；2015 年女生"地球科学"维度的平均成绩显著高于男生。

表 2 – 118　芬兰 4 年级学生 TIMSS 科学成绩在"地球科学"维度的性别差异

单位：分

测试年份	女生			男生		
	平均成绩	标准差	距平值	平均成绩	标准差	距平值
2015	565	2.8	+ 5	556	3.1	– 4
2011	562	3.0	– 2	569	3.7	+ 3

　　总体来说，芬兰 4 年级学生的科学成绩在内容维度上是存在性别差异的。从 2011 年到 2015 年，芬兰 4 年级女生在"生命科学""物质科学""地球科学"维度上的成绩表现相对更好。2015 年芬兰 4 年级学生科学成绩的下降，可能是由男生的科学成绩下降引起的。

2. 在科学成绩的具体认知维度上分析芬兰4年级学生的性别差异

2011 年和 2015 年芬兰 4 年级学生在"知道"维度的成绩均表现出女生高于男生的特点，但只有 2015 年具有显著性（见表 2 - 119）。

表 2 - 119　芬兰 4 年级学生 TIMSS 科学成绩在"知道"维度的性别差异

单位：分

测试年份	女生			男生		
	平均成绩	标准差	距平值	平均成绩	标准差	距平值
2015	560	3.3	+ 4	552	3.5	- 4
2011	580	2.9	+ 1	579	3.2	0

在"应用"维度，2011 年芬兰 4 年级学生的平均成绩没有表现出性别差异，但在 2015 年表现出女生成绩显著高于男生的特点（见表 2 - 120）。

表 2 - 120　芬兰 4 年级学生 TIMSS 科学成绩在"应用"维度的性别差异

单位：分

测试年份	女生			男生		
	平均成绩	标准差	距平值	平均成绩	标准差	距平值
2015	561	2.6	+ 8	545	2.9	- 8
2011	569	3.0	0	568	2.7	0

2011 年和 2015 年芬兰 4 年级学生在"推理"维度的成绩表现出相反的性别差异（见表 2 - 121）。2011 年女生"推理"维度的平均成绩略低于男生；2015 年女生"推理"维度的平均成绩显著高于男生。

表 2 - 121　芬兰 4 年级学生 TIMSS 科学成绩在"推理"维度的性别差异

单位：分

测试年份	女生			男生		
	平均成绩	标准差	距平值	平均成绩	标准差	距平值
2015	559	3.1	+ 7	546	2.6	- 6
2011	559	4.8	- 1	561	3.5	+ 1

总体来说，2011 年芬兰 4 年级学生的科学成绩在认知维度上是不存在性别差异的，但 2015 年这种性别差异变得更大、更显著。从各认知维度的平均成绩来看，2015 年芬兰 4 年级女生的成绩与 2011 年差别不大，但男生在各认知维度上的成绩表现较差。再次说明男生的科学成绩下降是引起 2015 年芬兰 4 年级学生总体科学成绩下降的可能原因。

（二）学习兴趣对科学成绩的影响

如果看国际排名，芬兰 4 年级学生的科学学习兴趣出奇的低。2011 年芬兰 4 年级学生的学习兴趣在各测试国中排名倒数第二，2015 年排名倒数第一。这与芬兰学生科学成绩国际排名较高形成强烈的反差。

芬兰 4 年级学生的学习兴趣与科学成绩之间的关系如表 2 – 122 所示。总体来说，芬兰 4 年级学生对科学的兴趣多为"一般喜欢"，结合成绩来看，芬兰"非常喜欢"和"一般喜欢"科学的学生成绩差异不大。"不喜欢"科学的学生科学成绩相对较低。

表 2 – 122 芬兰 4 年级学生的科学学习兴趣与科学成绩

单位：分，%

测试年份	非常喜欢		一般喜欢		不喜欢	
	学生百分比	平均成绩	学生百分比	平均成绩	学生百分比	平均成绩
2015	38(1.1)	558(2.9)	44(0.8)	555(2.4)	19(0.9)	545(3.9)
2011	36(1.2)	578(3.2)	39(1.0)	571(3.2)	25(1.1)	561(3.4)

与 2011 年相比，2015 年芬兰"非常喜欢""一般喜欢"科学的学生比例增大，"不喜欢"科学的学生比例减小。但"非常喜欢""一般喜欢""不喜欢"科学的学生科学成绩均表现出下降趋势。

芬兰 4 年级学生的学习自信与科学成绩之间的关系如表 2 – 123 所示。总体来说，芬兰 4 年级学生对科学学习多为"一般自信"，结合成绩来看，"非常自信""一般自信""不自信"的学生科学成绩依次降低。

与 2011 年相比，2015 年芬兰"一般自信"的学生比例增大，"非常自信"和"不自信"的学生比例减小。但"非常自信""一般自信""不自信"的学生科学成绩均表现出下降趋势。

表 2 - 123　　芬兰 4 年级学生对科学学习的自信与科学成绩

单位：分，%

测试年份	非常自信		一般自信		不自信	
	学生百分比	平均成绩	学生百分比	平均成绩	学生百分比	平均成绩
2015	34(1.0)	573(2.9)	52(0.9)	552(2.5)	14(0.7)	519(3.9)
2011	38(1.1)	587(3.3)	43(0.9)	571(2.6)	19(0.8)	540(4.6)

（三）家庭环境对科学成绩的影响

家庭良好的学习环境能促进学生科学成绩的提高。拥有独立书桌的学生，其科学成绩显著高于没有独立书桌的学生。2011 年有书桌的学生科学成绩为 573 分，没有书桌的学生科学成绩为 543 分。2015 年有书桌的学生科学成绩为 556 分，没有书桌的学生科学成绩为 537 分。拥有独立房间的学生，其科学成绩显著高于没有独立房间的学生。

家庭图书数量对科学成绩有显著影响。根据芬兰的统计结果，家庭图书数量超过 100 本，能促进学生科学成绩的提高。

互联网对学生科学成绩的影响越来越显著。拥有一间连接互联网房间的学生，其科学成绩显著高于没有条件的学生。2011 年有条件在家上网的学生科学成绩为 572 分，没有条件的学生科学成绩为 545 分。2015 年有条件在家上网的学生科学成绩为 555 分，没有条件的学生科学成绩为 527 分。学生使用互联网解决家庭作业的频率也对科学成绩有所影响。根据 2015 年的调查，每天都使用互联网做家庭作业的学生科学成绩较低，一周使用 1~2 次的学生相对较高，一月使用 2 次以下的学生成绩最高。

芬兰 4 年级学生的家庭环境与科学成绩之间的关系如表 2 - 124 所示。根据 TIMSS 学生家庭资源的丰富程度指标划分，芬兰 4 年级学生的家庭较大部分为"资源一般"，较小部分为"资源丰富"，没有"资源较少"的家庭。结合成绩来看，芬兰"资源丰富"家庭的学生成绩要高于"资源一般"家庭的学生。

表 2-124 芬兰 4 年级学生家庭学习资源与科学成绩

单位：分，%

测试年份	资源丰富		资源一般		资源较少	
	学生百分比	平均成绩	学生百分比	平均成绩	学生百分比	平均成绩
2015	34(1.4)	581(2.2)	66(1.4)	543(2.4)	0(0.1)	—
2011	33(1.4)	596(2.7)	67(1.4)	560(2.9)	0(0.1)	—

与 2011 年相比，2015 年芬兰"资源丰富"的学生比例略微上升，"资源一般"的学生比例略微下降。但"资源丰富"和"资源一般"的学生科学成绩均表现出下降趋势。

根据学校问卷中的学生家庭经济条件选项，可以得出该校学生的家庭经济条件状况。芬兰 4 年级学生的家庭经济条件与科学成绩之间的关系如表 2-125 所示。根据各学校校长对该校学生家庭经济条件相关问题的回答，可以看到芬兰 4 年级学生家庭经济条件是"更富裕"、"更贫困"或"既不富裕也不贫困"。结合成绩来看，2011 年芬兰"更富裕"家庭的学生成绩要高于"既不富裕也不贫困"家庭的学生，远高于"更贫困"家庭的学生。

表 2-125 芬兰 4 年级学生的家庭经济条件与科学成绩

单位：分，%

测试年份	更富裕		既不富裕也不贫困		更贫困	
	学生百分比	平均成绩	学生百分比	平均成绩	学生百分比	平均成绩
2015	34(3.9)	554(4.9)	59(4.4)	555(2.3)	7(2.2)	544(8.1)
2011	43(4.2)	577(3.5)	47(4.3)	570(3.5)	10(2.6)	545(6.3)

与 2011 年相比，2015 年芬兰"更富裕"的学生比例下降，"既不富裕也不贫困"的学生比例增大，"更贫困"的学生比例略微降低。"更富裕"和"既不富裕也不贫困"的学生科学成绩明显下降，而"更贫困"的学生成绩略微下降。

（四）学校环境对科学成绩的影响

根据学生在背景问卷中的回答情况可以看出学生对学校当前条件的态

度。学校相关的背景调查问题包括：学校建筑物是否需要维修、课堂是否拥挤、教师用于教学的时间是否过长、教师是否有足够的工作空间（例如缺少教学准备、小组活动以及与学生会谈的空间）、教师是否有足够的教学材料等。根据学生的回答情况，将学生对校园条件的评价分为"没有问题""有一些问题""有较大问题"三类。持三种评价的学生比例和科学成绩如表 2 – 126 所示。

表 2 – 126　芬兰 4 年级学生对校园条件的评价与科学成绩

单位：分，%

测试年份	没有问题		有一些问题		有较大问题	
	学生百分比	平均成绩	学生百分比	平均成绩	学生百分比	平均成绩
2015	23(2.9)	551(3.5)	55(3.5)	556(2.9)	22(3.0)	550(4.2)
2011	21(3.0)	574(5.1)	62(4.2)	569(2.9)	17(3.4)	572(4.0)

与 2011 年相比，2015 年有更多学生认为校园条件"有较大问题"和"没有问题"，有更少学生认为"有一些问题"。值得思考的是，2011 年芬兰 4 年级学生中认为"有一些问题"的学生平均科学成绩是最低的，但2015 年该类学生平均成绩反而是最高的。形成这种现象的深层原因有待进一步挖掘。

学校是如何看待学生学业成功的呢？学校是否愿意花费精力提高学生的成绩？根据校长和教师在背景问卷中的回答情况可以看出其相关态度。表 2 –127 是根据校长报告统计的学校对学业成功的重视与科学成绩。表 2 – 128 是根据教师报告统计的学校对学业成功的重视与科学成绩。教师报告的数据虽然与校长报告略有不同，但可以看出大部分芬兰学校是持"高度重视"态度的，小部分学校持"中等重视"态度，仅有很小一部分学校"非常重视"。

总体看来，学校越重视学生的学业成功，学生的科学成绩就越高。与 2011 年相比，2015 年"非常重视"学业成功的学校比例更小，甚至无法算出可信的学生平均成绩。"高度重视"学业成功的学校比例也有所下降。在校长报告中，"中等重视"学业成功的学校比例有所增加，从 24% 增加到 32%。而在教师心中，"中等重视"的学校比例一直都是 33%。

表 2 - 127　芬兰学校对学业成功的重视与科学成绩（校长报告）

单位：分，%

测试年份	非常重视		高度重视		中等重视	
	学生百分比	平均成绩	学生百分比	平均成绩	学生百分比	平均成绩
2015	1(0.9)	—	67(4.1)	553(3.1)	32(4.0)	554(3.6)
2011	6(1.9)	585(3.3)	71(4.2)	572(2.9)	24(4.2)	561(4.5)

表 2 - 128　芬兰学校对学业成功的重视与科学成绩（教师报告）

单位：分，%

测试年份	非常重视		高度重视		中等重视	
	学生百分比	平均成绩	学生百分比	平均成绩	学生百分比	平均成绩
2015	2(1.0)	—	64(3.4)	557(2.2)	33(3.3)	547(4.8)
2011	5(1.7)	577(8.6)	63(3.2)	575(2.6)	33(3.4)	561(4.4)

根据这样的数据变化，可以推测校长不再像 2011 年那样重视学业成功，可能将教育的重心转向更全面的学生发展。芬兰教师对学业成功的态度则一直以"高度重视"为主，"中等重视"次之，很少"非常重视"。2015 年校长对学业重视的态度转变与教师对学业重视的态度一致。学校对学业成功的重视对学生的科学成绩有显著影响，这种态度的转变可能是造成芬兰学生科学成绩下降的因素之一。

第七节　高度自由的科学教育——荷兰学生的 TIMSS 测评报告

一　荷兰的教育体系及参加 TIMSS 测评的情况

荷兰通过宪法保障教育的自由。每一位公民都有权利组建学校，制定办学方针并组织教学。公立和私立学校都可以自主决定开设荷兰国家课程的时间和形式，学校拥有很强的自治权。①

在荷兰的教育体系中，初等教育阶段学制约为 8 年，学校通常包括学前教育（幼儿园）和小学教育。大多数孩子 4 岁起接受学前教育，大约 6 岁起接受小学教育。学生 12 岁进入中等教育阶段，首先在初中接受 2 年左右的基础中等教育，8 年级后分别进入不同的高中进行学习。第一种高中是职业先修教育，学制约 2 年，学生毕业后可继续接受职业中等教育或高级普通中等教育。第二种高中是高级普通中等教育，学制约 3 年，学生毕业后可接受大学预科教育或高等职业教育。第三种是大学预科教育，学制约 4 年，学生毕业时获得高中文凭，毕业后根据成绩进入大学学习。荷兰的义务教育涉及小学阶段和中学阶段，从学生 5 周岁一直延续到 18 周岁。如学生在 16 周岁时获得高中教育文凭（ISCED），则义务教育提前结束。②

在小学阶段，学校可自由决定科学课程的课时和内容。这一阶段的科学课程主要是综合课程，内容涵盖生物、物理、地理科学，以及技术课程等，有 7 个较为统一的科学教育核心目标（见表2 - 129）。③ 中学阶段科学课程是分科开设的，如生物课、物理课、化学课、地理课、信息科学与技术课等，课程开设与各学校偏好有关，有些学校会额外设置科学类实践操作课程。总体来说，中学阶段的科学类课程学习的主要内容如表 2 - 130 所示。④

---

① Dutch Eurydice Unit. （n. d. ）. Organisation of the Education System in the Netherlands. https：// estudandoeducacao. files. wordpress. com/2011/05/holanda. pdf. 2018 - 11 - 30.

② Martina Meelissen, Annemiek Punter, Overview of Netherlands Education System. http：// timssandpirls. bc. edu/timss2015/encyclopedia/countries/netherlands/references/. 2018 - 11 - 30.

③ Stichting Leerplan Ontwikkeling （SLO）. （n. d. ）. Appendix：Core Objectives Primary Education. http：//www. slo. nl/primair/kerndoelen/Kerndoelen_ English_ version. doc. 2018 - 11 - 30.

④ Dutch Eurydice Unit. （n. d. ）. Organisation of the Education System in the Netherlands. https：// estudandoeducacao. files. wordpress. com/2011/05/holanda. pdf. 2018 - 11 - 30.

表 2 - 129　荷兰小学阶段科学教育的核心目标

- 区分、命名和描述常见植物和动物的作用与功能
- 描述植物、动物和人类的结构，以及它们各部分的形式和功能
- 研究物质和物理现象，包括光、声、电、力、磁和热
- 使用温度、降水和风来描述天气和气候
- 找出外形、物质组成和常见产品功能之间的联系
- 设计、实施和评估技术问题的解决方案
- 描述日地系统的位置和运动引起四季变化和昼夜更替的原因

表 2 - 130　荷兰中学阶段科学教育的主要内容

- 将与科学、技术、人类健康与福祉相关的问题转化为研究问题，在某科学主题下实施探究并呈现结果
- 能够获取有关生物与非生物关键概念的知识，并将这些关键概念与日常生活联系起来
- 描述人、动物和植物如何相互联系，如何和环境联系，以及技术和科学的应用怎样对这些生命系统产生永久的积极或消极影响
- 通过实验获取有关生物和非生物的本质，以及它们与环境的关系
- 通过研究化学和物理科学现象（如电、声、光、运动、能量和物质）来处理理论和模型
- 通过调查获得技术产品和系统的知识，估算这些知识的价值，设计和建造技术产品
- 了解人体系统的基本结构和功能，建立这些系统之间的联系，促进身心健康，并对自身健康负责
- 关心自己和他人，关心个人安全和他人安全

荷兰政府的目标是成为世界五大知识经济体之一。为此荷兰必须有高质量的教育和受过良好教育的学生，尤其是数学和科学方面。这是荷兰参与TIMSS等大规模国际评估研究的主要原因。在语言方面，荷兰有两种官方语言——荷兰语和弗里斯兰语。绝大多数学校都使用荷兰语教学，荷兰TIMSS科学测评的语言种类也以荷兰语为主。①

荷兰参加了迄今为止进行的所有 TIMSS 测评。1995 年，荷兰学生参加了 3~4 年级、7~8 年级的测试；1999 年，荷兰 8 年级学生参加了测评；

① Martina Meelissen, Annemiek Punter, Overview of Netherlands Education System. http://timssandpirls. bc. edu/timss2015/encyclopedia/countries/netherlands/references/. 2018 - 11 - 30.

2003 年，荷兰 4 年级和 8 年级学生均参加测评；2008 年荷兰中学教育最后一年（12 年级）学生参加了高阶测评；但 2007 年、2011 年和 2015 年，荷兰只有 4 年级学生参加测评。荷兰参加 TIMSS 测评的结果已经被国家教育报告采用，并对学校政策制定者产生了一定影响。

二　荷兰学生科学测评的成绩

（一）荷兰4年级学生科学测评的成绩

荷兰 4 年级学生参与 TIMSS 科学测评的情况如表 2 – 131 所示。从 1995 年至 2015 年，荷兰 4 年级学生共参加 5 次科学测评。总体来说，荷兰 4 年级学生科学成绩相对稳定，但有两个明显的变化。第一个变化是荷兰 4 年级学生 2011 年的科学成绩相比 2007 年有显著的提升，具体提高 8 分。第二个变化是 2015 年荷兰 4 年级学生的科学成绩相比 2011 年有显著的下降，具体下降 14 分，相对应的，荷兰 4 年级学生科学成绩在国际上的排名也有所下降。

表 2 – 131　荷兰 4 年级学生参与 TIMSS 科学测评的情况

测试年份	平均科学成绩（分）（标准差）	国际排名（名次/总数）	参评学校（所）	参评学生（人）	学生平均年龄（岁）
2015	517（2.7）	29/48	129	4515	10.0
2011	531（2.2）	14/50	128	3229	10.2
2007	523（2.6）	17/37	141	3349	10.2
2003	525（2.0）	10/25	130	2937	10.2
1995	530（3.2）	6/26	259	5314	10.3

从平均科学成绩来看，1995 年荷兰学生科学成绩为 530 分；2003 年与 2007 年荷兰学生科学成绩为 525 分与 523 分；2011 年荷兰学生科学成绩有显著提升，提高至 531 分；但 2015 年荷兰学生科学成绩有显著降低，低至 517 分。从国际排名来看，1995 年荷兰学生排名较高，2003 年、2007 年和 2011 年排名相对稳定，2015 年荷兰学生排名相对较低。

从学校和学生的参评情况来看，从 2003 年到 2015 年，荷兰参评学校数量基本稳定在 130 所左右，参评学生从 2937 人逐渐上升到 4515 人。需要特别说明的是，1995 年测评的学生既包括 4 年级也包括 3 年级。1995 年荷兰共有 130 所学校共 2524 名 4 年级学生和 129 所学校共 2790 名 3 年级学生参加测评。

从学生平均年龄来看，荷兰参与测评的 4 年级学生平均年龄在 10.2 岁左右，但 2015 年荷兰参评学生的平均年龄下降到 10.0 岁。

以 TIMSS 科学成绩的基准为标尺，可以得出荷兰学生达到国际基准的百分比（见表 2-132）。荷兰几乎所有学生都能达到"较低水平"，大部分学生能达到中等水平。

表 2-132　荷兰 4 年级学生达到国际科学成绩标准的百分比

单位：%

测试年份	高级水平 （达到 625 分）	较高水平 （达到 550 分）	中等水平 （达到 475 分）	较低水平 （达到 400 分）
2015	3	30	76	97
2011	3	37	86	99
2007	4	34	79	97
2003	4	32	83	99
1995	6	38	82	98

2003 年和 2007 年，荷兰 4 年级学生达到各水平的学生百分比很相似。与这两年相比，2011 年荷兰 4 年级学生有更大比例达到"较高水平"和"中等水平"，学生科学成绩明显提高。与 2011 年相比，2015 年荷兰 4 年级学生达到"较高水平"和"中等水平"的学生比例减小，学生科学成绩也明显降低。另外，2011 年和 2015 年荷兰 4 年级学生达到"高级水平"的学生比例降低至 3%，说明荷兰科学成绩"拔尖"的学生比例在减小。

1995 年 4 年级学生达到"高级水平"的比例最大，考虑到 1995 年荷兰参评学生样本来自 4 年级和 3 年级，因此不将 1995 年与其他年份进行对比分析。

在内容维度，荷兰 4 年级学生的科学成绩如表 2-133 所示。在不考虑 1995 年成绩的情况下，荷兰 4 年级学生在"生命科学"维度的成绩从 2003 年起就依次降低，尤其是 2015 年的成绩显著低于 2011 年，2011 年又显著低于 2007 年；"物质科学"维度的成绩一直保持在 505 分左右，只有 2011 年突然提高到 526 分，显著高于历年成绩；"地球科学"维度的成绩除 2003 年外，一直稳定保持在 520 分左右。整体来看，荷兰 4 年级学生在"物质科学""地球科学"上的成绩表现比较稳定，"生命科学"维度的成绩下降比较明显。

表 2 - 133　荷兰 4 年级学生科学成绩在内容维度的分布

单位：分

测试年份	生命科学		物质科学		地球科学	
	平均成绩	标准差	平均成绩	标准差	平均成绩	标准差
2015	525	2.7	504	2.6	520	3.0
2011	537	1.9	526	2.0	525	2.8
2007	539	2.6	503	3.2	524	3.5
2003	547	1.9	505	1.8	503	2.3
1995	537	3.0	536	2.9	536	2.9

根据荷兰 4 年级学生内容维度的科学成绩分布情况，可以得出各年份荷兰 4 年级学生在各内容维度的科学成绩。1995 年荷兰 4 年级学生各维度的成绩比较均衡，其余各年份不同维度的成绩均有较大差异，尤其是 2003 年学生各维度成绩差异最大。即便历年来"生命科学"维度的成绩均有下降，整体看来仍然是荷兰 4 年级学生表现最好的内容维度。"地球科学"和"物质科学"维度的成绩较低，相比较而言，学生的"地球科学"成绩增长幅度更大。

2011 年荷兰 4 年级学生在各内容维度的科学成绩比较均衡，而且一向较弱的"物质科学"也取得 526 分的成绩，因此科学总成绩表现最佳。与 2011 年相比，2015 年荷兰 4 年级学生各内容维度的科学成绩均有所下降，尤其在"生命科学"和"物质科学"维度成绩有显著下降。

在认知维度，荷兰 4 年级学生的成绩如表 2 - 134 所示。从 2007 年到 2015 年，荷兰 4 年级学生在"知道"维度的成绩呈先升后降趋势。2011 年"知道"维度的成绩显著高于 2007 年，但 2015 年"知道"维度的成绩显著低于 2011 年，甚至显著低于 2007 年。在"应用"和"推理"维度，荷兰 4

年级学生成绩也表现出类似的先升后降趋势。在"应用"维度上，2011 年成绩显著高于 2007 年，2015 年成绩显著低于 2007 年；但"推理"维度上成绩的变化不显著。

整体上来说，2007 年和 2015 年荷兰 4 年级学生在"推理"维度的平均成绩最高，"应用"次之，"知道"最低。但 2011 年荷兰 4 年级学生的"应用"维度成绩最高，"推理"次之，"知道"最低。

表 2 - 134　荷兰 4 年级学生科学成绩在认知维度的分布

单位：分

测试年份	知道		应用		推理	
	平均成绩	标准差	平均成绩	标准差	平均成绩	标准差
2015	508	2.4	519	2.4	526	2.9
2011	528	2.2	534	2.0	532	3.0
2007	521	2.7	525	2.4	526	2.7

（二）荷兰 8 年级学生科学测评的成绩

从 1995 年至 2003 年，荷兰 8 年级学生共参加 3 次科学测评，测评的情况如表 2 - 135 所示。2007 年及之后的测试，荷兰 8 年级学生均未参加。仅 3 次测试而言，荷兰 8 年级学生科学成绩比较稳定，虽然 2003 年成绩有所下降但并不显著。从国际排名来看，荷兰 8 年级学生排名稳定。与荷兰 4 年级学生相比，8 年级学生的科学成绩相对较高，国际排名更加靠前。

表 2 - 135　荷兰 8 年级学生参与 TIMSS 科学测评的情况

测试年份	平均科学成绩 （分）（标准差）	国际排名 （名次/总数）	参评学校 （所）	参评学生 （人）	学生平均年龄 （岁）
2003	536(3.1)	9/46	130	3065	14.3
1999	545(7.0)	6/38	126	2962	14.2
1995	541(6.0)	6/41	187	4084	14.4

从学校和学生的参评情况来看，1999 年和 2003 年荷兰参评学校数量与学生数量类似，均有 3000 名左右学生参评。需要特别说明的是，1995 年测

评的学生包括 8 年级和 7 年级，当年荷兰有 95 所学校共 1987 名 8 年级学生和 92 所学校共 2097 名 7 年级学生参加测试。从学生平均年龄来看，荷兰参与测试的学生平均年龄约在 14 岁。

以 TIMSS 科学成绩的基准为标尺，可以得到荷兰 8 年级学生 TIMSS 科学成绩的分布（见表 2 - 136）。与 1995 年相比，1999 年和 2003 年荷兰 8 年级学生均出现科学成绩低于 400 分的情况。1999 年荷兰有较大部分学生高于 625 分或低于 400 分，"顶部"和"尾部"特点突出。与 1999 年相比，2003 年荷兰 625 分以上学生成绩表现较差，成绩总体分布差距较大。

表 2 - 136　荷兰 8 年级学生科学成绩的分布

单位：分

测试年份	低于 400 分		400 ~ 474 分		475 ~ 549 分		550 ~ 624 分		高于 625 分	
	平均分	标准差	平均分	标准差	平均分	标准差	平均分	标准差	平均分	标准差
2003	372	7.7	448	1.6	515	1.1	582	1.2	646	1.8
1999	355	8.8	445	2.4	517	1.4	583	1.1	660	2.8
1995	—	—	445	2.3	517	1.4	584	1.3	660	2.8

在内容维度，荷兰 8 年级学生的科学成绩如表 2 - 137 所示。1999 年和 2003 年荷兰 8 年级学生在"生物学"和"地球科学"维度的成绩保持一致，"化学"和"物理"略有差异。与 1999 年相比，2003 年学生在"环境科学"维度的成绩有较大提高。整体来看，荷兰 8 年级学生在"化学"和"地球科学"上的成绩表现比较稳定，"物理"维度的成绩下降比较明显。8 年级学生在认知维度上的成绩排序也符合"应用""推理""知道"的认知难度由易到难的顺序，因此不再赘述。

表 2 - 137　荷兰 8 年级学生科学成绩在内容维度的分布

单位：分

测试年份	生物学	化学	物理	地球科学	环境科学	自然科学
2003	536(3.3)	514(2.8)	538(3.4)	534(3.1)	539(2.9)	—
1999	536(7.7)	515(6.0)	537(6.4)	534(6.9)	526(8.0)	534(6.6)
1995	546(6.5)	513(3.9)	545(5.5)	534(7.2)	—	—

与 4 年级学生科学成绩在"生命科学"维度上有较大优势一样，8 年级学生在"生物学"维度也具有优势。与 4 年级学生"物质科学"维度上的劣势不同，8 年级学生"物理"维度的成绩相对较高。总体来说，荷兰 8 年级学生除"化学"维度外，在各内容维度上的表现比较均衡。

（三）荷兰毕业年级学生科学测评的成绩

在已进行的 3 次毕业年级科学测评中，荷兰参与了 2008 年测试。荷兰测试学生样本来自高中阶段选择大学预科教育的学生，大部分是在高中课程中选择物理学科的学生。这些学生都接受过 3 年的物理学习，总学习课时超过 112 小时。2008 年的 12 年级科学测评以物理学科为主，共包括 15 个物理课题，其中力学 6 个、电磁学 3 个、热和温度 3 个、原子与核物理 3 个。根据荷兰的学校规定，毕业年级学生应当每周花费 3 小时学习，实际上每周花费 2.9 小时进行物理学科的课堂教学。

2008 年荷兰 12 年级学生的平均科学成绩为 534 分，在 9 个参测国中排名第 3。共有来自 116 所学校的 1511 名学生参与测评，学生平均年龄 18 岁。在成绩分布上，以 TIMSS 科学成绩的基准为标尺，荷兰学生有 21% 达到高级水平（625 分），73% 达到较高水平（550 分），98% 达到中等水平（475 分）。

由于 2008 年毕业年级科学测评题量较少，所以在各内容维度和认知维度均使用得分率汇报学生成绩水平。荷兰毕业年级学生 42 道题目的平均得分率为 57%。学生在内容维度上的得分率如表 2 – 138 所示。相对而言，荷兰学生在"原子与核物理"维度的表现最好，"热和温度"其次，"电磁学"较差。学生在认知维度的得分率如表 2 – 139 所示，"知道"维度题目的得分率最高，"应用"次之，"推理"较差，这也符合学生认知的一贯规律。

表 2 – 138　荷兰毕业年级学生在内容维度的得分率

单位：道，%

内容维度	力学	电磁学	热和温度	原子与核物理
题目数量	18	21	15	14
平均得分率	55(0.9)	50(0.7)	59(1.0)	64(0.9)

表 2 - 139　荷兰毕业年级学生在认知维度的得分率

单位：道，%

认知维度	知道	应用	推理
题目数量	20	31	17
平均得分率	68(0.6)	59(0.8)	41(1.0)

三　荷兰学生背景差异与科学成绩

荷兰学生背景因素有很多，这里选择性别差异和学习态度作为两大方面进行分析。

（一）性别差异与科学成绩

荷兰 4 年级学生科学成绩的性别差异比较明显。如表 2 - 140 所示，从 1995 年至 2011 年，男生科学成绩显著高于女生。1995 年男生科学平均成绩比女生高出 26 分，2011 年、2007 年男生科学平均成绩约比女生高出 10 分。2015 年荷兰 4 年级女生和男生的科学成绩没有表现出性别差异，均为 517 分。虽然 2015 年荷兰 4 年级学生科学成绩无性别差异，但学生整体科学成绩相比之前有明显下降。

表 2 - 140　荷兰 4 年级学生科学成绩的性别差异

单位：分

测试年份	女生			男生		
	平均成绩	标准差	距平值	平均成绩	标准差	距平值
2015	517	2.8	0	517	3.0	0
2011	526	2.3	-5	537	2.5	6
2007	518	3.0	-5	528	2.7	5
2003	521	2.3	-4	529	2.3	4
1995	518	3.3	-12	544	3.8	14

在科学成绩的具体内容维度上分析荷兰 4 年级学生的性别差异，总体来说各维度科学成绩均表现出性别差异（见表 2 - 141）。与"物质科学"和"地球科学"维度男生成绩显著高于女生不同，2015 年"生命科学"维度

出现女生成绩更高的情况。2011 年荷兰 4 年级学生的男女学生成绩差异就已经缩小，2015 年女生在"生命科学"维度的成绩显著高于男生。虽然在"物质科学"和"地球科学"维度荷兰 4 年级学生的性别差异显著，但"物质科学"维度的性别差异表现出逐渐缩小的趋势，"地球科学"维度的性别差异比较稳定。

表 2 – 141　荷兰 4 年级学生科学成绩在各内容维度的性别差异

单位：分

测试年份	生命科学		物质科学		地球科学	
	女生平均分	男生平均分	女生平均分	男生平均分	女生平均分	男生平均分
2015	530(2.5)	520(3.5)	503(2.9)	505(3.2)	514(2.9)	527(4.1)
2011	536(2.2)	538(2.8)	518(2.5)	535(2.9)	517(4.5)	534(3.0)
2007	536(3.3)	543(3.2)	498(3.4)	508(4.0)	512(4.8)	535(4.0)
2003	545(2.4)	549(2.2)	501(2.2)	509(2.1)	496(2.9)	509(3.1)
1995	529(3.2)	547(3.8)	523(3.2)	549(3.8)	486(3.6)	528(3.8)

荷兰 8 年级学生科学成绩的性别差异比较明显。如表 2 – 142 所示，从 1995 年至 2003 年男生科学成绩显著高于女生，不过性别差异在逐渐减小。1995 年男生科学平均成绩比女生高出 26 分，1999 年、2003 年男生科学平均成绩比女生分别高出 18 分和 15 分。

表 2 – 142　荷兰 8 年级学生科学成绩的性别差异

单位：分

测试年份	女生			男生		
	平均成绩	标准差	距平值	平均成绩	标准差	距平值
2003	528	3.3	– 8	543	3.8	7
1999	536	7.5	– 9	554	7.3	9
1995	528	5.7	– 13	554	7.2	13

在科学成绩的具体内容维度上分析荷兰 8 年级学生的性别差异。在"生物学"、"物理"和"地球科学"维度，男生成绩均高于女生（见表 2 –

143）。与 4 年级学生类似，荷兰 8 年级学生在"生物学"维度的成绩差异相对较小。在"化学""环境科学"维度男生成绩也高于女生，只有 1999 年测试的"自然科学"维度女生成绩高于男生（见表 2 - 144）。

表 2 - 143　荷兰 8 年级学生科学成绩在各内容维度的性别差异（第一部分）

单位：分

测试年份	生物学		物理		地球科学	
	女生平均分	男生平均分	女生平均分	男生平均分	女生平均分	男生平均分
2003	534（3.4）	539（4.6）	529（3.7）	548（3.8）	523（3.2）	545（4.0）
1999	535（10.0）	537（8.4）	524（6.9）	550（7.2）	525（8.2）	544（10.2）
1995	540（7.0）	551（7.3）	529（5.2）	561（7.0）	519（7.1）	549（8.3）

表 2 - 144　荷兰 8 年级学生科学成绩在各内容维度的性别差异（第二部分）

单位：分

测试年份	化学		环境科学		自然科学	
	女生平均分	男生平均分	女生平均分	男生平均分	女生平均分	男生平均分
2003	510（3.5）	519（3.6）	529（3.9）	548（3.5）	—	—
1999	505（7.1）	526（7.1）	517（9.2）	536（9.1）	539（9.1）	530（9.1）
1995	498（4.2）	528（4.5）	—	—	—	—

荷兰毕业年级学生科学成绩的性别差异比较明显。2008 年荷兰毕业年级学生中有 19% 的女生和 81% 的男生，女生的平均科学成绩为 566 分，而男生为 586 分，女生平均科学成绩显著低于男生。在内容维度上的性别差异如表 2 - 145 所示，在各内容维度男生的得分率都高于女生，尤其是"力学"和"电磁学"等维度男生得分率显著高于女生。

表 2 - 145　荷兰毕业年级学生在内容维度得分率的性别差异（2008 年测评）

单位：%

内容维度	力学	电磁学	热和温度	原子与核物理
女生得分率	52（1.3）	47（1.0）	56（2.1）	63（1.7）
男生得分率	56（0.9）	51（0.7）	60（1.1）	65（0.8）

总体来说，荷兰学生的科学成绩是存在性别差异的。在"物质科学""物理""地球科学""生物学""化学""环境科学"等内容维度上男生成绩均高于女生。毕业年级学生在物理主题下的测试，更显著地表现出男生成绩高于女生。不过在"生命科学"维度上4年级学生表现出的性别差异较小，在"自然科学"维度上8年级女生成绩要高于男生。

（二）学习态度与科学成绩

培养学生对学习科学的积极态度是许多国家科学课程的重要目标。TIMSS在背景因素调查中设置多道问题，调查学生对科学学科的学习态度。学习态度的相关调查可以归结为三个方面：学生是否喜欢学习科学、学生是否有自信学习科学、学生是否认为学习科学有价值。

学生对科学的喜爱，有些测试年份也称为"学生面对科学学习的积极态度"，一般是根据学生对相关科学陈述的回答综合得出的分数。例如，2007年学生对科学的喜爱程度是根据学生回答"我喜欢科学""科学很无聊""我享受科学学习的过程"共3种陈述综合判断的。2011年是根据"我喜欢学习科学""我希望我能不学习科学""科学是很无聊的""我在科学中学到了很多有趣的东西""我喜欢科学"等陈述进行评分的。2015年学生对科学的喜爱是根据量表中9个陈述进行评分的。

荷兰4年级学生的科学学习兴趣与科学成绩之间的关系如表2-146所示。从喜欢科学的学生比例来看，荷兰学生近年来有约45%的学生非常喜欢科学，虽然这一比例比2007年的66%低，但比1995年的比例要高得多。

表2-146 荷兰4年级学生的科学学习兴趣与科学成绩

单位：分，%

测试年份	非常喜欢		一般喜欢		不喜欢	
	学生百分比	平均成绩	学生百分比	平均成绩	学生百分比	平均成绩
2015	46(1.4)	527(3.4)	39(1.2)	510(2.9)	15(0.9)	508(3.4)
2011	45(1.7)	536(2.8)	36(1.1)	529(2.8)	19(1.2)	524(3.7)
2007	66(1.5)	528(2.8)	11(0.6)	514(4.1)	23(1.3)	515(4.0)
2003	40(1.5)	—	37(1.1)	—	23(1.3)	—
1995	29(1.4)	—	42(1.3)	—	29(1.4)	—

同时可以看到不喜欢科学的学生比例明显下降，2015 年不喜欢科学的学生比例下降到 15%。荷兰学生的学习兴趣与科学成绩之间的关系也比较明确，总体来说，学习兴趣越大的学生科学成绩越高。

荷兰 8 年级学生只参加了 3 次科学测评，而且是分科统计学习兴趣的，因此从各内容维度进行分析。总体来说，在"生物学""地球科学""化学""物理"维度，2003 年学生的学习兴趣均呈现下降趋势，"生物学""物理"维度科学成绩与 1995 年相比下降明显。在"生物学"维度，2003 年仅有 9% 的学生表示非常喜欢，60% 的学生表示不喜欢（见表 2 – 147），2003 年学生成绩与 1999 年一致，均低于 1995 年。在"地球科学"维度，2003 年仅有 5% 的学生表示非常喜欢，71% 的学生表示不喜欢（见表 2 – 148），但 2003 年学生成绩与 1999 年、1995 年完全一致。在"化学"和"物理"维度，2003 年有 6% 的学生表示非常喜欢，69% 的学生表示不喜欢（见表 2 – 149）。2003 年"物理"成绩与 1999 年相比有 1 分的提升，与 1995 年相比有明显下降；但 2003 年的"化学"成绩与 1999 年、1995 年基本持平。

表 2 – 147　荷兰 8 年级学生的"生物学"学习兴趣与科学成绩

单位：分，%

测试年份	非常喜欢		一般喜欢		不喜欢		"生物学"维度成绩
	学生百分比	标准差	学生百分比	标准差	学生百分比	标准差	
2003	9	0.9	31	1.4	60	1.9	536（3.3）
1999	22	2.3	53	2.0	25	2.1	536（7.7）
1995	20	1.4	55	1.4	25	1.7	546（6.5）

表 2 – 148　荷兰 8 年级学生的"地球科学"学习兴趣与科学成绩

测试年份	非常喜欢		一般喜欢		不喜欢		"地球科学"维度成绩
	学生百分比	标准差	学生百分比	标准差	学生百分比	标准差	
2003	5	0.6	23	1.4	71	1.6	534（3.1）
1999	14	1.4	50	1.8	37	2.2	534（6.9）
1995	10	1.0	46	2.4	44	2.9	534（7.2）

表 2-149　荷兰 8 年级学生的"化学""物理"学习兴趣与科学成绩

单位：分，%

测试年份	非常喜欢		一般喜欢		不喜欢		"化学"维度成绩	"物理"维度成绩
	学生百分比	标准差	学生百分比	标准差	学生百分比	标准差		
2003	6	0.7	25	1.4	69	1.9	514(2.8)	538(3.4)
1999	13	1.1	44	1.6	42	1.9	515(6.0)	537(6.4)
1995	13	1.3	45	1.9	42	2.5	513(3.9)	545(5.5)

　　荷兰 4 年级学生科学学习的自信与科学成绩之间的关系如表 2-150 所示。总体来说，荷兰 4 年级学生以 2003 年为界，学习自信表现出先升后降的趋势。2003 年有 71% 的学生都对科学学习非常自信，远高于 1995 年的 20%。但 2007 年到 2015 年，学生的学习自信一直降低，2015 年只有 38% 的学生对科学学习非常自信，"一般自信"与"不自信"的学生比例上升为 45% 和 18%。结合成绩来看，"非常自信""一般自信""不自信"的学生科学成绩依次降低。

表 2-150　荷兰 4 年级学生对科学学习的自信与科学成绩

单位：分，%

测试年份	非常自信		一般自信		不自信	
	学生百分比	平均成绩	学生百分比	平均成绩	学生百分比	平均成绩
2015	38(1.1)	535(3.2)	45(1.1)	517(2.6)	18(0.9)	482(3.4)
2011	39(1.5)	545(2.9)	44(1.0)	529(2.4)	17(0.9)	507(4.0)
2007	67(1.3)	535(2.7)	25(1.1)	504(3.8)	8(0.6)	490(5.5)
2003	71(1.2)	535(2.1)	22(0.8)	507(2.7)	7(0.6)	496(4.6)
1995	20(1.2)	573(4.7)	62(1.1)	560(3.5)	15(0.8)	545(5.9)

　　荷兰 8 年级所参加的测试只有 2003 年分科统计学习自信，因此从各内容维度进行分析（见表 2-151）。总体来说，"非常自信""一般自信""不自信"的学生科学成绩依次降低。通过对比，在"生物学"维度非常自信的学生比例最多，为 54%；"地球科学"维度非常自信的学生比例为 49%；"化学和物理"维度非常自信的学生比例最低，为 40%。"化学和物理"维度不自信的学生比例也是最高的。

表 2－151　荷兰 8 年级学生对科学学习的自信与科学成绩（2003 年）

单位：分，%

维度	非常自信		一般自信		不自信	
	学生百分比	平均成绩	学生百分比	平均成绩	学生百分比	平均成绩
生物学	54（1.7）	546（4.0）	34（1.2）	522（3.9）	13（0.9）	518（4.8）
地球科学	49（1.7）	543（3.3）	38（1.2）	530（3.8）	13（1.0）	527（5.5）
化学和物理	40（1.6）	554（3.4）	40（1.4）	528（3.7）	19（1.2）	521（5.0）

四　学校环境差异与科学成绩

（一）教师教龄与学历

根据对荷兰 4 年级科学教师的调查，教师的平均教龄与学历水平如表 2－152 所示。从 2003 年至 2015 年，4 年级教师的教龄在 15 至 18 年之间变化。2003 年教师学历以类似大专为主，2007 年及以后教师学历以大学本科为主。结合荷兰 4 年级学生科学成绩来看，2011 年教师平均教龄最低，大学本科百分比最高，学生的科学成绩也最高。

表 2－152　荷兰 4 年级科学教师的教龄与学历

单位：年，%

年份	教师平均教龄	教师学历			
		研究生及以上	大学本科（或同等学历）	高中以上但不到大学本科（类似大专）	高中及以下
2015	17（1.0）	4（2.0）	70（4.2）	25（4.0）	2（0.3）
2011	15（1.3）	1（0.7）	98（1.1）	0（0.0）	1（0.9）
2007	18（1.0）	2（1.4）	96（1.7）	9（0.0）	1（1.0）
2003	16（1.1）	1（0.5）	0（0.0）	98（1.0）	1（0.9）

2003 年荷兰 8 年级科学教师的平均教龄为 15 年，其中 30% 为研究生及以上学历，66% 拥有大专学历，5% 拥有高中学历。1999 年荷兰 8 年级科学

教师的平均教龄为 16 年，1995 年为 17 年。1999 年和 1995 年均没有设置教师学历的背景问卷。

荷兰毕业年级科学教师的平均教龄为 24 年，教授物理学科的平均教龄为 20 年。荷兰毕业年级科学教师的学历基本上为大学本科及以上，有 88% 的教师拥有研究生学历，10% 的教师拥有大学本科学历。

（二）课堂教学差异

课堂教学时间是课堂教学差异的重要影响因素。根据 4 年级荷兰科学教师的调查，2015 年和 2011 年有 44 小时的科学教学时间；2007 年和 2003 年有 33 小时的科学教学时间。结合科学成绩来看，2011 年教学时间延长且成绩显著提高；但 2015 年学生成绩又有显著下降。根据 8 年级荷兰科学教师的调查，2003 年有 58 小时的教学时间，长于 1999 年的 56 小时。根据毕业年级荷兰科学教师的调查，2003 年荷兰学生有 120 小时的教学时间，学期内平均每周有 3 小时的课堂教学。

TIMSS 测评从 2007 年起关注学习 TIMSS 科学专题的学生百分比，由于 8 年级学生 2003 年之后不再参加测试，所以只分析参加测试的 4 年级荷兰学生。根据分析结果，从 2007 年到 2015 年，荷兰学习 TIMSS 科学专题的学生百分比总体呈上升趋势，尤其是"物质科学"和"地球科学"的学生百分比上升幅度较大，"生命科学"相对略有减小（见表 2 - 153）。这样的变化趋势是和 TIMSS 测评结果有关的，荷兰 4 年级学生在"生命科学"领域表现较好，"物质科学"和"地球科学"表现较差，荷兰学校依据测试结果调整了相关课程。

表 2 - 153　荷兰学习 TIMSS 科学专题的 4 年级学生百分比

单位：%

测试年份	所有科学专题		生命科学		物质科学		地球科学	
	百分比	标准差	百分比	标准差	百分比	标准差	百分比	标准差
2015	51	1.7	58	2.2	38	2.3	59	2.3
2011	47	2.0	60	2.0	32	2.5	54	3.4
2007	49	1.3	61	1.7	34	1.7	50	1.7

（三）学生家庭经济条件与科学成绩

根据学校问卷中的学生家庭经济条件选项，可判断该校学生的家庭经济条件。由于统计方式变更，仅选择 2011 年和 2015 年的 4 年级学生家庭经济条件与科学成绩的数据进行分析。根据各学校校长对该校学生家庭经济条件相关问题的回答，可以看到荷兰 4 年级学生是来自"更富裕"还是"更贫困"或"既不富裕也不贫困"的家庭。如表 2 - 154 所示，荷兰"更富裕"家庭的学生成绩最高，"既不富裕也不贫困"家庭的学生次之，"更贫困"家庭的学生成绩最低。

表 2 - 154　荷兰 4 年级学生的家庭经济条件与科学成绩

单位：分，%

测试年份	更富裕		既不富裕也不贫困		更贫困	
	学生百分比	平均成绩	学生百分比	平均成绩	学生百分比	平均成绩
2015	72(4.5)	528(3.5)	23(4.5)	520(5.0)	6(2.8)	494(8.3)
2011	70(5.2)	539(2.4)	21(5.0)	529(5.4)	9(2.5)	497(8.9)

与 2011 年相比，2015 年荷兰"更富裕"和"既不富裕也不贫困"的学生比例均有增加，"更贫困"的学生比例减少。2015 年荷兰学生的科学成绩整体下降，但是"更富裕"家庭的学生科学成绩下降幅度更大。

五　家庭环境差异与科学成绩

家庭环境差异包括家庭藏书数量、家长的学历、家长的职业和收入水平、学生在家拥有独立房间（或独立书桌）的情况、学生在家使用互联网的情况等。从 2011 年开始，TIMSS 将学生家庭的各项条件综合为"家庭资源丰富程度"进行综合分析。但荷兰 4 年级学生因仅完成部分调查问卷而无法得到综合数值。因此对荷兰学生家庭环境差异与科学成绩的分析，只具体到家庭藏书数量、互联网使用情况以及家长学历三个方面的数据。

荷兰 4 年级学生的家庭环境差异如表 2 - 155 所示。1995 年荷兰有 48%

的 4 年级学生家庭藏书超过 100 本，但随着互联网的普及，家庭藏书的数量
有所减少，2011 年只有 26% 的 4 年级学生家庭藏书超过 100 本。有独立书
桌是保证学生在家有效学习的硬性条件，1995 年荷兰有 95% 的 4 年级学生
达到此条件。荷兰拥有电脑和使用互联网的学生比例较高，1995 年就有
80% 的学生拥有电脑；2003 年有 93% 的学生拥有电脑，并且有 73% 的学生
在学校和在家中都能使用互联网；2011 年有 87% 的学生拥有可以连接互联
网的电脑，无论在校还是在家都可以上网学习。

表 2 - 155   荷兰 4 年级学生的家庭环境差异

单位：%

测试年份	家庭藏书超过100 本的学生比例	有独立书桌的学生比例	拥有电脑的学生比例	使用互联网的学生比例
2011	26	—		87
2007	26	—	95	77
2003	22	94	93	73
1995	48	95	80	—

荷兰 8 年级学生的家庭环境差异如表 2 - 156 所示。1999 年荷兰有 47%
的 8 年级学生家庭藏书超过 100 本，但随着互联网的普及，家庭藏书的数量
有所减少，2003 年这一数值减少到 40%。从 1995 年到 2003 年，荷兰有
99% 的学生均能有独立书桌。荷兰拥有电脑和使用互联网的学生比例也较
高，1995 年就有 85% 的学生拥有电脑，2003 年这一数值增加到 98%，并且
有 78% 的学生在学校和在家中都能使用互联网。

表 2 - 156   荷兰 8 年级学生的家庭环境差异

单位：%

测试年份	家庭藏书超过100 本的学生比例	有独立书桌的学生比例	拥有电脑的学生比例	使用互联网的学生比例
2003	40	99	98	78
1999	47	99	96	—
1995	41	99	85	—

根据 2003 年的统计，荷兰毕业年级有 61% 的学生家庭藏书超过 100 本。99% 的学生都会使用电脑和互联网在网上搜索资料辅助学习，有 90% 以上的学生经常在家使用电脑学习。在毕业年级的测试中，家庭环境并不作为重要的影响成绩的因素。

（一）家庭藏书数量与学生成绩

家庭藏书数量与科学成绩有显著正相关关系。根据荷兰 4 年级学生的统计结果（见表 2 - 157）、8 年级学生的统计结果（见表 2 - 158）、毕业年级的统计结果（见表 2 - 159）可知：家庭藏书数量越多，学生科学成绩越高。总体来说，家庭藏书超过 100 本的学生成绩显著高于家庭藏书少于 25 本的学生。可以说家庭藏书量与学生科学成绩有强烈的正相关关系。

表 2 - 157　荷兰 4 年级学生家庭藏书量与科学成绩

单位：分

测试年份	非常少(0~10本)		约一书架(11~25本)		约一书柜(26~100本)		约两书柜(101~200本)		约三书柜及以上(200本以上)	
	平均分	标准差	平均分	标准差	平均分	标准差	平均分	标准差	平均分	标准差
2015	479	4.1	505	3.7	526	3.3	537	3.8	536	4.7
2011	496	5.6	516	2.6	539	2.2	548	4.3	549	5.8
2007	488	6.2	506	3.3	528	3.1	542	4.5	550	6.2
2003	486	6.2	515	3.1	529	2.5	533	3.4	548	3.4
1995	480	8.8	505	4.7	529	3.3	546	4.3	550	4.0

表 2 - 158　荷兰 8 年级学生家庭藏书量与科学成绩

单位：分

测试年份	非常少(0~10本)		约一书架(11~25本)		约一书柜(26~100本)		约两书柜(101~200本)		约三书柜及以上(200本以上)	
	平均分	标准差	平均分	标准差	平均分	标准差	平均分	标准差	平均分	标准差
2003	492	6.0	508	5.5	535	3.2	556	3.5	567	4.4
1999	499	13.5	508	12.6	546	7.8	554	6.7	575	9.5
1995	493	7.2	509	12.1	536	6.1	560	6.4	577	6.2

表 2 - 159　荷兰毕业年级学生家庭藏书量与科学成绩（2008 年）

单位：分，%

测试年份	非常少 (0~10 本)	约一书架 (11~25 本)	约一书柜 (26~100 本)	约两书柜 (101~200 本)	约三书柜及以上 (200 本以上)
学生百分比	4(0.6)	9(0.9)	26(1.3)	24(1.1)	37(1.8)
平均成绩 （标准差）	574(8.1)	576(6.1)	579(4.5)	583(5.3)	588(4.6)

（二）互联网使用与学生成绩

从 2003 年起，TIMSS 着重关注学生在家中使用电脑和互联网的情况。根据荷兰 4 年级学生的统计结果（见表 2 - 160），2003 年和 2007 年拥有电脑的学生成绩显著高于没有电脑的学生，2011 年之后由于 98% 以上的学生都拥有电脑，所以不进行该条件的对比。从 2007 年开始背景因素调查注重于学生对互联网的使用，家中有互联网的学生成绩显著高于家中没有互联网的学生。

表 2 - 160　荷兰 4 年级学生家中互联网使用情况与科学成绩

单位：分

测试年份	有电脑		无电脑		有互联网		无互联网	
	平均分	标准差	平均分	标准差	平均分	标准差	平均分	标准差
2015	—	—	—	—	518	2.7	484	7.4
2011	—	—	—	—	532	2.3	515	7.5
2007	526	2.7	479	6.1	525	2.6	483	7.2
2003	527	1.8	500	6.8	—	—	—	—

根据荷兰 8 年级学生的统计结果（见表 2 - 161），从 1995 年到 1999 年，有电脑的学生平均成绩显著高于没有电脑的学生。

根据荷兰毕业年级学生的统计结果（见表 2 - 162），经常在家使用互联网与有时在家使用互联网的学生成绩差距不大。学生使用互联网是为了搜索物理作业的相关资料、写作、处理和呈现数据。

表 2 - 161　荷兰 8 年级学生家中互联网使用情况与科学成绩

单位：分

测试年份	有电脑		无电脑	
	平均成绩	标准差	平均成绩	标准差
2003	537	3.1	—	—
1999	547	6.9	498	20.9
1995	545	7.5	523	6.7

表 2 - 162　荷兰毕业年级学生在家使用互联网情况与科学成绩（2008 年）

单位：分，%

类别	学生百分比		学生平均成绩	
	平均值	标准差	平均成绩	标准差
经常使用	90	0.8	583	3.7
有时使用	10	0.8	582	7.1
不使用	0	0.0	—	—

（三）家长学历与学生成绩

TIMSS 关注 8 年级学生的家长学历，根据荷兰 8 年级学生的统计结果（见表 2 - 163），1995 年与 1999 年家长学历的组成比例比较类似。2003 年有 54% 的家长拥有大学本科及以上学历，远远高于 1999 年和 1995 年；高中及以下学历的家长比例也大幅度下降。总体来看，家长的学历越高学生的平均成绩越高。

表 2 - 163　荷兰 8 年级学生家长的最高学历

单位：分，%

测试年份	大学本科及以上		高中至大学		初中到高中		初中以下	
	百分比	平均成绩	百分比	平均成绩	百分比	平均成绩	百分比	平均成绩
2003	54	—	43(1.9)	527(3.2)	7(2.2)	544(8.1)	3(0.4)	488(10.2)
1999	12(1.1)	571(9.6)	53(2.4)	558(6.4)	7(1.0)	519(12.0)	28(2.1)	521(9.6)
1995	12(1.4)	586(8.2)	55(1.8)	567(6.4)	10(0.7)	545(8.0)	23(1.4)	542(5.6)

第三章　美洲地区 TIMSS 测评

第一节　学生乐于参与的科学教育：基于美国
TIMSS 科学测评的分析

自 1995 年起，美国参加了 TIMSS 的全部 4 年级和 8 年级测试，从未缺席。同时，美国还有 9 个州先后多次参加了 TIMSS 基准划定（Benchmarking）测试，具体信息详见表 3 - 1。本节将基于 TIMSS 1995 科学报告[①][②]、TIMSS 1999 科学报告[③]、TIMSS 2003 科学报告[④]、TIMSS 2007 科

---

① Martin, M. O., Mullis, I. V. S., Beaton, A. E., Gonzalez, E. J., Smith, T. A., & Kelly, D. L. (1997). Science Achievement in the Primary School Years: IEA's Third International Mathematics and Science Report. Retrieved from https://timssandpirls.bc.edu/timss1995i/TIMSSPDF/astimss.pdf.

② Beaton, A. E., Martin, M. O., Mullis, I. V. S., Gonzalez, E. J., Smith, T. A., & Kelly, D. L. (1997). Science Achievement in the Middle School Years: IEA's Third International Mathematics and Science Report. Retrieved from https://timssandpirls.bc.edu/timss1995i/TIMSSPDF/BSciAll.pdf.

③ Martin, M. O., Mullis, I. V. S., Gonzalez, E. J., Gregory, K. D., Smith, T. A., Chrostowski, S. J., Garden, R. A., & O'Connor, K. M. (2000). TIMSS 1999 International Science Report: Findings from IEA's Repeat of the Third International Mathematics and Science Study at the Eighth Grade. Retrieved from https://timssandpirls.bc.edu/timss1999i/pdf/T99i_Sci_All.pdf.

④ Martin, M. O., Mullis, I. V. S., Gonzalez, E. J., & Chrostowski, S. J. (2004). TIMSS 2003 International Science Report: Findings from IEA's Trends in International Mathematics and Science Study at the Fourth and Eighth Grades. Retrieved from https://timssandpirls.bc.edu/PDF/t03_download/T03INTLSCIRPT.pdf.

学报告①、TIMSS 2011 科学报告②和 TIMSS 2015 科学报告③中的数据，对美国 TIMSS 科学测评均分、基准达成情况、各内容领域和认知维度、性别差异以及相关背景因素展开分析与讨论。

表 3 - 1　美国及其各州参加历年 TIMSS 测评的情况

地区	TIMSS 4 年级					TIMSS 8 年级					
	2015年	2011年	2007年	2003年	1995年	2015年	2011年	2007年	2003年	1999年	1995年
美国	●	●	●	●	●	●	●	●	●	●	●
佛罗里达州	●	●				●	●				
亚拉巴马州							●				
加利福尼亚州							●				
科罗拉多州					●						
康涅狄格州							●			●	
印第安纳州				●			●		●	●	
马萨诸塞州			●				●	●			
明尼苏达州			●		●		●				●
北卡罗来纳州		●					●			●	

注：●代表参与了当年的测评。

一　TIMSS 科学测评平均分的变化与发展

（一）美国4年级学生科学测评平均分较为稳定，但国际排名呈明显下降趋势

从图 3 - 1 可以看到美国 4 年级学生历次 TIMSS 科学测评平均分的变化。

① Martin, M. O., Mullis, I. V. S., & Foy, P. (with Olson, J. F., Erberber, E., Preuschoff, C., & Galia, J.). (2008). TIMSS 2007 International Science Report: Findings from IEA's Trends in International Mathematics and Science Study at the Fourth and Eighth Grades. Retrieved from https://timssandpirls. bc. edu/TIMSS2007/PDF/TIMSS2007_ InternationalScienceReport. pdf.
② Martin, M. O., Mullis, I. V. S., Foy, P., & Stanco, G. M. (2012). TIMSS 2011 International Results in Science. Retrieved from https://timssandpirls. bc. edu/timss2011/downloads/T11_ IR_ Science_ FullBook. pdf.
③ Martin, M. O., Mullis, I. V. S., Foy, P., & Hooper, M. (2016). TIMSS 2015 International Results in Science. Retrieved from http://timssandpirls. bc. edu/timss2015/international - results/wp - content/uploads/filebase/full% 20pdfs/T15 - International - Results - in - Science. pdf.

自 1995 年 TIMSS 测评开始，美国 4 年级学生历次科学测评平均分依次为 542 分、536 分、539 分、544 分和 546 分，基本都稳定在 540 分上下。其中，2015 年（546 分）和 2011 年（544 分）的平均分都显著高于 2003 年（536 分）的平均分，还显著高于 2007 年（539 分）的平均分，其余年份（平均分）之间则无统计学意义上的显著性差异。

根据 TIMSS 报告中提供的得分排名（由低至高）位于 5%、25%、50%、75% 和 95% 的分数，可得到历次科学测评得分的分布情况。从图 3 − 1 可以看出，1995 年科学测评得分居于中间 90% 学生的分数分布范围远大于之后四次测试。这表明就学生中科学表现居于中间 90% 区段的群体而言，1995 年这一群体内的差异远比其他年份大。此外，1995 年这次测试中得分排名居于 25%、50%、75% 和 95% 位置的学生分数也均高于之后四次测试时位于相应排名的学生分数，这说明 1995 年这部分群体的分数分布相对更偏向于高分数段。而 2003 年、2007 年、2011 年和 2015 年这四次测试得分居于中间 90% 学生的分数分布范围变化不大，但这四次测试中得分排名位于 5%、25%、50%、75% 的学生分数整体呈上升趋势，表明这部分群体的分数分布也逐渐偏向于高分数段。

此外，图 3 − 1 还显示了美国 4 年级学生 TIMSS 科学测评平均分在历次测试中的国际排名。虽然美国 4 年级学生 2011 年的排名比 2007 上升了一位，但 1995 年（第 3 位）至 2015 年（第 10 位）整体呈现较为明显的下降趋势。由于美国 4 年级学生历次科学测评平均分相对较为稳定（540 分上下），其国际排名的下降说明其他各国或地区的成绩有所提升，这才导致了美国国际排名的下降。

（二）美国8年级学生 TIMSS 科学测评平均分稳中有升，国际排名经历波动后趋于稳定

图 3 − 2 反映的是美国 8 年级学生历次 TIMSS 科学测评的平均分变化。自 1995 年第一次 TMISS 测评开始，美国 8 年级学生历次科学测评平均分依次为 513 分、515 分、527 分、520 分、525 分和 530 分，基本都稳定在 510～530 分。其中，2003 年、2011 年和 2015 年这三年的平均分

都显著高于 1995 年，2003 年和 2015 这两年的平均分都显著高于 1999 年，2015 年的平均分显著高于 2007 年，其余年份（平均分）之间则无统计学意义上的显著性差异。这表明美国 8 年级学生 TIMSS 科学测评的平均分稳中有升。

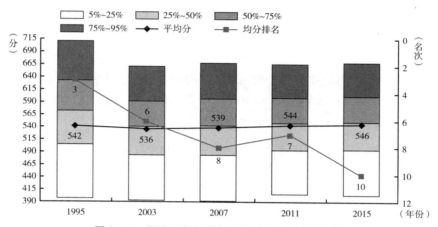

图 3－1　美国 4 年级学生 TIMSS 科学测评分数

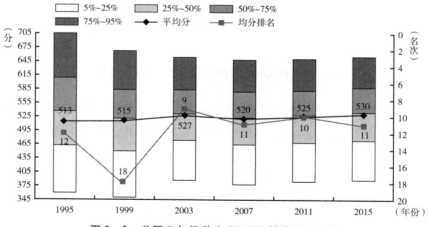

图 3－2　美国 8 年级学生 TIMSS 科学测评分数

　　注：左侧纵坐标均为 TIMSS 科学测评分数，右侧纵坐标为 TIMSS 科学测评平均分的国际排名。图 3－1 和图 3－2 中的柱状图代表历次 TIMSS 科学测评得分排名（由低至高）5%～25%、25%～50%、50%～75% 以及 75%～95% 的分数分布范围。

根据 TIMSS 报告中提供的得分排名（由低至高）位于 5%、25%、50%、75% 和 95% 的分数，可得到历次科学测评得分的分布情况。从图3-2可以出，1995 年和 1999 年这两年科学测评得分居于中间 90% 的学生分数分布范围远大于之后四次测试，这表明就学生中科学表现居于中间 90% 区段的群体而言，1995 年和 1999 年这一群体内的差异远比其他年份大。而 1995 年测试中得分排名居于 5%、25%、50%、75%、95% 位置的学生分数都高于 1999 年测试中相应排名的学生分数，这反映出 1995 与 1999 年这部分学生群体内分数的分布情况有较为明显的波动。2003 年及以后的三次测试得分居于中间 90% 的学生分数分布范围基本保持了较为稳定的状态。

　　此外，图 3-2 还显示了美国 8 年级学生 TIMSS 科学测评的平均分在历次测评中的国际排名。虽然美国 8 年级的排名经历了 1995 年（第 12 名）、1999 年（第 18 名）、2003 年（第 9 名）较为明显的波动，但随后在 2007 年（第 11 名）、2011 年（第 10 名）、2015 年（第 11 名）则逐渐趋于稳定。虽然美国 8 年级学生历次科学测评平均分在某些年份之间具有统计学意义上的显著差异，但平均分基本都稳定在 510～530 分，其国际排名的波动与稳定很可能是受到了其他各国或地区科学测评均分变化的影响。

二　TIMSS 科学测评基准达成情况的变化与发展

　　（一）美国4年级学生达到 TIMSS 科学测评中等基准和较低基准的人数比例有所增加，达到高阶基准和较高基准的人数比例有明显波动但未能比1995年有显著进步

　　美国 4 年级学生在历次科学测评中达到 TIMSS 高阶基准（625 分）、较高基准（550 分）、中等基准（475 分）、较低基准（400 分）的人数百分比如表 3-2 所示。就达到较低基准的人数百分比而言，2011 年（96%）显著地高于 1995 年、2003 年和 2007 年，2015 年（95%）显著地高于 1995 年，这说明美国 4 年级学生中具备关于生命和物质科学基本知识（TIMSS 较低基准的定义）的人数比例有所提高。就达到中等基准的人数百分比而言，

2015 年和 2011 年均显著地高于 1995 年、2003 年和 2007 年，这也意味着美国 4 年级学生具备并理解关于生命、物质和地球科学基本知识（TIMSS 中等基准的定义）的人数比例有所提高。

表 3-2　美国 4 年级学生 TIMSS 科学测试之国际基准累计
达成百分比情况的变化趋势

单位：%

年份	高阶基准(625 分)	较高基准(550 分)	中等基准(475 分)	较低基准(400 分)
1995	19	50	78	92
2003	13 ▼	45 ▼	78	94
2007	15 ▼	47	78	94
2011	15 ▼	49 △	81 ▲ △ ↑	96 ▲ △ ↑
2015	16 △	51 △ ↑	81 ▲ △ ↑	95 ▲

注：▲统计学意义上显著高于 1995 年相应基准的百分比；▼统计学意义上显著低于 1995 年相应基准的百分比；△统计学意义上显著高于 2003 年相应基准的百分比；↑统计学意义上显著高于 2007 年相应基准的百分比。

TIMSS 1995 年的报告中尚未划定国际基准线，只是基于样本分数按照最高 10%、最高 1/4、中位数、最低 1/4 进行了分数线的划定，此表中 1995 年数据来源为 2015 年 TIMSS 报告。

就达到较高基准的人数百分比而言，2003 年（45%）显著地低于 1995 年，2011 年（49%）显著地高于 2003 年，2015 年（51%）显著地高于 2003 年和 2007 年，这些数据表明，美国 4 年级学生中能够在日常生活和抽象情境中交流和运用有关生命、物质和地球科学知识（TIMSS 较高基准的定义）的人数比例有过显著的下降随后又显著提升，最终恢复至与 1995 年相当的水平。就达到高阶基准的人数百分比而言，2003 年（13%）、2007 年（15%）和 2011 年（15%）均显著地低于 1995 年，2015 年（16%）显著地高于 2003 年，这些数据表明，美国 4 年级学生中能够交流有关生命、物质和地球科学知识并在科学探究过程中展示出对部分知识的理解（TIMSS 高阶基准的定义）的人数比例有过显著的下降随后略有恢复，但未达到 1995 年的水平。

综上所述，在美国 4 年级学生群体中，达到中等基准和较低基准的人数比例有所增加，达到高阶基准和较高基准的人数比例有明显波动但未能比

1995 年有显著进步。

（二）美国8年级学生达到 TIMSS 科学测评中等基准和较低基准的人数比例有所增加，达到较高基准的人数比例在相对稳定之后有显著提升，达到高阶基准的人数比例相对较为稳定且无显著进步

美国 8 年级学生在历次科学测评中达到 TIMSS 高阶基准（625 分）、较高基准（550 分）、中等基准（475 分）、较低基准（400 分）的人数百分比如表 3 - 3 所示。就达到较低基准的人数百分比而言，2003 年（93%）、2007 年（92%）、2011 年（93%）和 2015 年（93%）均显著地高于 1995 年和 1999 年，这说明美国 8 年级学生中具备关于生物学、化学、物理和地球科学基本知识（TIMSS 较低基准的定义）的人数比例有所提高，并在近四次测试中保持稳定。就达到中等基准的人数百分比而言，2015 年（75%）显著地高于 1995 年、1999 年和 2007 年，2011 年和 2003 年均显著地高于 1995 年和 1999 年，这意味着美国 8 年级学生中能够在多样的情境中展示和运用有关生物学、化学、物理和地球科学知识（TIMSS 中等基准的定义）的人数比例有所提高。

表 3 - 3　美国 8 年级学生 TIMSS 科学测试之国际基准
累计达成百分比情况的变化趋势

单位：%

年份	高阶基准（625 分）	较高基准（550 分）	中等基准（475 分）	较低基准（400 分）
1995	11	38	68	87
1999	12	37	67	87
2003	11	41	75 ▲ △	93 ▲ △
2007	10 ▽	38	71	92 ▲ △
2011	10	40	73 ▲ △	93 ▲ △
2015	12	43 ▲ △ ↑	75 ▲ △ ↑	93 ▲ △

注：▲统计学意义上显著高于 1995 年相应基准的百分比；△统计学意义上显著高于 1999 年相应基准的百分比；▽统计学意义上显著低于 1999 年相应基准的百分比；↑统计学意义上显著高于 2007 年相应基准的百分比。

TIMSS 1995 年和 1999 年的报告中尚未划定国际基准线，只是基于样本分数按照最高 10%、最高 1/4、中位数、最低 1/4 进行了分数线的划定，此表中 1995 年和 1999 年数据来源为 2015 年 TIMSS 报告。

就达到较高基准的人数百分比而言，2015 年（43%）显著地高于 1995 年、1999 年和 2007 年，这表明美国 8 年级学生中能够在日常生活和抽象情景中运用与交流对生物学、化学、物理和地球科学相关概念的理解（TIMSS 较高基准的定义）的人数比例较为稳定并在最近一次测试中有显著增长。就达到高阶基准的人数百分比而言，虽然 2007 年（10%）显著地低于 1999 年，但基本都稳定在 10%～12%，这表明美国 8 年级学生中能够在实践、抽象和实验情境中交流有关生物学、化学、物理和地球科学复杂知识（TIMSS 高阶基准的定义）的人数比例较为稳定，没有显著的进步。

综上所述，美国 8 年级学生达到中等基准和较低基准的人数比例有所增加，达到较高基准的人数比例在稳定中有显著的增长，达到高阶基准的人数比例相对较为稳定。

三　各内容领域维度得分情况的变化与发展

自 1995 年开始，TIMSS 测评的科学领域维度划分方式一直在不断调整，至 2007 年稳定下来，之后 2011 年和 2015 年两次测试所用的内容维度划分方式均与 2007 年保持一致。因此，下面将只比较 2007 年、2011 年和 2015 年三次测试中各内容维度的得分情况。

（一）美国4年级学生在生命科学领域的表现明显优于其他内容领域，且得分有提升趋势，在物质科学领域得分有明显波动，在地球科学领域得分相对稳定

图 3-3 中标注了美国 4 年级学生在这三次 TIMSS 测评中生命科学、物质科学和地球科学三个内容维度上的得分以及科学总分。

从图 3-3 可以看出：①生命科学领域的得分（544 分、547 分、555 分）均高于当年的科学总平均分，是所有内容领域中最高的，且 2015 年的得分显著地高于 2007 年和 2011 年，这表明美国 4 年级学生在该领域的表现好于其他内容维度，且有越来越好的趋势；②物质科学领域的得分有明显的波动，从 2007 年的 535 分显著地提升至 2011 年的 544 分，随后又在 2015 年降至 537 分，而且除 2011 年与科学总平均分持平外其他两次得分均低于

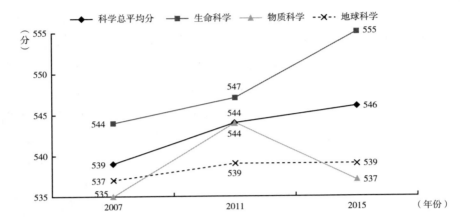

图 3 - 3　美国 4 年级学生 TIMSS 科学测试各内容维度得分及总分变化趋势

科学总平均分，这些数据显示美国 4 年级学生物质科学领域的表现不稳定且低于科学总平均分；③地球科学领域的得分（537 分、539 分、539 分）均低于当年的科学总平均分，相互间不存在统计学意义上的显著性差异，这反映出美国 4 年级学生在地球科学领域的表现不如其他内容领域，但相当稳定。

（二）美国8年级学生在生物学与地球科学领域的表现优于其他内容领域，在生物学、化学和物理领域的得分均有上升趋势，在地球科学领域得分相对较为稳定

图 3 - 4 中标注了美国 8 年级学生在 2007 年、2011 年和 2015 年三次 TIMSS 测评中生物学、化学、物理和地球科学四个内容维度上的得分以及科学总平均分。

从图 3 - 4 可以看出：①生物学（531 分、530 分、540 分）和地球科学（526 分、533 分、535 分）的得分均高于当年的科学总平均分，地球科学的三次得分之间不存在统计学意义上的显著差异，而生物学 2015 年的得分显著地高于 2007 年和 2011 年，这表明美国 8 年级学生在这两个内容领域的表现好于其他内容领域，且在地球科学领域的得分相对较为稳定，在生物学领域的得分有上升趋势；②化学（510 分、520 分、519 分）和物理（503 分、

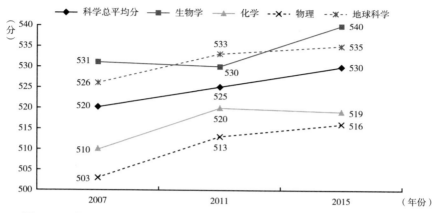

图 3 - 4　美国 8 年级学生 TIMSS 科学测评各内容维度得分及总分变化趋势

513 分、516 分）的得分均低于当年的科学总平均分，这两个领域 2011 年和
2015 的两次得分之间虽然不存在统计学意义上的显著差异，但均显著地高
于 2007 年，这表明美国 8 年级学生在化学和物理领域的表现弱于其他领域
且低于科学总平均分，但在这两个领域的得分有上升趋势。

四　各认知维度得分情况的变化与发展

（一）美国4年级学生在知道维度的表现最好且得分稳定，在应用维度的表
现有提升的趋势，在推理维度的表现较弱且未呈现统计学意义上的显著提升

图 3 - 5 中标注了美国 4 年级学生在 2007 年、2011 年和 2015 年这三次
TIMSS 测评中知道、应用和推理三个认知维度上的得分以及科学总平均分。

从图 3 - 5 可以看出：①知道维度的得分（546 分、546 分、548 分）均
高于当年的科学总平均分，是所有认知维度中最高的，而且三次得分之间不
存在统计学意义上的显著性差异，这表明美国 4 年级学生在知道这一认知维
度的表现好于其他维度，且表现稳定；②应用维度 2007 年的得分（534 分）
低于当年的科学总平均分，但 2011 年（544 分）和 2015 年（546 分）均与
当年的科学总平均分持平，且都显著地高于 2007 年，这反映出美国 4 年级
学生在应用维度上的表现有提升趋势且已达到科学总体表现水平；③推理维
度的得分（535 分、537 分、542 分）均低于当年的科学总分，且相互之间

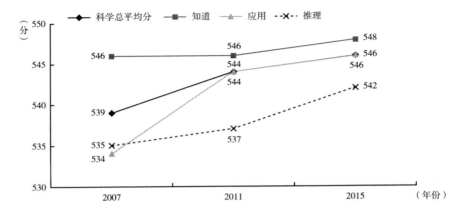

图 3－5　美国 4 年级学生 TIMSS 科学测评各认知维度得分及总分变化趋势

不存在统计学意义上的显著性差异，这意味着美国 4 年级学生在推理维度上的表现较弱且未呈现统计学意义上的显著提升。

（二）美国 8 年级学生在知道和应用维度的表现有提升趋势，而在推理维度的表现略有下降，但未呈现统计学意义上的显著变化

图 3－6 中标注了美国 8 年级学生在 2007 年、2011 年和 2015 年这三次 TIMSS 测评中知道、应用和推理三个认知维度上的得分以及科学总平均分。

从图 3－6 可以看出：①知道维度的得分在 2007 年（516 分）低于科学总平均分，在 2011 年（527 分）显著地高于科学总平均分，2015 年（532 分）高于科学总平均分但无统计学意义上的显著性差异，2011 年和 2015 年这两年的得分均显著地高于 2007 年，这都表明美国 8 年级学生在知道维度上的表现有提升趋势，且在最近两次测试中达到或超过了科学总体表现；②应用维度的得分在 2007 年（517 分）和 2011 年（522 分）均低于科学总平均分，在 2015 年（531 分）与科学总平均分（530 分）之间无统计学意义上的显著差异，2015 年得分显著地高于 2007 年和 2011 年，这反映出美国 8 年级学生在应用维度上的表现有上升趋势，且在最近一次测试中与科学总体表现持平；③推理维度的得分在 2007 年（529 分）高于当年的科学总平均分，在 2011 年（524 分）和 2015 年（526 分）均低于当年的科学总平均分，这三次得分之间不存在统计学意义上的显著性差异，这

表明美国 8 年级学生在推理维度上的表现虽然略有下降，但并未呈现统计学意义上的显著变化。

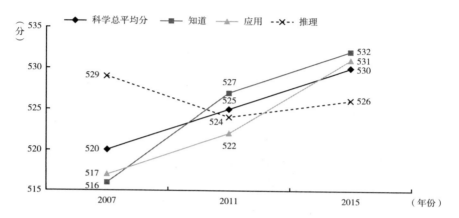

图 3 - 6　美国 8 年级学生 TIMSS 科学测评各认知维度得分及总分变化趋势

五　性别差异的变化与发展

图 3 - 7 和图 3 - 8 分别标注了美国 4 年级和 8 年级男女生历次 TIMSS 科学测评中在科学总平均分、各内容维度、各认知维度上的差异。纵轴右侧显示的是男生平均分比女生高出的分数，纵轴左侧显示的是女生平均分比男生高出的分数。

（一）美国 4 年级男生的科学总体表现常年显著地优于女生，且在各内容维度中都显著地高于或不低于女生，在部分认知维度上存在性别差异现象但并不普遍

从图 3 - 7 中可以看出，在科学总平均分上，在所有测试年份中，男生平均分都显著地高于女生。而且这种差异在 1995 年和 2011 年达到最大（12 分和 10 分）。这表明美国 4 年级学生的科学总体表现性别差异显著，男生展现出显著的优势。

在生命科学领域，2015 年男女生平均分分差为零，2011 年男生显著地高于女生（高出 6 分），2007 年虽然男生比女生高出 3 分但不存在统计学意

义上的显著性差异。在物质科学领域，2015 年和 2011 年男生平均分都显著地高于女生，2007 年虽然男生比女生高出 4 分但不存在统计学意义上的显著性差异。在地球科学领域，三次测试中男生平均分都显著地高于女生，这种差异在 2011 年达到最大（16 分）。综上所述，美国 4 年级学生在科学测评各内容维度上存在性别差异，男生平均分显著高于或不低于女生，其中地球科学领域内的性别差异最显著也最为稳定，而生命科学领域内的差异不甚明显。

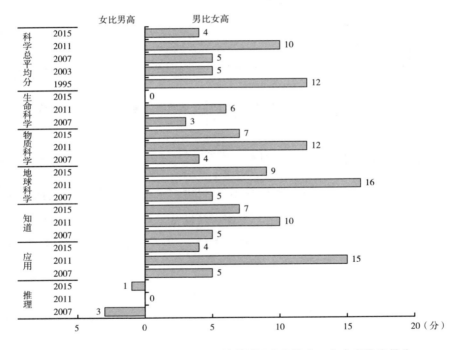

图 3 - 7　美国 4 年级学生 TIMSS 科学测评总平均分、各内容维度得分、各认知维度得分的男女差异

在知道维度上，2015 年和 2011 年这两年均是男生平均分显著地高于女生，2007 年虽然男生平均分比女生高 5 分，但不存在统计学意义上的显著性差异。在应用维度上，2015 年和 2007 年这两年均是男生高于女生但都不存在统计学意义上的显著性差异，而 2011 年男生平均分显著地高于女生

（高出 15 分）。在推理维度上，2015 年和 2007 年这两年均是女生平均分高于男生但都不存在统计学意义上的显著性差异，2011 年男女生均分分差为零。综上所述，美国 4 年级学生在科学测评的认知维度上存在性别差异的现象，但这种差异仅在知道和应用两个维度的部分测试年份中出现过，而推理维度是仅有的女生平均分高于（但不存在统计学意义上的显著性差异）或不低于男生的情况。

（二）美国8年级男生科学总体表现常年显著优于女生但差异在缩小，这种性别差异稳定地体现在物理和地球科学这两个内容领域以及知道这一认知维度上，此外8年级的性别差异大于或不小于4年级

从图 3 - 8 中可以看出，在科学总平均分上，在所有测试年份中，男生平均分都显著地高于女生。男女生之间的分差虽然 1999 年（19 分）比 1995 年（15 分）略有增大，但在随后 2003 年（17 分）、2007 年（12 分）、2011 年（11 分）和 2015 年（6 分）四次测试中逐渐缩小。此外，对比图 3 - 7 和图 3 - 8 中历次测试科学总平均分可以看出，8 年级的男女分差比 4 年级更大。综上所述，美国 8 年级男生科学总体表现常年显著优于女生但差异在缩小，而这种性别差异比 4 年级更明显。

在生物学领域，2015 年女生平均分比男生高 4 分但不存在统计学意义上的显著性差异，然而这是 8 年级测试中少有的女生得分高于男生的情况之一。2011 年男生平均分比女生高 5 分但不存在统计学意义上的显著性差异，2007 年男生平均分显著地高于女生（高 6 分）。在化学领域，2015 年女生平均分比男生高 2 分但不存在统计学意义上的显著性差异，然而这也是 8 年级测试中少有的女生得分高于男生的情况之一。2011 年男生平均分显著地高于女生（高 10 分），2007 年男生平均分比女生高 4 分但不存在统计学意义上的显著性差异。在物理领域，2007 年、2011 年、2015 年这三次测试中，男生平均分比女生分别显著地高出 23 分、19 分、16 分，但这种差异在缩小。在地球科学领域，2007 年、2011 年、2015 年这三次测试中，男生平均分显著地比女生高出 18 分、17 分、18 分，分差较为稳定。此外，对比图 3 - 7 和图 3 - 8 中各内容维度部分，可以看出 8

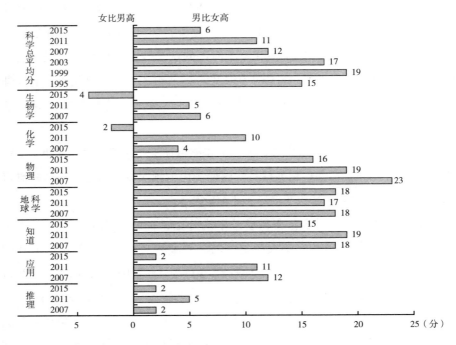

图 3－8　美国 8 年级学生 TIMSS 科学测评总平均分、各内容维度得分、
各认知维度得分的男女差异

年级物理和地球科学两个领域中的性别差异比 4 年级物质科学和地球科学
更明显。综上所述，美国 8 年级学生在物理和地球科学两个内容领域中性
别差异最为明显，均是男生显著优于女生，其中物理的性别差异在缩小而
地球科学的性别差异较为稳定，生物学和化学内容领域中性别差异现象不
稳定，既出现过男生表现优于女生的情况，也出现过男生平均分高于女生
但无显著性差异的情况，甚至还出现过女生平均分高于男生但无显著性差
异的情况。

　　在知道维度上，2007 年、2011 年和 2015 年均是男生表现显著地优于
女生，平均分的差距分别为 18 分、19 分和 15 分。在应用维度上，2007 年
和 2011 年性别差异显著，男生得分比女生分别高出 12 分和 11 分，但在
2015 年这一差距变为 2 分且不存在统计学意义上的显著性差异。在推理维

度上，2007 年、2011 年和 2015 年三次测试中男生得分比女生依次高出 2
分、5 分和 2 分，但都不存在统计学意义上的显著性差异。综上所述，美
国 8 年级学生在科学测评的认知维度上存在性别差异现象，但主要体现为
男生在知道维度上的表现常年显著地优于女生，在应用维度上性别差异在
前两次测试（2007 年和 2011 年）中非常显著但在最近一次测试中几乎消
失（无显著性差异），而在推理维度上一直都不存在统计学意义上显著的
性别差异。

六　TIMSS 科学测评的背景因素分析

每次 TIMSS 测评都会收集诸多关于参测国家和地区背景因素的数据，
并基于这些数据计算出相应的背景因素指数。由于每次测试背景问卷的设计
不尽相同，历次测试所反映出的背景信息也会不同。下面将根据最近一次
TIMSS 测评（2015 年）中所收集到的背景信息数据展开分析与讨论。

（一）美国4年级的总教学时间、科学教学时间、学生参与度和态度最具优
势，学校的构成、资源与氛围良好，教师教龄、校长经验以及科学教学情况不
具优势

在 2015 年 TIMSS 科学报告中，共呈现了 20 项关于美国 4 年级学生科学
成就的背景因素指数。这些背景因素的名称、指数、指数所在区间与含义以
及数据获取来源如表 3 - 4 所示。其中，"教师教龄""校长经验""总教学
时间"和"科学教学时间"这 4 项指数都是使用年或小时为单位直接表征
该背景因素的情况，TIMSS 并未对这些指数所在区间及其含义给出界定。
TIMSS 科学报告中对其余 16 项指数所在区间及其含义都进行了界定，将其
中 15 项指数划分为 3 个区间范围，1 项指数划分为 2 个区间范围。以"学
校归属感"这一背景因素为例，2015 年 TIMSS 报告将其指数划分为 3 个区
间，Ⅰ 类区间（较高水平，指数≥9.1）代表"高度学校归属感"，Ⅱ 类区
间（中等水平，9.1 > 指数 > 6.8）代表"有学校归属感"，Ⅲ 类区间（较低
水平，指数≤6.8）代表"鲜有学校归属感"。美国这一指数为 9.9，位于 Ⅰ
类区间，这意味着学生对学校具有高度的归属感，属于 TIMSS 界定的较高

水平。唯一一项被划分为 2 个区间的指数是"教师对科学探究的重视度"，即较高区间（指数≥11.3）代表"在大约一半或以上的课程中强调科学探究"，较低区间（中等水平，指数 <11.3）代表"仅在不到一半的课程中强调科学探究"。美国这一指数为 9.9，位于较低区间，意味着教师对科学探究的重视不足。

表 3-4　2015 年美国 4 年级 TIMSS 科学测评背景因素指数及其含义

背景因素	指数	指数所在区间与含义	数据来源
学校生源：入学前读写/算术能力	11.5	Ⅱ类区间（11.7＞指数 >8.6）：25%～75% 的学校生源入学前已具备读写与算术能力	P
科学资源短缺对教学影响	10.7	Ⅱ类区间（11.2＞指数 >7.2）：教学受到了科学资源短缺的影响	P
学校条件与资源	10.4	Ⅱ类区间（10.6＞指数 >8.2）：学校条件与资源存在少量问题	T
校长认为学校重视学业成就	10.3	Ⅱ类区间（13.0＞指数 >9.2）：学校对学业成就高度重视	P
教师认为学校重视学业成就	9.9	Ⅱ类区间（12.9＞指数 >9.2）：学校对学业成就高度重视	T
教师对工作的满意度	9.8	Ⅱ类区间（10.1＞指数 >6.6）：教师对工作感到满意	T
教师面对的挑战	9.8	Ⅱ类区间（10.4＞指数 >7.1）：教师面临着一些挑战	T
学校归属感	9.9	Ⅰ类区间（指数≥9.1）：学生对学校具有高度的归属感	S
纪律问题	10.3	Ⅰ类区间（指数≥9.7）：学校中的学生几乎不存在纪律问题	P
安全与秩序	10.3	Ⅰ类区间（指数≥10.0）：学校里非常安全、有序	T
欺凌	9.9	Ⅰ类区间（指数≥9.6）：学校几乎不存在欺凌问题	S
教师教龄	13	教师的平均教龄（年）	T
校长经验	7	校长担任该职位的平均时长（年）	P
总教学时间	1088	一年中的总教学时长（小时）	P&T

续表

背景因素	指数	指数所在区间与含义	数据来源
科学教学时间	100	一年中用于科学教学的总时长（小时）	P&T
教师对科学探究的重视度	9.9	较低区间（指数＜11.3）：在不到一半的课程中强调科学探究	T
教学受限于学情	9.4	Ⅱ类区间（11.0＞指数＞6.9）：教师感到教学有些受限于学情	T
学生对参与科学课堂教学的看法	10.3	Ⅰ类区间（指数≥9.0）：学生在科学课堂上积极参与教学活动	S
学生喜欢学习科学	10.3	Ⅰ类区间（指数≥9.6）：学生非常喜欢学习科学	S
学生对学习科学的自信	10.0	Ⅱ类区间（10.2＞指数＞8.2）：学生对学习科学有信心	S

注：在数据来源一列中，P 代表该指数由校长问卷的数据计算得出，T 代表该指数由教师问卷的数据计算得出，S 代表该指数由学生问卷的数据计算得出。

从表 3-4 中可以看出，在 15 项被划分为 3 类区间的背景因素中，美国有 6 项背景因素的指数位于Ⅰ类区间之中，即达到了 TIMSS 界定的较高水平，它们分别是"学校归属感""纪律问题""安全与秩序""欺凌""学生对参与科学课堂教学的看法""学生喜欢学习科学"。其余 9 项指数位于Ⅱ类区间之中，即属于 TIMSS 界定的中等水平，它们分别是"学校生源：入学前读写/算术能力""科学资源短缺对教学影响""学校条件与资源""校长认为学校重视学业成就""教师认为学校重视学业成就""教师对工作的满意度""教师面对的挑战""教学受限于学情""学生对学习科学的自信"。

为更综合、全面地分析这些背景因素指数的意义与价值，将这些指数在国际上的排名情况进行统计，结果如图 3-9 所示。

2015 年美国 4 年级学生科学测评平均分在国际排名第 10 位（有 9 个国家或地区学生的平均分高于美国）。从图 3-9 中可以看出，美国共有 4 项指数排名居于前 10 位，分别是"学校生源：入学前读写/算术能力"（第 7 位）、"科学资源短缺对教学影响"（第 9 位）、"总教学时间"（第 3 位）、"科学教学时间"（第 8 位）。此外，还有 6 项指数排名位于第 10~20 位，分别是"学校条件与资源"（第 14 位）、"校长认为学校重视学业成就"

（第 16 位）、"纪律问题"（第 17 位）、"学生对参与科学课堂教学的看法"
（第 14 位）、"学生喜欢学习科学"（第 13 位）、"学生对学习科学的自信"
（第 17 位）。其余指数都排在 20 位以后，有的甚至在 30 位以后，排名最低
是"校长经验"（第 42 位）。

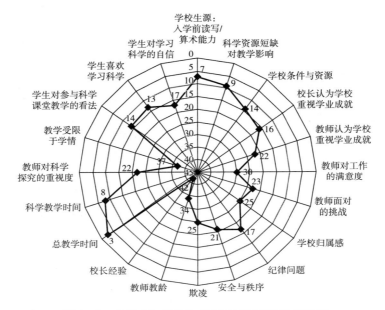

图 3 - 9　美国 4 年级学生 2015 年 TIMSS 科学测试
背景因素指数的国际排名情况

注：图中纵轴代表的是各项背景因素的国际排名，排名 = 比美国该指
数高的国家或地区的个数（不计参加 benchmark 的单列国家/地区）+1。

综合表 3 - 4 和图 3 - 9 可以看出，关于美国 4 年级科学测评的背景因素
呈现下列特点。

（1）学校的构成、资源与氛围良好，15 项指数中有 6 项居于国际前列
或达到了 TIMSS 界定的较高水平，其余指数均属于 TIMSS 界定的中等水
平。这具体表现为：①"学校生源：入学前读写/算术能力"虽未达到
TIMSS 界定的较高水平但居于国际前列（国际排名第 7 位），且排名优于
其科学测评平均分的排名；②虽然教学受到了科学资源短缺的影响，属于

TIMSS 界定的中等水平，但这一指数的排名居于国际前列且优于科学测评平均分的排名；③学校条件与资源存在少量问题，属于 TIMSS 界定的中等水平；④校长与教师都认为学校高度重视学业成就，属于 TIMSS 界定的中等水平；⑤教师虽然在工作中面临着一些挑战，但对工作感到满意，属于 TIMSS 界定的中等水平；⑥学生对学校具有高度的归属感，几乎不存在纪律问题，学校里非常安全、有序，几乎不存在欺凌情况，达到了 TIMSS 界定的较高水平。

（2）教师教龄和校长经验与其他国家和地区相比不具优势，远低于其学生科学测评平均分的国际排名。这具体表现为平均 13 年的教龄和 7 年的校长任职时长虽然不算短，但仅排名第 34 位和第 42 位。

（3）总教学时间和科学教学时间较长，在国际上名列前茅。这具体表现为其一年中 1088 小时的总教学时间（第 3 位）和 100 小时的科学教学时间（第 8 位）的国际排名均高于其学生科学测评平均分的排名。

（4）科学教学情况与其他国家和地区相比不具优势，属于 TIMSS 界定的中等和较低水平。这具体表现为科学教师仅在不到一半的课程中强调科学探究（国际排名第 22 位，位于 TIMSS 界定的两个区间中相对较低区间内）以及教师感到教学有些受限于学情（国际排名第 37 位，属于 TIMSS 界定的中等水平）。

（5）学生参与度和态度表现突出，3 项指数中有 2 项居于国际前列或达到了 TIMSS 界定的较高水平。这具体表现为：①学生非常喜欢学习科学、在科学课堂上积极参与教学活动，虽然这 2 项背景因素指标在国际排名为第 13 位和第 14 位，与其科学测评平均分的国际排名相近，但二者均达到了 TIMSS 界定的较高水平；②学生对学习科学有信心，这一指标国际排名第 17 位，属于 TIMSS 界定的中等水平。

（二）美国 8 年级总教学时间、家庭教育资源、学生参与度和态度最具优势，学校资源与氛围较好，科学教学时间、教师教龄、校长经验以及科学教学情况不具优势

在 2015 年 TIMSS 科学报告中，共呈现了 21 项关于美国 8 年级学生科学

成就的背景因素指数。这些背景因素的名称、指数、指数所在区间与含义以及数据获取来源如表 3-5 所示。其中，"教师教龄""校长经验""总教学时间""科学教学时间"这 4 项指数都是使用年或小时为单位直接表征该背景因素的情况，TIMSS 并未对这些指数所在区间及其含义给出界定。TIMSS 科学报告中对其余 17 项指数所在区间及其含义都进行了界定，将其中 16 项指数都划分为 3 个区间范围，1 项指数划分为 2 个区间范围。以"欺凌"这一背景因素为例，2015 年 TIMSS 报告将其指数划分为 3 个区间，Ⅰ类区间（较高水平，指数 ≥9.3）代表"几乎没有"，Ⅱ类区间（中等水平，9.3 > 指数 >7.3）代表"每月都有发生"，Ⅲ类区间（较低水平，指数 ≤7.3）代表"每周都有发生"。美国这一指数为 10.0，位于Ⅰ类区间之中，属于 TIMSS 界定的较高水平，这意味着几乎不存在欺凌问题。唯一一项被划分为 2 个区间的指数是"教师对科学探究的重视度"，即较高区间（指数 ≥11.3）代表"在大约一半或以上的课程中强调科学探究"，较低区间（中等水平，指数 <11.3）代表"仅在不到一半的课程中强调科学探究"。美国这一指数为 9.7，位于较低区间，意味着教师对科学探究的重视不足。

表 3-5　2015 年美国 8 年级 TIMSS 科学测评背景因素指数及其含义

背景因素	指数	指数所在区间及其对应的含义	数据来源
家庭教育资源	10.9	Ⅱ类区间（12.4 > 指数 >8.3）:家中具备一些学习资源	S
科学资源短缺对教学影响	10.8	Ⅱ类区间（11.2 > 指数 >7.4）:教学受到了科学资源短缺的影响	P
学校条件与资源	10.4	Ⅱ类区间（10.9 > 指数 >8.5）:学校条件与资源存在少量问题	T
校长认为学校重视学业成就	10.0	Ⅱ类区间（13.1 > 指数 >9.6）:学校对学业成就高度重视	P
教师认为学校重视学业成就	10.0	Ⅱ类区间（13.4 > 指数 >9.8）:学校对学业成就高度重视	T
教师对工作的满意度	9.9	Ⅱ类区间（10.3 > 指数 >7.0）:教师对工作感到满意	T
教师面对的挑战	9.9	Ⅱ类区间（10.3 > 指数 >6.7）:教师面临着一些挑战	T

续表

背景因素	指数	指数所在区间及其对应的含义	数据来源
学校归属感	9.6	II 类区间（10.3 > 指数 > 7.5）：学生对学校有归属感	S
纪律问题	10.2	II 类区间（10.8 > 指数 > 8.0）：学校的小部分学生有纪律问题	P
安全与秩序	10.3	II 类区间（10.6 > 指数 > 7.2）：学校里是安全、有秩序的	T
欺凌	10.0	I 类区间（指数 ≥ 9.3）：学校几乎不存在欺凌问题	S
教师教龄	13	教师的平均教龄（年）	T
校长经验	7	校长担任该职位的平均时长（年）	P
总教学时间	1135	一年中的总教学时长（小时）	P&T
科学教学时间	144	一年中用于科学教学的总时长（小时）	P&T
教师对科学探究的重视度	9.7	较低区间（指数 < 11.3）：在不到一半的课程中强调科学探究	T
教学受限于学情	9.7	II 类区间（11.4 > 指数 > 7.4）：教师感到教学有些受限于学情	T
学生对参与科学课堂教学的看法	10.2	I 类区间（指数 ≥ 10.2）：学生在科学课堂上积极参与教学活动	S
学生喜欢学习科学	10.0	II 类区间（10.7 > 指数 > 8.3）：学生喜欢学习科学	S
学生对学习科学的自信	10.5	II 类区间（11.5 > 指数 > 9.2）：学生对学习科学有信心	S
学生对科学的认同度	10.1	II 类区间（10.7 > 指数 > 8.4）：学生认同科学的重要性和价值	S

　　注：在数据来源一列中，P 代表该指数由校长问卷的数据计算得出，T 代表该指数由教师问卷的数据计算得出，S 代表该指数由学生问卷的数据计算得出。

　　从表 3 - 5 中可以看出，在 16 项被划分为 3 类区间的背景因素中，美国有 2 项背景因素的指数位于 I 类区间之中，即达到了 TIMSS 界定的较高水平，它们分别是"欺凌"和"学生对参与科学课堂教学的看法"。其余 14 项指数位于 II 类区间之中，即属于 TIMSS 界定的中等水平，它们分别是"家庭教育资源""科学资源短缺对教学影响""学校条件与资源""校长认为学校重视学业成就""教师认为学校重视学业成就""教师对工作的满意度""教师面对的挑战""学校归属感""纪律问题""安全与秩序""教学受限于学情""学生喜欢学习科学""学生对学习科学的自信""学生对科学的认同度"。

为更综合、全面地分析这些背景因素指数的意义与价值，将这些指数在国际上的排名情况进行统计，结果如图 3 – 10 所示。

2015 年美国 8 年级学生科学测评平均分在国际排名第 11 位（有 10 个国家或地区学生的平均分高于美国）。从图 3 – 10 中可以看出，美国共有 5 项指数排名居于前 11 位，分别是"家庭教育资源"（第 8 位）、"教师面对的挑战"（第 7 位）、"总教学时间"（第 4 位）、"学生对参与科学课堂教学的看法"（第 11 位）、"学生对学习科学的自信"（第 8 位）。此外，还有 8 项指数排名位于第 12～20 名，有 7 项指数排名位于第 21～30 位，排名最低是"校长经验"（第 31 位）。

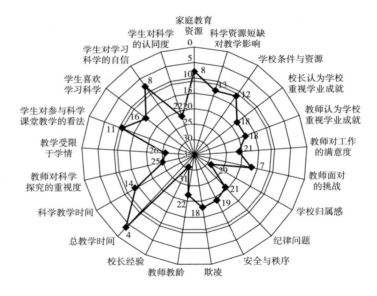

图 3 – 10　美国 8 年级学生 2015 年 TIMSS 科学测试
背景因素指数的国际排名情况

注：图中纵轴代表的是各项背景因素的国际排名，排名 = 比美国该指数高的国家或地区的个数（不计参加 benchmark 的单列国家/地区）＋1。

综合表 3 – 5 和图 3 – 10 可以看出，美国 8 年级学生科学测评的背景因素呈现下列特点。

（1）家庭教育资源良好。这具体表现为家中具备一些学习资源，这一指数虽未达到 TIMSS 界定的较高水平但居于国际前列（国际排名第 8 位），且排名优于其科学测评平均分的排名。

（2）学校资源与氛围较好，10 项指数中仅 1 项居于 TIMSS 界定的较高水平，其余相关指数均居于 TIMSS 界定的中等水平。这具体表现为：①教学受到了科学资源短缺的影响，属于 TIMSS 界定的中等水平，这一指数的排名与学生科学测评平均分排名相近；②学校条件与资源存在少量问题，属于 TIMSS 界定的中等水平；③校长与教师都认为学校高度重视学业成就，属于 TIMSS 界定的中等水平；④教师虽然在工作中面临着一些挑战，但对工作感到满意，属于 TIMSS 界定的中等水平；⑤学生对学校有归属感，学校内的小部分学生有纪律问题，学校里是安全、有序的，属于 TIMSS 界定的中等水平，此外学校内几乎不存在欺凌问题，这一指数达到了 TIMSS 界定的较高水平。

（3）教师教龄和校长经验与其他国家和地区相比不具优势，低于其学生科学测评平均分的国际排名。这具体表现为平均 13 年的教龄和 7 年的校长任职时长虽然不算短，但仅排名国际第 22 位和第 31 位。

（4）总教学时间较长，在国际上名列前茅，但科学教学时间与其他国家和地区相比不具优势。这具体表现为总教学时间是 1135 小时/年，这一指数的国际排名高于其学生科学测评平均分的排名，而科学教学时间为 144 小时/年，虽然不算短，但国际排名第 14 位，与学生科学测评平均分排名相近。

（5）科学教学情况与其他国家和地区相比不具优势，属于 TIMSS 界定的中等和较低水平。这具体表现为科学教师仅在不到一半的课程中强调科学探究（国际排名第 25 位，位于 TIMSS 界定的两个区间中相对较低区间内）以及教师感到教学有些受限于学情（国际排名第 26 位，属于 TIMSS 界定的中等水平）。

（6）学生参与度和态度表现突出，4 项指数中有 1 项居于国际前列或达到了 TIMSS 界定的较高水平，其余指数属于 TIMSS 界定的中等水平。这具体表现为：①学生在科学课堂上积极参与教学活动，虽然这一背景因素指标在国际排名为第 11 位，与其科学测评平均分的国际排名持平，但达到了 TIMSS 界定的较高水平；②学生对学习科学有信心，虽然这一指数属于 TIMSS 界定的中等水平，但其国际排名第 8 位，优于其科学测评平均分的排名；③学生喜欢学习科学，且认同科学的重要性和价值，这 2 项指数均属于 TIMSS 界定的中等水平。

七　小结

综合本节对美国 TIMSS 科学测评平均分、科学测评基准达标情况、各内容领域和认知维度情况、性别差异以及背景因素的分析，可以看出美国科学教育展现出下列特征与趋势。

（1）美国 TIMSS 科学测评平均分较为稳定，但其国际排名会在其他国家和地区的得分增长中有所下降，这一趋势在 4 年级表现最为明显，而 8 年级的平均分稳中有升，因而虽然国际排名经历了波动但在近期保持了稳定。结合分数段的分布以及基准的达成情况，可以看出美国 4 年级和 8 年级学生群体中达到中等及较低基准的人数比例在增加，得分排名居于中间 90% 的学生群体内的差异在缩小，达到高阶基准的人数比例经历过波动，停滞不前。

（2）美国学生在生物学领域的表现都很好且得分呈上升趋势，在地球科学领域的得分最为稳定，在物质科学（或物理与化学）领域的表现与科学总体表现相比较差。在知道这一认知维度上表现较好，在应用维度上的表现有提升已基本与科学总体表现持平，在推理维度上的表现有待提高。

（3）美国学生 TIMSS 科学测评得分的性别差异明显，男生优于女生。这一性别差异在 8 年级时比 4 年级更为明显，但同时 8 年级的性别差异也在逐年缩小。在内容领域上，性别差异在 4 年级时表现为男生在各内容领域得分都不低于女生，而在 8 年级则稳定地体现在物理和地球科学这两个领域。在认知维度上，4 年级和 8 年级的性别差异都体现在知道维度上，而在其他两个维度上没有差异。

（4）与其他国家或地区相比，美国 4 年级和 8 年级的总教学时间在国际上名列前茅，且两个年级的学生都喜欢或很喜欢学习科学、在科学课堂上都积极参与教学活动。此外，4 年级的科学教学时间、8 年级学生的家庭教育资源及其对学习科学的自信与其他国家和地区相比，也都具有一定的优势。然而，这两个年级的教师教龄和校长任职时长虽然都不算短，但与其他国家和地区相比不具优势。此外，两个年级的教师都仅在不到一半的课程中强调科学探究，且都感到教学有些受限于学情，这两个科学课堂教学相关的指数国际排名也都不高。

综上所述，基于 TIMSS 科学测评可以看出，美国科学教育背景因素中最突出的特点就是学生乐于参与，这集中表现在 4 年级和 8 年级"学生对参与科学课堂教学的看法""学生喜欢学习科学""学生对学习科学的自信""学生对科学的认同度" 4 项指数的国际排名及水平。同时，4 年级与 8 年级的总教学时间和科学教学时间也都为学生提供了较为充足的学习时间和参与的机会。从学生 TIMSS 科学测评结果上来看，这种背景下的美国学生群体的平均分保持基本稳定，其中达到中等及较低基准的人数比例有所增加，得分排名居于中间 90% 的学生群体内的差异在缩小，但达到高阶基准的人数比例经历过波动，停滞不前。

第二节　TIMSS 基准制定的参与者：加拿大学生科学素质表现

加拿大安大略省和魁北克省是 TIMSS 测评的"基准制定的参与者"（benchmarking participants），参与了 TIMSS 历年的测评，而其他省份的学生于 2015 年首次参加 TIMSS 测评。TIMSS 测评报告将二者与加拿大其他省份的结果区分开，进行单独展示。因此，本节通过对安大略省、魁北克省、其他省份三个学生样本在 TIMSS 测评中的历年成绩、各维度表现及其影响因素等方面的分析，获悉加拿大学生的科学素质情况。

一　学生样本

参加 TIMSS 2015 年 4 年级测评的安大略省学生样本人数为 4574 人，主要来自该省的 151 所学校，平均年龄为 9.8 岁；魁北克省的学生样本人数为 2798 人，主要来自该省的 121 所学校，平均年龄为 10.1 岁；其他省份的学生样本人数为 12283 人，主要来自阿尔伯塔省、曼尼托巴省和纽芬兰省，平均年龄为 9.9 岁。

参加 TIMSS 2015 年 8 年级测评的安大略省学生样本人数为 4520 人，主要来自该省的 138 所学校，平均年龄为 13.8 岁；魁北克省的学生样本人数为 3950 人，主要来自该省的 122 所学校，平均年龄为 14.3 岁；其他省份的学生样本人数为 8757 人，主要来自曼尼托巴省和纽芬兰省，平均年龄为 14.0 岁。

可见，魁北克省的学生样本平均年龄均高于安大略省和其他省份。主要原因与地区的小学入学年龄标准有关：加拿大国家层面规定的学生入学年龄为 6 岁，但不同地区的执行政策略有差异——安大略省的入学年龄要求是只要儿童在年终前达到 6 岁即可入学；而魁北克省的入学年龄要求是在 9 月 30 日之前满 6 岁的儿童才可入学，也就是在 10 月之后达到 6 岁的儿童需在第二年 9 月入学。[①]

二　历年平均成绩

首先对加拿大学生在 TIMSS 2015 测评中的成绩进行分析，然后对安大略省和魁北克省的学生在 TIMSS 历年测评中的成绩进行探析。

（一）加拿大学生在 TIMSS 2015测评中的平均成绩

1.4 年级学生平均成绩分析

安大略省学生获得平均分 530 分，其中 49% 的学生为女孩，平均分为 533 分；51% 的学生为男孩，平均分为 528 分。魁北克省学生获得平均分

---

① IEA. *TIMSS 2015 International Results in Science Fourth Grade.* Stockholm：TIMSS & PIRLS International Study Center，2016：5.

525 分，其中 50% 的学生为女孩，平均分为 525 分；50% 的学生为男孩，平均分为 524 分。其他省份学生获得平均分 525 分，其中 49% 的学生为女孩，平均分为 526 分；51% 的学生为男孩，平均分为 524 分。可见，4 年级测评中，2015 年女孩的成绩均高于男孩。

整体来看，加拿大三个地区的 4 年级学生平均得分在 525 分左右，与其他国家和地区比较，与美国的水平相当，低于德国等国家和地区。

2.8 年级学生平均成绩分析

安大略省学生获得平均分 524 分，其中 50% 的学生为女孩，平均分为 523 分；50% 的学生为男孩，平均分为 524 分。魁北克省学生获得平均分 530 分，其中 53% 的学生为女孩，平均分为 523 分；47% 的学生为男孩，平均分为 537 分。其他省份学生获得平均分 526 分，其中 51% 的学生为女孩，平均分为 524 分；49% 的学生为男孩，平均分为 529 分。可见，8 年级测评中，2015 年男孩的成绩均高于女孩。

整体来看，加拿大 8 年级学生平均得分为 530 分左右，与其他国家和地区比较，略高于美国水平，低于德国等国家和地区。

综上可见，随着受教育阶段的发展，男孩在科学知识认知构建方面逐渐表现出显著的增强之势。但有研究表明，男女孩在学业成就尤其是科学成就上的差距并不是与生俱来的，而是随着年龄的增长，以及社会刻板印象的影响而不断加深的。学者研究发现，学习意志力较高的女孩的科学能力显著高于男孩；学习意志力对男孩、女孩群体的科学能力均有显著的正向影响效应，而且女孩群体从增强学习意志力中获得科学能力的收益明显高于男孩群体。由此可知，增强学习意志力有助于缩小女孩与男孩在科学能力方面的差距。[1]

（二）加拿大学生在 TIMSS 历年测评中的平均成绩

1. 4 年级学生历年平均成绩分析

TIMSS 测评始于 1995 年，至 2015 年已开展了 6 次测评工作，其中 1999

---

[1] 胡咏梅、范文凤、唐一鹏：《女性都去哪儿了：中学生科学能力的性别差异研究》，《湖南师范大学教育科学学报》2016 年第 4 期。

年缺少 4 年级的测评。安大略省学生在 1995 年、2003 年、2007 年、2011 年、2015 年测评中的平均成绩依次为 516 分、540 分、536 分、528 分、530 分；魁北克省学生在历年测评中的平均成绩依次为 529 分、500 分、517 分、516 分、525 分（见图 3 - 11）。可见，除 1995 年外，安大略省学生的成绩均高于魁北克省的学生，说明安大略省 4 年级的科学教学质量较高。从历年变化来看，两省学生之间的差距逐年趋于缩小。

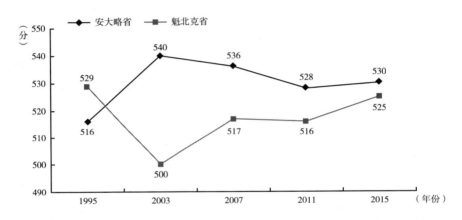

图 3 - 11　安大略省与魁北克省 4 年级学生在 TIMSS 历年测评中的平均成绩

安大略省男孩历年的平均成绩分别为 518 分、543 分、539 分、530 分、528 分，女孩历年的平均成绩依次为 513 分、537 分、532 分、525 分、533 分；魁北克省男孩历年的平均成绩分别为 532 分、500 分、518 分、520 分、525 分，女孩历年的平均成绩依次为 524 分、501 分、516 分、512 分、524 分（见图 3 - 12）。可见，相对而言男孩的平均成绩普遍高于女孩。这进一步佐证了"女性在科学能力上的表现以及科学职业中处于弱势地位"的现象。同样我们发现，除 1995 年外，安大略省女孩的平均成绩均高于魁北克省男孩的平均成绩，这说明魁北克省的科学教学水平较之于安大略省偏低。

2. 8 年级学生历年平均成绩分析

安大略省学生在 1995 年、1999 年、2003 年、2007 年、2011 年、2015 年测评中的平均成绩依次为 496 分、518 分、533 分、526 分、521 分、524 分；

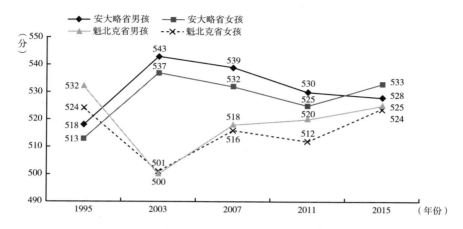

图 3 – 12　安大略省与魁北克省 4 年级男孩、女孩在 TIMSS 历年测评中的平均成绩

魁北克省学生在历年测评中的平均成绩依次为 510 分、540 分、531 分、507 分、520 分、530 分。由图 3 – 13 可知，魁北克省学生的成绩与安大略省学生的成绩在历年变化中呈现"此起彼伏"的趋势，说明魁北克省的科学教学水平随着年级的增加呈逐渐上升之势，8 年级的科学教学质量与安大略省旗鼓相当。

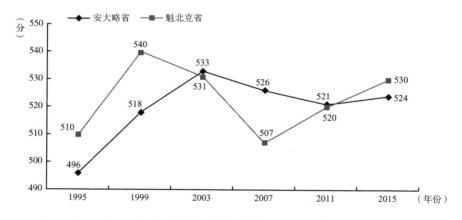

图 3 – 13　安大略省与魁北克省 8 年级学生在 TIMSS 历年测评中的平均成绩

安大略省男孩历年的平均成绩分别为 506 分、527 分、540 分、531 分、522 分、524 分，女孩历年的平均成绩依次为 488 分、509 分、526 分、521 分、521 分、523 分；魁北克省男孩历年的平均成绩分别为 514 分、545 分、

540 分、511 分、522 分、537 分，女孩历年的平均成绩依次为 506 分、536 分、522 分、503 分、518 分、523 分。由图 3 - 14 可知，两省男孩的历年平均成绩均高于女孩，但是差距呈现缩小趋势。这说明男孩对科学知识的认知与内化能力较强，但这种优势正趋减弱。同样我们可以得出，魁北克省的 8 年级科学教学水平较之于安大略省不分伯仲。

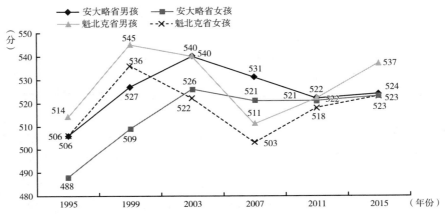

图 3 - 14　安大略省与魁北克省 8 年级男孩、女孩在 TIMSS
历年测评中的平均成绩

三　各维度得分

TIMSS 科学素质测评框架包括两个主要领域：科学内容、科学认知。[①] 其中科学内容指向评估的主题，4 年级科学内容包括生命科学、物质科学、地球科学三个部分，8 年级科学内容包括生物学、化学、物理、地球科学四个部分。[②] 科学认知指向评估的思维过程，包括以下要素：知道（Knowing）、应用（Applying）、推理（Reasoning）。其中，"知道"是指学生能够针对问题

---

① IEA. *Timss 2015 Assessment Frameworks.* Stockholm：TIMSS & PIRLS International Study Center，2013：30 - 31.

② IEA. *Timss 2015 Assessment Frameworks.* Stockholm：TIMSS & PIRLS International Study Center，2013：31 - 40.

回忆知识、概念、事实的能力。"应用"是指学生能够运用所学知识来解决问题并提出合理的解释。"推理"是指在未知领域，基于已有的科学知识与能力，以证据为前提，对某一问题进行科学认识，并进行分析、综合和归纳。①

（一）科学内容维度学生得分情况分析

1. 4 年级学生成绩分析

在生命科学、物质科学、地球科学领域中，安大略省学生的总平均分依次为 544 分、522 分、515 分；魁北克省学生的总平均分依次为 533 分、519 分、515 分；其他省份学生的总平均分依次为 536 分、518 分、513 分。由图 3–15 可知，安大略省学生在科学内容维度上的得分均高于或不低于魁北克省及其他省份，说明安大略省 4 年级的科学教学质量较高。魁北克省学生在生命科学、物质科学领域处于较弱的位置，所以，魁北克省的学校在实际科学教学中应加强这两个领域知识的传授。

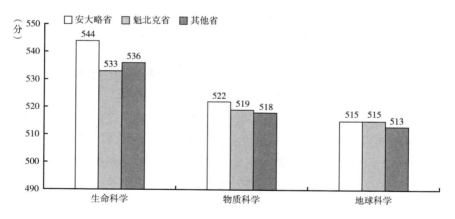

图 3–15　加拿大 4 年级学生在科学内容维度的得分情况

在生命科学领域，安大略省男孩、女孩总平均分分别为 537 分、551 分；魁北克省男孩、女孩总平均分分别为 530 分、536 分；其他省份男孩、女孩总平均分分别为 531 分、541 分。在物质科学领域，安大略省男孩、女

_____

① IEA. *Timss 2015 Assessment Frameworks*. Stockholm：TIMSS & PIRLS International Study Center，2013：54.

孩总平均分分别为 521 分、523 分；魁北克省男孩、女孩总平均分分别为
524 分、515 分；其他省份男孩、女孩总平均分分别为 519 分、517 分。在
地球科学领域，安大略省男孩、女孩总平均分分别为 516 分、514 分；魁北
克省男孩、女孩总平均分分别为 520 分、510 分；其他省份男孩、女孩总平
均分分别为 516 分、510 分。由图 3-16 可知，男孩在物质科学、地球科学
领域认知能力较强，女孩在生命科学领域认知能力较强。

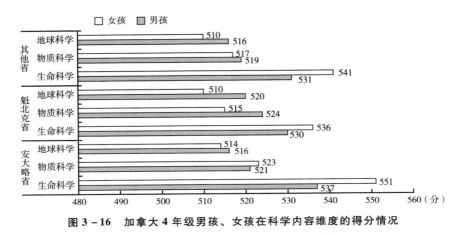

图 3-16 加拿大 4 年级男孩、女孩在科学内容维度的得分情况

从科学内容维度的近三年（按 2015 年、2011 年、2007 年顺序）得分情况分
析，在生命科学领域，安大略省学生的总平均分依次为 544 分、535 分、539 分；
魁北克省学生的总平均分依次为 533 分、524 分、524 分。在物质科学领域，安
大略省学生的总平均分依次为 522 分、528 分、530 分；魁北克省学生的总平均
分依次为 519 分、507 分、509 分。在地球科学领域，安大略省学生的总平均分
依次为 515 分、514 分、533 分；魁北克省学生的总平均分依次为 515 分、516
分、522 分。由图 3-17 可知，两省学生在生命科学领域的成绩整体呈现上升趋
势，在地球科学领域的成绩呈现下降趋势；安大略省学生在物质科学领域的成
绩呈现下降趋势，魁北克省学生在物质科学领域的成绩整体呈现上升趋势。

2. 8 年级学生成绩分析

在生物学、化学、物理、地球科学领域中，安大略省学生的总平均分依
次为 538 分、503 分、521 分、526 分；魁北克省学生的总平均分依次为 527

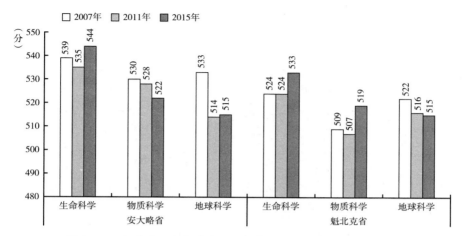

图 3-17　加拿大 4 年级学生近三年在科学内容维度的得分情况

分、531 分、520 分、542 分；其他省份学生的总平均分依次为 534 分、512 分、521 分、532 分。由图 3-18 可知，安大略省、魁北克省以及其他省份的学生在物理成绩上平分秋色；安大略省学生在生物学领域占优，而在化学和地球科学领域表现不佳；魁北克省学生在化学和地球科学领域具有明显的优势，在生物学领域处于弱势。

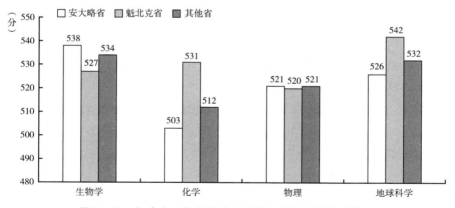

图 3-18　加拿大 8 年级学生在科学内容维度的得分情况

　　在生物学领域，安大略省男孩、女孩总平均分分别为 534 分、542 分；魁北克省男孩、女孩总平均分分别为 530 分、524 分；其他省份男孩、女孩总平均分分别为 532 分、536 分。在化学领域，安大略省男孩、女孩总平均分分别为 501 分、505 分；魁北克省男孩、女孩总平均分分别为 534 分、527 分；其他省份男孩、女孩总平均分分别为 512 分、513 分。在物理领域，安大略省男孩、女孩总平均分分别为 527 分、516 分；魁北克省男孩、女孩总平均分分别为 532 分、508 分；其他省份男孩、女孩总平均分分别为 528 分、513 分。在地球科学领域，安大略省男孩、女孩总平均分分别为 535 分、517 分；魁北克省男孩、女孩总平均分分别为 558 分、528 分；其他省份男孩、女孩总平均分分别为 543 分、522 分。由图 3 - 19 可知，魁北克省男孩在所有科学内容领域的成绩均高于女孩，而安大略省及其他省份的男孩较之于女孩在化学和生物学领域处于弱势；在地球科学领域，男孩与女孩的差距最悬殊，在化学领域，男孩与女孩的差距最小。

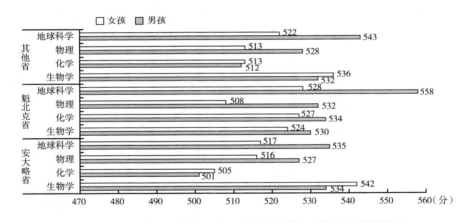

图 3 - 19　加拿大 8 年级男孩、女孩在科学内容维度的得分情况

从科学内容维度的近三年（按 2015 年、2011 年、2007 年顺序）得分情况分析，在生物学领域，安大略省学生的总平均分依次为 538 分、531 分、537 分；魁北克省学生的总平均分依次为 527 分、525 分、512 分。在化学领域，安大略省学生的总平均分依次为 503 分、495 分、504 分；魁北克省学生的总平均分依次为 531 分、515 分、495 分。在物理领域，安大略省学生的总平均分依次为 521 分、521 分、523 分；魁北克省学生的总平均

分依次为 520 分、502 分、492 分。在地球科学领域，安大略省学生的总平均分依次为 526 分、528 分、533 分；魁北克省学生的总平均分依次为 542 分、536 分、514 分。由图 3－20 可知，魁北克省学生在所有科学内容领域的成绩均呈现上升趋势，安大略省学生在物理、地球科学领域的成绩呈现略微下降趋势，在生物学、化学领域呈现"起伏"态势。

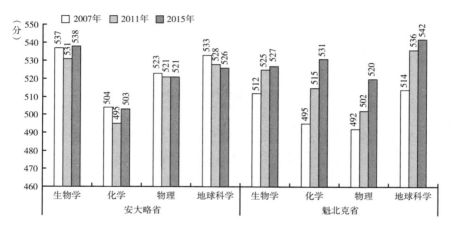

图 3－20   加拿大 8 年级学生近三年在科学内容维度的得分情况

（二）科学认知维度学生得分情况分析

1. 4 年级学生成绩分析

在"知道""应用""推理"三个认知要素中，安大略省学生的总平均分依次为 527 分、534 分、529 分；魁北克省学生的总平均分依次为 524 分、525 分、526 分；其他省份学生的总平均分依次为 523 分、528 分、524 分。由图 3－21 可知，安大略省学生得分在所有认知要素中均高于魁北克省及其他省份的学生，魁北克省学生在"知道""推理"要素中表现优于其他省份，但在"应用"要素中处于劣势。

"知道"要素中，安大略省男孩、女孩总平均分分别为 527 分、528 分；魁北克省男孩、女孩总平均分分别为 527 分、521 分；其他省份男孩、女孩总平均分分别为 524 分、522 分。"应用"要素中，安大略省男孩、女孩总平均分分别为 531 分、538 分；魁北克省男孩、女孩总平均分分别为 526

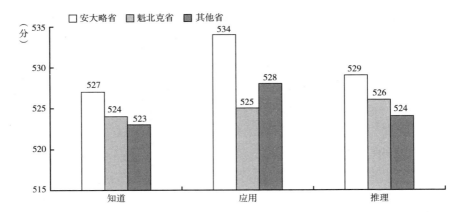

图 3 – 21　加拿大 4 年级学生在科学认知维度的得分情况

分、525 分；其他省份男孩、女孩总平均分分别为 526 分、529 分。"推理"
要素中，安大略省男孩、女孩总平均分分别为 522 分、536 分；魁北克省男
孩、女孩总平均分分别为 524 分、528 分；其他省份男孩、女孩总平均分分
别为 520 分、530 分。由图 3 – 22 可知，在"推理""应用"能力上，女孩
相对优于男孩，在"知道"要素中，男孩表现得较为优异。由此得知，4 年
级阶段中男孩的知识内化能力较强，而女孩的知识迁移应用能力以及基于证
据的科学推理能力较强。

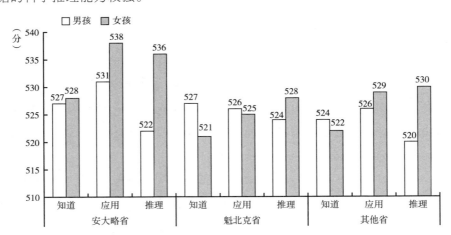

图 3 – 22　加拿大 4 年级男孩、女孩在科学认知维度的得分情况

从科学认知维度的近三年（按 2015 年、2011 年、2007 年顺序）得分情况分析，"知道"要素中，安大略省学生的总平均分依次为 527 分、529 分、542 分；魁北克省学生的总平均分依次为 524 分、519 分、517 分。"应用"要素中，安大略省学生的总平均分依次为 534 分、526 分、529 分；魁北克省学生的总平均分依次为 525 分、514 分、515 分。"推理"要素中，安大略省学生的总平均分依次为 529 分、529 分、540 分；魁北克省学生的总平均分依次为 526 分、520 分、526 分。由图 3 – 23 可知，魁北克省学生的"知道""应用"能力呈现增强趋势，"推理"能力略有起伏；安大略省学生"知道""推理"能力有所降低，"应用"能力略有起伏。

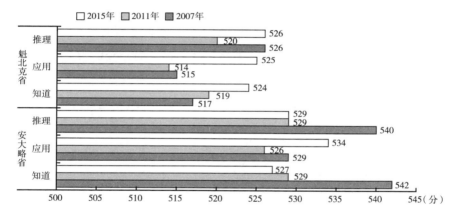

图 3 – 23　加拿大 4 年级学生近三年在科学认知维度的得分情况

2. 8 年级学生成绩分析

在"知道""应用""推理"三个认知要素中，安大略省学生的总平均分依次为 514 分、525 分、532 分；魁北克省学生的总平均分依次为 527 分、524 分、535 分；其他省份学生的总平均分依次为 518 分、526 分、533 分。由图 3 – 24 可知，加拿大三个学生样本在科学认知维度上的表现较为接近，比较而言，魁北克省学生表现略微优异。

"知道"要素中，安大略省男孩、女孩总平均分分别为 519 分、509 分；魁北克省男孩、女孩总平均分分别为 538 分、517 分；其他省份男孩、女孩总

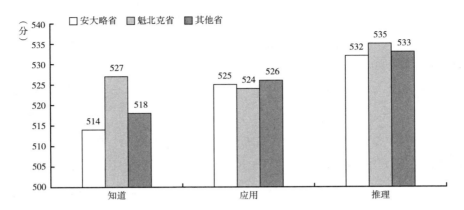

图 3 - 24 加拿大 8 年级学生在科学认知维度的得分情况

平均分分别为 524 分、512 分。"应用"要素中，安大略省男孩、女孩总平均分分别为 525 分、526 分；魁北克省男孩、女孩总平均分分别为 531 分、518 分；其他省份男孩、女孩总平均分分别为 527 分、524 分。"推理"要素中，安大略省男孩、女孩总平均分分别为 531 分、533 分；魁北克省男孩、女孩总平均分分别为 541 分、530 分；其他省份男孩、女孩总平均分分别为 534 分、533 分。由图 3 - 25 可知，除安大略省男孩在"应用""推理"两个认知要素中较之女孩处于微小劣势外，加拿大 8 年级男孩在三大科学认知维度的表现均优于女孩。这说明，8 年级男孩较之于女孩在科学认知维度中表现出一定的优势，与 4 年级测评的结果截然相反。可见，在受教育初期，女孩的科学能力较强，但随着受教育阶段的发展，男孩的科学能力得到显著增强，并且略优于女孩。

　　从科学认知维度的近三年（按 2015 年、2011 年、2007 年顺序）得分情况分析，"知道"要素中，安大略省学生的总平均分依次为 514 分、513 分、515 分；魁北克省学生的总平均分依次为 527 分、519 分、499 分。"应用"要素中，安大略省学生的总平均分依次为 525 分、518 分、524 分；魁北克省学生的总平均分依次为 524 分、518 分、500 分。"推理"要素中，安大略省学生的总平均分依次为 532 分、532 分、542 分；魁北克省学生的总平均分依次为 535 分、522 分、523 分。由图 3 - 26 可知，魁北克省学生在近三年科学认知测评中表现呈现上升趋势，说明该省的科学教学质量趋于

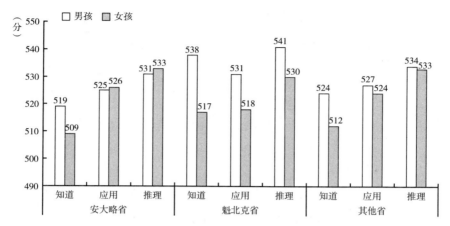

图 3 - 25　加拿大 8 年级男孩、女孩在科学认知维度的得分情况

提升。安大略省学生在"推理"要素测评中表现呈下降趋势,在"知道""应用"要素测评中表现平稳。

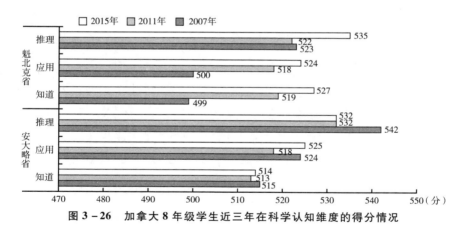

图 3 - 26　加拿大 8 年级学生近三年在科学认知维度的得分情况

四　家庭影响因素

TIMSS 测评的目的在于帮助参与国家(地区)收集以学生学习结果为核心内容的基础教育质量的整体信息[①],揭示影响学生学习成就的各种因

---

① 杨涛、李曙光、姜宇:《国际基础教育质量监测实践与经验》,北京师范大学出版社,2015。

素。所以，TIMSS 测评设置了校长问卷、教师问卷、家长问卷、学生问卷，分别收集五个方面的背景信息：国家和社区背景、家庭环境、学校环境、课堂环境、学生学习的特点和对学习的态度[①]，将测试的定量研究同教育背景因素的定性研究相结合，用质的研究对量的研究结果进行解释和补充。[②] 其中，家庭影响因素主要涉及学习资源、家庭语言、父母教育期望与学术能力、早期读写活动等信息。[③]

（一）学习资源

4 年级测评结果显示：在安大略省，34%、66% 的学生分别称家中拥有丰富的、较多的学习资源，他们的总平均分依次为 567 分、521 分。在魁北克省，29%、71% 的学生分别称家中拥有丰富的、较多的学习资源，他们的总平均分依次为 558 分、516 分。在其他省份，32%、68% 的学生分别称家中拥有丰富的、较多的学习资源，他们的总平均分依次为 563 分、517 分。

8 年级测评结果显示：在安大略省，24%、74% 的学生分别称家中拥有丰富的、较多的学习资源，他们的总平均分依次为 566 分、514 分。在魁北克省，18%、80%、3% 的学生分别称家中拥有丰富的、较多的、匮乏的学习资源，他们的总平均分依次为 572 分、525 分、467 分。在其他省份，21%、76% 的学生分别称家中拥有丰富的、较多的学习资源,他们的总平均分依次为 567 分、518 分。

由图 3 – 27 可知，家庭学习资源的丰富度对学生的科学学业质量具有显著的影响，拥有丰富的家庭学习资源的学生成绩普遍较高。这与 Mullis 和 Jenkins 的研究结论相一致，即学生的学业成绩与学生的家庭阅读材料数量存在着正相关的关系，家庭中阅读材料多的学生成绩比阅读材料少的学生成绩偏高。[④] 所

① IEA. *Timss 2015 Assessment Frameworks*. Stockholm：TIMSS & PIRLS International Study Center，2013：62.
② 赵中建、黄丹凤：《教育改革浪潮中的"指南针"：美国 TIMSS 研究的特点和影响分析》，《比较教育研究》2008 年第 2 期。
③ IEA. *Timss 2015 Assessment Frameworks*. Stockholm：TIMSS & PIRLS International Study Center，2013：66.
④ Mullis I. V. S. ，Jenkins. L. B. . The Reading Report Card，1971 – 88：Trends from the Nation's Report Card. *Educational Assessment*，1990（3）：69.

以，父母应关注对家庭学习资源的投资，为孩子购买相应的儿童读本、智力玩具、学习文具、课外读物等。

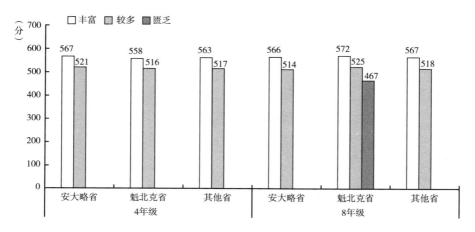

图 3－27　家庭学习资源对加拿大学生 TIMSS 成绩的影响

（二）家庭语言

4 年级测评结果显示：在安大略省，55%、19%、24% 的学生分别称家中一直说、经常说、偶尔说 TIMSS 测评使用的语言，他们的总平均分依次为 530 分、549 分、523 分。在魁北克省，60%、18%、20%、3% 的学生分别称家中一直说、经常说、偶尔说、从不说 TIMSS 测评使用的语言，他们的总平均分依次为 526 分、537 分、514 分、504 分。在其他省份，58%、17%、22%、3% 的学生分别称家中一直说、经常说、偶尔说、从不说 TIMSS 测评使用的语言，他们的总平均分依次为 527 分、543 分、514 分、480 分。

8 年级测评结果显示：在安大略省，67%、20%、11% 的学生分别称家中一直说、经常说、偶尔说 TIMSS 测评使用的语言，他们的总平均分依次为 525 分、530 分、518 分。在魁北克省，62%、24%、10%、4% 的学生分别称家中一直说、经常说、偶尔说、从不说 TIMSS 测评使用的语言，他们的总平均分依次为 537 分、525 分、517 分、523 分。在其他省份，66%、21%、10%、3% 的学生分别称家中一直说、经常说、偶尔说、从不说 TIMSS 测评使用的语言，他们的总平均分依次为 529 分、529 分、516 分、522 分。

由图 3 – 28 可知，家庭的交流语言对学生的科学学业质量具有一定的影响，在家中一直说和经常说考试使用的语言的学生成绩普遍较高。这透射出，家庭语言对学生文字理解能力的构建具有重要的作用，会直接影响学生对考试试题的理解。但是从"一直说"和"经常说"对比来看，在家中经常说考试使用的语言的学生成绩普遍较高，这说明家庭中多元化的语言交流能够促进学生科学思维的发展。

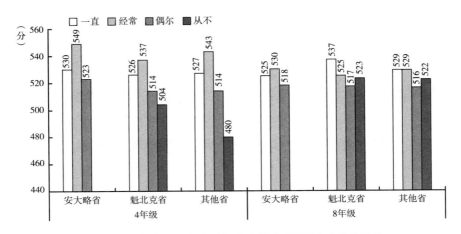

图 3 – 28　家庭使用语言对加拿大学生 TIMSS 成绩的影响

（三）父母对数学和科学的态度

在安大略省，75%、24% 的学生分别称父母对数学和科学的态度非常积极、积极，他们的总平均分依次为 541 分、524 分。在魁北克省，57%、42% 的学生分别称父母对数学和科学的态度非常积极、积极，他们的总平均分依次为 534 分、520 分。在其他省份，70%、29% 的学生分别称父母对数学和科学的态度非常积极、积极，他们的总平均分依次为 536 分、520 分。

由图 3 – 29 可知，父母对数学和科学的态度越积极，他们的孩子科学学业成绩越高。这说明父母越认可科学的价值，越具有较高的期望值，对孩子科学学习越关注、越重视，越能够引导孩子取得较高的成就。Hao 和 Bonsted 的研究同样发现，父母与孩子之间一致性的教育期望对孩子学业成绩的提高具有推动作用，其还发现学生学业成绩高低与期望一致性的高低呈现一致的相关性。[①] 因此，学校应注重组织家校互动活动，引导家长花费尽可能多的时间关注学生的学业，鼓励自己的孩子勤奋学习。

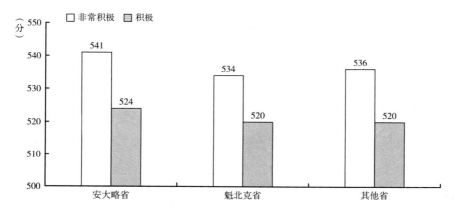

图 3 - 29　"父母对数学和科学的态度"对加拿大 4 年级学生 TIMSS 成绩的影响

（四）入小学前接受教育情况

本研究将"接受 3 年以上的学前教育且经常参加识字与算术活动"定义为"≥3 年且经常"，"接受 3 年以上的学前教育且偶尔参加识字与算术活动"定义为"≥3 年且偶尔"，"接受少于 3 年的学前教育且经常参加识字与算术活动"定义为"＜3 年且经常"，"接受少于 3 年的学前教育且偶尔参加识字与算术活动"定义为"＜3 年且偶尔"。

在安大略省，25%、15%、33%、27% 的学生分别处于"≥3 年且经常""≥3 年且偶尔""＜3 年且经常""＜3 年且偶尔"范畴，他们的总平均分依次为 554 分、526 分、541 分、521 分。在魁北克省，30%、32%、18%、20% 的学生分别处于"≥3 年且经常""≥3 年且偶尔""＜3 年且经常""＜3 年且偶尔"范畴，他们的总平均分依次为 537 分、526 分、535

---

① Hao, L., Bonsted-Brunds, M.. Paren-child Differences in Educational Expectations And the Academic Achievement of Immigrant and Native Students. *Sociology of Education*, 1998, 71 (5): 175 - 198.

分、514 分。在其他省份，26%、19%、29%、26% 的学生分别处于 "≥3 年且经常" "≥3 年且偶尔" "<3 年且经常" "<3 年且偶尔" 范畴，他们的总平均分依次为 546 分、526 分、538 分、516 分。

由图 3-30 可知，学生的成绩与在小学前受教育的年限和参加识字与算术活动的频率成正相关，接受早期教育可引导学生获取根源性的学习能力，形成影响深远的学习态度，构建奠基性的思维方式，对学生的后续发展具有举足轻重的意义。进一步分析发现，参加识字与算术活动的频率对学生的成绩影响程度更大。

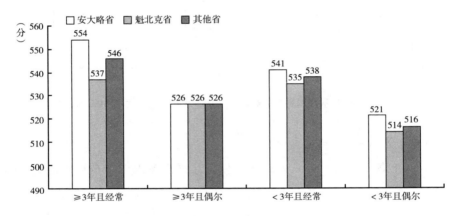

图 3-30　早期学习准备的综合情况对加拿大 4 年级学生 TIMSS 成绩的影响

（五）入小学前识字和算术能力情况

在安大略省，31%、56%、14% 的学生分别处于入小学前识字和算术能力 "非常强" "较强" "较弱" 的范畴，他们的总平均分依次为 564 分、531 分、497 分。在魁北克省，15%、57%、28% 的学生分别处于入小学前识字和算术能力 "非常强" "较强" "较弱" 的范畴，他们的总平均分依次为 554 分、528 分、514 分。在其他省份，25%、57%、19% 的学生分别处于入小学前识字和算术能力 "非常强" "较强" "较弱" 的范畴，他们的总平均分依次为 561 分、528 分、503 分。

由图 3-31 可知，入小学前识字和算术能力的强弱对学生成绩的高低具有一定的影响，入小学前识字和算术能力强的学生成绩普遍较高，这说明早期知识和能力的储备对学生的发展具有奠基性。

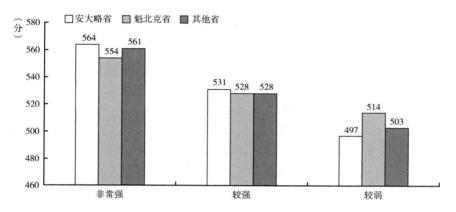

图 3 - 31　入小学前识字和算术能力情况对加拿大 4 年级学生 TIMSS 成绩的影响

五　学校影响因素

学校变量包括学校经济地位、数学和科学资源短缺的影响、学校对学业的重视、学校对学生的关怀、校园环境安全等。[①]

（一）学校社会经济

高经济地位的学校定义为：超过 25% 的学生来自富裕家庭，低于 25% 的学生来自贫困家庭的学校。低经济地位的学校定义为：超过 25% 的学生来自贫困家庭，低于 25% 的学生来自富裕家庭的学校。一般学校介于二者之间。

4 年级测评结果显示：在安大略省，37% 、32% 、31% 的学生分别来自高经济地位、一般、低经济地位的学校，他们的总平均分依次为 535 分、538 分、514 分。在魁北克省，63% 、23% 、15% 的学生分别来自高经济地位、一般、低经济地位的学校，他们的总平均分依次为 537 分、511 分、500 分。在其他省份，42% 、33% 、25% 的学生分别来自高经济地位、一

---

① IEA. *TIMSS 2015 Assessment Frameworks*. Stockholm：TIMSS & PIRLS International Study Center，2013：69.

般、低经济地位的学校，他们的总平均分依次为 537 分、526 分、502 分。

8 年级测评结果显示：在安大略省，40%、34%、26% 的学生分别来自高经济地位、一般、低经济地位的学校，他们的总平均分依次为 533 分、522 分、508 分。在魁北克省，48%、26%、26% 的学生分别来自高经济地位、一般、低经济地位的学校，他们的总平均分依次为 549 分、544 分、503 分。在其他省份，43%、32%、25% 的学生分别来自高经济地位、一般、低经济地位的学校，他们的总平均分依次为 539 分、528 分、507 分。

由图 3 - 32 可知，学生的成绩与学校社会经济地位正相关，这主要由于，一方面高经济地位的学校可以为学生提供较为丰富的教学资源，直接对青少年的学习积极性产生助推作用；另一方面高经济地位的学校可以为教师提供优质的工作体验，提高教师的任教积极性，从而通过教师支持间接地提升学生的学习积极性，有助于学生科学素质的培养与发展。

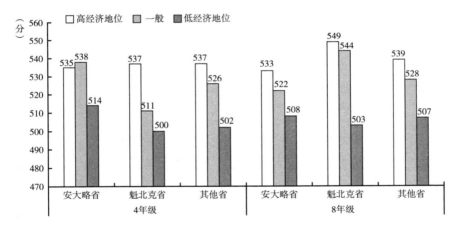

图 3 - 32　学校社会经济对加拿大学生 TIMSS 成绩的影响

（二）学校资源

4 年级测评结果显示：在安大略省，32%、67% 的学生分别来自资源丰富、资源匮乏的学校，他们的总平均分依次为 541 分、518 分。在魁北克省，29%、71% 的学生分别来自资源丰富、资源匮乏的学校，他们的总平均分依次为 532 分、528 分。在其他省份，31%、68% 的学生分别来自资源丰富、资源匮乏的学校，他们的总平均分依次为 533 分、521 分。

8 年级测评结果显示：在安大略省，29% 、71% 的学生分别来自资源丰富、资源匮乏的学校，他们的总平均分依次为 531 分、519 分。在魁北克省，80% 、20% 的学生分别来自资源丰富、资源匮乏的学校，他们的总平均分依次为 537 分、531 分。在其他省份，47% 、53% 的学生分别来自资源丰富、资源匮乏的学校，他们的总平均分依次为 533 分、522 分。

由图 3 – 33 可知，学校教学资源越丰富，学生的成绩越高。因此，基于具体的国情，适当加强学校资源的开发，能够有效地提升学生的学习成就。学校教学资源可以从自然界中直接获取，如采集一些生物标本、样品等；也可从社会生活中获取，如在图书馆、博物馆、科技馆获取一些书籍、影像资料、模型等。

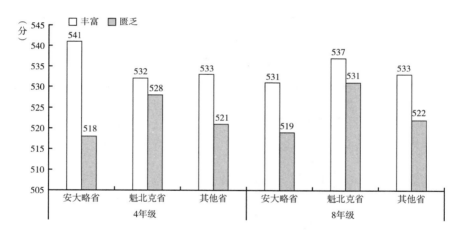

图 3 – 33　学校资源对加拿大学生 TIMSS 成绩的影响

（三）学业重视程度

4 年级测评结果显示：在安大略省，41% 、53% 、7% 的学生分别来自非常重视学业、比较重视学业、不重视学业的学校，他们的总平均分依次为 532 分、521 分、516 分。在魁北克省，9% 、45% 、46% 的学生分别来自非常重视学业、比较重视学业、不重视学业的学校，他们的总平均分依次为 549 分、532 分、523 分。在其他省份，19% 、51% 、30% 的学生分别来自非常重视学业、比较重视学业、不重视学业的学校，他们的总平均分依次为538 分、524 分、518 分。

8 年级测评结果显示：在安大略省，6%、42%、52% 的学生分别来自非常重视学业、比较重视学业、不重视学业的学校，他们的总平均分依次为529 分、530 分、516 分。在魁北克省，27%、54%、18% 的学生分别来自非常重视学业、比较重视学业、不重视学业的学校，他们的总平均分依次为560 分、528 分、521 分。在其他省份，13%、46%、41% 的学生分别来自非常重视学业、比较重视学业、不重视学业的学校，他们的总平均分依次为548 分、530 分、517 分。

由图 3 – 34 可知，学校对学业质量越重视，学生的学习外在驱动力越强，促使学生在科学学习方面越投入，从而使得成绩越高。所以，各个学校应加强"重视学业"校风的建设，良好的校风一旦形成，就成为无声的命令、无形的法规，成为一种乐观的情绪和强有力的舆论。它对学校每个成员的思想、品德、学习、工作、生活态度产生潜移默化的影响[1]，尤其陶冶着一代代学子，促进学生在德、智、体、美诸方面得到全面发展。

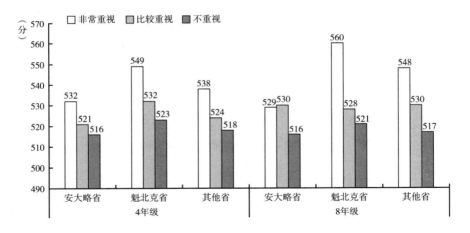

图 3 – 34 "学校对学业重视程度"对加拿大学生 TIMSS 成绩的影响

---

① 尹祥保、袁振国：《试论校风与校风建设》，《扬州师院学报》（社会科学版）1983 年第 3 期。

（四）学校归属感

4 年级测评结果显示：在安大略省，64%、30%、6% 的学生学校归属感强烈、一般、较弱，他们的总平均分依次为 536 分、524 分、514 分。在魁北克省，63%、33%、4% 的学生学校归属感强烈、一般、较弱，他们的总平均分依次为 528 分、521 分、509 分。在其他省份，66%、30%、5% 的学生学校归属感强烈、一般、较弱，他们的总平均分依次为 530 分、520 分、506 分。

8 年级测评结果显示：在安大略省，48%、44%、8% 的学生学校归属感强烈、一般、较弱，他们的总平均分依次为 535 分、521 分、494 分。在魁北克省，38%、58%、5% 的学生学校归属感强烈、一般、较弱，他们的总平均分依次为 546 分、525 分、506 分。在其他省份，45%、48%、7% 的学生学校归属感强烈、一般、较弱，他们的总平均分依次为 538 分、523 分、499 分。

由图 3 - 35 可知，学生学校归属感越强，学习成绩越高。Roeser 等人的研究同样发现，学校归属感与积极情感（如乐观、幸福）、学业成就、自我概念有显著的正相关关系，与消极情感（抑郁、被排斥感）呈显著的负相关。[1] Goodenow 等人的研究结果说明学校归属感对学业成绩有正向预测作用。[2] 可见，学校对学生无微不至的关怀有助于他们形成安心学习的心态，将更多的精力投入学习中。这同样启示学校教育工作者应该具备爱心，关爱学生的学习和生活，为学生营造温馨的学习环境，让学生由衷地将学校当作家，在学校中健康、快乐的成长。

（五）校园欺凌

4 年级测评结果显示：在安大略省，52%、31%、17% 的学生分别称不会受欺凌、每月会受欺凌、每周会受欺凌，他们的总平均分依次为 539 分、

---

① Roeser R. W. , Midgley C. , Urdan T. C. . Perceptions of the School Psychological Environment and Early Adolescents' Psychological and Behavioral Functioning in School: The Mediating Role of Goals and Belonging. *Journal of Educational Psychology*, 1996, 88 (3): 408 – 422.

② Goodenow C. , Grady K. E. . The Relationship of School Belongingand Friends' Values. *Journal of Ex-Perimental Education*, 1993, 62 (1): 60 – 71.

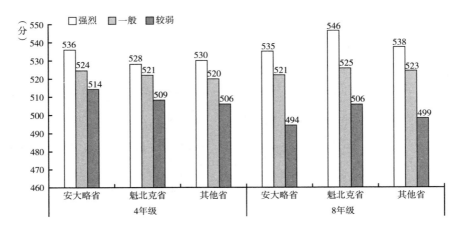

图 3 - 35　学校归属感对加拿大学生 TIMSS 成绩的影响

531 分、508 分。在魁北克省，54%、31%、14% 的学生分别称不会受欺凌、每月会受欺凌、每周会受欺凌，他们的总平均分依次为 531 分、526 分、500 分。在其他省份，53%、30%、17% 的学生分别称不会受欺凌、每月会受欺凌、每周会受欺凌，他们的总平均分依次为 534 分、527 分、500 分。

8 年级测评结果显示：在安大略省，61%、32%、7% 的学生分别称不会受欺凌、每月会受欺凌、每周会受欺凌，他们的总平均分依次为 529 分、523 分、499 分。在魁北克省，74%、24%、3% 的学生分别称不会受欺凌、每月会受欺凌、每周会受欺凌，他们的总平均分依次为 534 分、529 分、516 分。在其他省份，65%、30%、5% 的学生分别称不会受欺凌、每月会受欺凌、每周会受欺凌，他们的总平均分依次为 532 分、525 分、502 分。

由图 3 - 36 可知，校园欺凌事件对学生的学业成绩产生了显著的负面影响。这就要求国家严厉打击校园欺凌行为，联动学校、家庭、社区、社会团体等利益相关方，形成反欺凌共同体，为学生创建安全稳定的校园环境。有研究发现，为有效预防校园欺凌，加拿大安大略省积极采取校园预防欺凌行动，形成较完备的校园欺凌预防体系：明确界定欺凌的含义；政府协调相关部门制定系列政策、法规，统筹管理，并给予充足的资金支持；引进第三方机构追踪研究，运用成熟的评价工具客观公正地对校园环境进行评价；明确校长、教职员工、家长、学生和社区成员的角色，针对性地进行指导，确保校园预防欺凌计划的有效实施。[1]

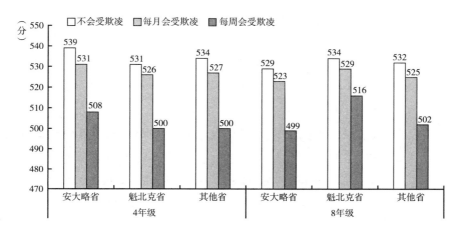

图 3 - 36　校园欺凌对加拿大学生 TIMSS 成绩的影响

六　教师影响因素

教师影响因素主要包括教师专业、教师教龄以及课堂教学方式等。[2]

（一）教师专业

4 年级测评结果显示：在安大略省，12%、70%、3%、16% 的学生分别由科学教育专业、教育学专业、科学专业、其他专业的教师教授，他们的总平均分依次为 549 分、531 分、541 分、523 分。在魁北克省，8%、81%、4%、6% 的学生分别由科学教育专业、教育学专业、科学专业、其他专业的教师教授，他们的总平均分依次为 511 分、525 分、523 分、517 分。在其他省份，11%、74%、3%、12% 的学生分别由科学教育专业、教育学专业、科学专业、其他专业的教师教授，他们的总平均分依次为 528 分、

① 杨廷乾、接园、高文涛：《加拿大安大略省校园预防欺凌计划研究》，《比较教育研究》2016 年第 4 期。

② IEA. TIMSS 2015 Assessment Frameworks. Stockholm：TIMSS & PIRLS International Study Center，2013：69.

525 分、524 分、521 分。

8 年级测评结果显示：在安大略省，15%、8%、16%、60% 的学生分别由科学教育专业、教育学专业、科学专业、其他专业的教师教授，他们的总平均分依次为 528 分、517 分、541 分、523 分。在魁北克省，38%、20%、29%、13% 的学生分别由科学教育专业、教育学专业、科学专业、其他专业的教师教授，他们的总平均分依次为 530 分、520 分、533 分、533 分。在其他省份，26%、13%、21%、41% 的学生分别由科学教育专业、教育学专业、科学专业、其他专业的教师教授，他们的总平均分依次为 529 分、519 分、535 分、526 分。

由图 3 - 37 可知，教师的专业对学生的成绩具有一定的影响，其中"科班出身"的教师指导的学生成绩普遍较高，另外，从教育学专业与科学专业对比来看，科学专业出身的教师指导的学生成绩相对较高，尤其在 8 年级更为显著。这说明对于教师而言，学科知识内容的理解比教学知识的内化更为重要。因此，加拿大国家或地区层面的教师培训活动中，应更加关注教师学科知识内容的理解。

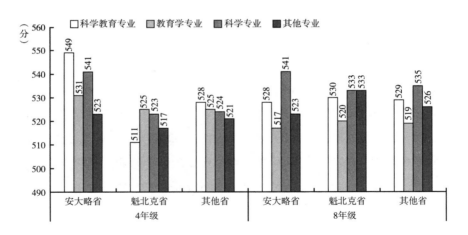

图 3 - 37　教师专业对加拿大学生 TIMSS 成绩的影响

（二）教师教龄

4 年级测评结果显示：在安大略省，27%、43%、17%、12% 的学生分别由教龄为 20 年及以上、10～19 年、5～9 年、少于 5 年的教师教授，他们的总平均分依次为 527 分、532 分、536 分、534 分。在魁北克省，31%、28%、23%、18% 的学生分别由教龄为 20 年及以上、10~19 年、5~9 年、少于 5 年的教师教授，他们的总平均分依次为 520 分、522 分、518 分、542 分。在其他省份，28%、38%、20%、15% 的学生分别由教龄为 20 年及以上、10~19 年、5~9 年、少于 5 年的教师教授，他们的总平均分依次为 523 分、525 分、523 分、533 分。

8 年级测评结果显示：在安大略省，20%、51%、19%、10% 的学生分别由教龄为 20 年及以上、10~19 年、5~9 年、少于 5 年的教师教授，他们的总平均分依次为 520 分、526 分、533 分、523 分。在魁北克省，30%、54%、9%、7% 的学生分别由教龄为 20 年及以上、10~19 年、5~9 年、少于 5 年的教师教授，他们的总平均分依次为 538 分、525 分、553 分、490 分。在其他省份，24%、50%、15%、11% 的学生分别由教龄为 20 年及以上、10~19 年、5~9 年、少于 5 年的教师教授，他们的总平均分依次为 529 分、526 分、536 分、519 分。

由图 3-38 可知，教龄在 5 年以内的教师指导的 4 年级学生成绩普遍较高，究其缘由，年轻教师一方面教学有活力，另一方面与学生年龄差异较小，有利于融入学生群体中，充分了解学生的学习需求。然而在 8 年级，教龄在 5 年以内的教师指导的学生成绩普遍较低，这说明高年级的教学活动更加专业化，需要一定的经验积累。

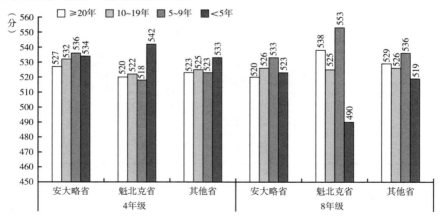

图 3-38　教师教龄对加拿大学生 TIMSS 成绩的影响

（三）课堂教学方式

4 年级测评结果显示：在安大略省，12%、88% 的学生教师分别在一半多的课程中使用探究式教学、不使用探究式教学，他们的总平均分依次为 522 分、532 分。在魁北克省，21%、79% 的学生教师分别在一半多的课程中使用探究式教学、不使用探究式教学，他们的总平均分依次为 528 分、522 分。在其他省份，17%、83% 的学生教师分别在一半多的课程中使用探究式教学、不使用探究式教学，他们的总平均分依次为 519 分、525 分。

8 年级测评结果显示：在安大略省，11%、89% 的学生教师分别在一半多的课程中使用探究式教学、不使用探究式教学，他们的总平均分依次为 518 分、527 分。在魁北克省，13%、87% 的学生教师分别在一半多的课程中使用探究式教学、不使用探究式教学，他们的总平均分依次为 514 分、530 分。在其他省份，12%、88% 的学生教师分别在一半多的课程中使用探究式教学、不使用探究式教学，他们的总平均分依次为 522 分、528 分。

由图 3-39 可知，虽然探究式教学是国际倡导的教学方式，但是在加拿大并未体现出该教学方式的优势。结果表明，采取多元化的教学方式更有利于学生科学素质的提升。

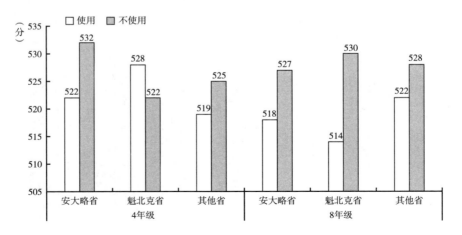

图 3-39　课堂教学方式对加拿大学生 TIMSS 成绩的影响

七 学生影响因素

学生影响因素主要包括学生的学习兴趣、互动积极性以及自我效能感等。[①]

（一）学习兴趣

4 年级测评结果显示：在安大略省，52%、35%、14%的学生分别称非常喜欢、喜欢、不喜欢学习科学，他们的总平均分依次为 537 分、527 分、517 分。在魁北克省，49%、37%、14%的学生分别称非常喜欢、喜欢、不喜欢学习科学，他们的总平均分依次为 531 分、521 分、514 分。在其他省份，52%、34%、13%的学生分别称非常喜欢、喜欢、不喜欢学习科学，他们的总平均分依次为 533 分、522 分、513 分。

8 年级测评结果显示：在安大略省，34%、44%、22%的学生分别称非常喜欢、喜欢、不喜欢学习科学，他们的总平均分依次为 544 分、524 分、499 分。在魁北克省，30%、51%、19%的学生分别称非常喜欢、喜欢、不喜欢学习科学，他们的总平均分依次为 554 分、529 分、512 分。在其他省份，33%、46%、21%的学生分别称非常喜欢、喜欢、不喜欢学习科学，他们的总平均分依次为 547 分、526 分、504 分。

由图 3 - 40 可知，学习兴趣对学生的学习成就具有重要的影响作用，学习兴趣越浓厚，学生成绩越高，在 8 年级表现尤为突出。学习兴趣可分为个人兴趣和外部兴趣，个人兴趣和内部动机相关，而情境兴趣被看作外部动机的一种。[②] 以往研究者都认为增强内部动机非常重要，而增强外部动机不值得努力；但近期研究者的观点发生了变化，他们转而呼吁通过内部和外部因素的结合来获得最佳的动机，尤其针对那些对学习活动、内容领域和话题没有个人兴趣的学生来说，激发情境兴趣是关键。[③] 例如，Schraw 等人从文

① IEA. *TIMSS 2015 Assessment Frameworks*. Stockholm：TIMSS & PIRLS International Study Center, 2013：80.

② Rotgans J. I. , Schmidt H. G. . Situational Interest and Learning：Thirst for Knowledge. *Learning & Instruction*，2014，32（32）：37 - 50.

③ 赵兰兰、汪玲：《学习兴趣研究综述》，《首都师范大学学报》（社会科学版）2006 年第 6 期。

本、自主性和加工水平方面提出提高学生兴趣的建议：在文本方面，老师要选择生动的、组织结构良好的文章，并给学生提供一些相关的背景信息；在自主性方面，帮助学生进行有意义的选择，并提供反馈；在加工水平方面，帮助学生掌握学习策略以及设定适当的学习目标使学生成为主动的学习者。[1]

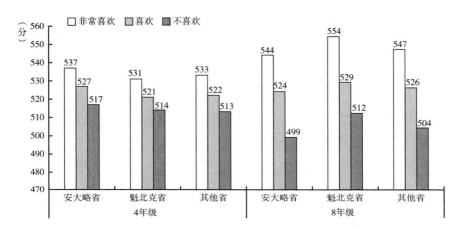

图 3 - 40　学习兴趣对加拿大学生 TIMSS 成绩的影响

（二）互动积极性

4 年级测评结果显示：在安大略省，70%、24%、5% 的学生课堂互动积极性强烈、一般、较弱，他们的总平均分依次为 533 分、528 分、524 分。在魁北克省，66%、29%、5% 的学生课堂互动积极性强烈、一般、较弱，他们的总平均分依次为 525 分、525 分、525 分。在其他省份，71%、24%、5% 的学生课堂互动积极性强烈、一般、较弱，他们的总平均分依次为 528 分、525 分、518 分。

8 年级测评结果显示：在安大略省，49%、35%、17% 的学生课堂互动积极性强烈、一般、较弱，他们的总平均分依次为 532 分、520 分、517 分。在魁北克省，38%、47%、15% 的学生课堂互动积极性强烈、一般、较弱，他们的总平均分依次为 541 分、531 分、522 分。在其他省份，45%、39%、

① Schraw, G., Flowerday, T., Lehman, S.. Increasing SituationalInterest in the Classroom. *Educational Psychology Review*, 2001, 13 (3): 211 - 224.

16% 的学生课堂互动积极性强烈、一般、较弱，他们的总平均分依次为 535 分、525 分、518 分。

由图 3 - 41 可知，学生在课堂中与教师或其他学生的互动积极性越高，学习成绩越突出。这也进一步启发教师在课堂教学中多注重开展师生互动、生生互动的教学活动，"合作团体中人与人之间的相互作用会使认知和社会的学习变得更为复杂，与独立学习相比，它能提供更多的、利于学习成绩提高的智力活动"。[①] 教师在教学的实践中可采取积极、有效的互动策略，例如：创设问题情境，引导学生融入相关主题的研学中；设置疑问，激发学生的认知冲突；平等对话，引导学生自由地阐述自己的解释和观点；营造和谐环境，给予学生更大的活动空间；动静结合，互动后留给学生一定的空间，让其思维驰骋，想象放飞。[②]

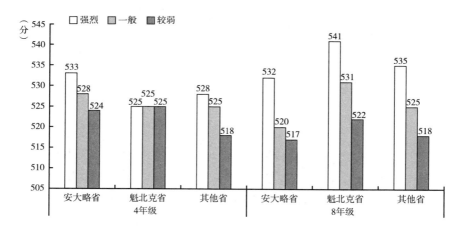

图 3 - 41　互动积极性对加拿大学生 TIMSS 成绩的影响

（三）自我效能感

4 年级测评结果显示：在安大略省，38%、42%、20% 的学生自我效能感

---

① 〔美〕布鲁斯·乔伊斯、玛莎·韦尔、艾米莉·卡尔霍恩：《教学模式》，荆建华、宋富钢、花清亮译，中国轻工业出版社，2002。

② 孙泽文：《互动教学：理论基础、实施原则和相关策略》，《内蒙古师范大学学报》（教育科学版）2007 年第 10 期。

非常强、较强、较弱，他们的总平均分依次为 551 分、528 分、501 分。在魁北克省，38%、47%、16% 的学生自我效能感非常强、较强、较弱，他们的总平均分依次为 542 分、522 分、496 分。在其他省份，39%、43%、18% 的学生自我效能感非常强、较强、较弱，他们的总平均分依次为 547 分、523 分、495 分。

8 年级测评结果显示：在安大略省，25%、41%、34% 的学生自我效能感非常强、较强、较弱，他们的总平均分依次为 561 分、528 分、497 分。在魁北克省，24%、48%、28% 的学生自我效能感非常强、较强、较弱，他们的总平均分依次为 563 分、536 分、503 分。在其他省份，24%、43%、32% 的学生自我效能感非常强、较强、较弱，他们的总平均分依次为 563 分、531 分、498 分。

由图 3 - 42 可知，自我效能感同样对学生的学习成就具有重要的影响作用，学生学习科学越有信心，成绩越高。所以，教师在教学活动中应注重提升学生的自我效能感，鼓励学生树立信心，勇敢地克服学习困难。比如教师可合理设定教育目标，增加学生的掌握性经验；发挥榜样示范作用，帮助学生获得替代性经验；及时反馈强化，建立有效的激励机制；创设学习氛围，唤起学生良好的身心状态。[1]

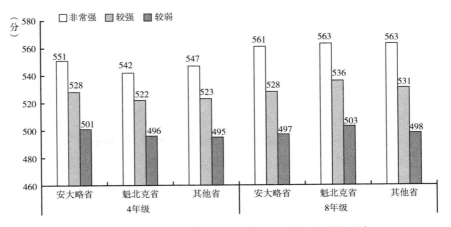

图 3 - 42　自我效能感对加拿大学生 TIMSS 成绩的影响

---

[1]　徐颖：《关于学生自我效能感培养途径的思考》，《教学与管理》2009 年第 4 期。

第四章 　大洋洲地区 TIMSS 测评

一　澳大利亚参与 TIMSS 测评概况

（一）澳大利亚科学教育基本情况简介

澳大利亚是大洋洲地区的主要国家，出于历史的原因，其科学教育受美、英等国家的影响较大，但在发展过程中，也形成了具有自身特色的科学教育体系，主要表现在以下几个方面：科学主义与人文主义并重；科学教育不仅适应科技发展需要，还适应 21 世纪科技发展的要求；没有统一的科学课程，但科学课是贯穿中小学整个过程的核心课程；科学知识的传授与科学探索活动、科学研究方法应用相结合。[①] 同时，在课程设置和主要内容上也有其独特之处，澳大利亚规定在基础教育阶段必须开设 8 个核心学习领域，每个领域的课程标准由各个州自行编制。例如，维多利亚州的《科学课程标准》强调"科学过程与方法"不可或缺，并规定从"设计""测量""处理和解释数据"三个维度来培养学生的"科学过程与方法"能力，对于每个维度也提出了具体要求。以"设计"维度为例，要求学生认识到哪些问题需要进行科学探究、能理解变量以及变量的控制等概念、能理解不同实验设计应遵循的原则、懂得利用假设和理论来决定我们要收集的数据类型四项具体要求。[②]

---

① 阮晓菁：《简析澳大利亚中小学科学教育》，《福州教育学院学报》2002 年第 10 期。

② 王祖浩：《国内外科学学科能力体系的建构研究及其启示》，《全球教育展望》2010 年第 10 期。

第二次世界大战后，科学技术的进一步发展导致国际竞争越来越激烈，澳大利亚对其中小学科学教育给予了越来越高度的重视。2001 年，澳大利亚出台了《澳大利亚学校科学教育的质量和地位》报告，对提高科学教育的意识、科学教育评价等多方面进行了深度叙述，在随后出台的《科学教育行动计划》中，对科学教育目标、科学教师的发展等进行规定，这些举措都是为了提高澳大利亚国内科学教育质量。①

此外，2003 年澳大利亚科学教师协会（ASTA）出台了较高定位的《全国优秀科学教师专业标准》，以较高的标准来要求教师专业的发展，对教师的知识储备等提出了明确要求，要求教师必须具备科学知识、科学教育知识以及关于学生的知识这三个方面的综合知识。② 澳大利亚希望通过组建高质量的教师队伍来促进其科学教育的进一步发展。

但是澳大利亚教育研究理事会（Australia Council for Educational Research，ACER）网站于 2016 年 11 月 29 日发布了一份关于数学和科学成绩的最新国际研究报告，显示澳大利亚学生的表现相较于过去并没有改善。根据 2015 年 TIMSS 测评，澳大利亚 4 年级、8 年级学生的科学成绩在过去 20 年里处于较稳定状态，测试学生中有 1/4 至 1/3 的学生没有达到国际基准线（等同于澳大利亚精熟标准）。③

（二）澳大利亚参与 TIMSS 测评情况

澳大利亚参与了 1995 年、1999 年、2003 年、2007 年、2011 年和 2015 年的 TIMSS 测评，其中关于 TIMSS 高阶测评，澳大利亚仅参加了 1995 年的测评。

测评结果显示，尽管澳大利亚对国内科学教育给予了高度重视，但是科学教育成效并不是特别乐观。其 8 年级参与了 6 次测评，总体呈现下降趋势，尽管在 2011 年其总成绩得分有一定回升，但在 2015 年的测试中，又再次下降到 2007 年的水平。同样，参与测评的 4 年级成绩虽有一定幅度的波动，但整体仍呈下降趋势。

---

① 李永岗：《澳大利亚中小学科学教育的行动计划》，《实践与反思》2011 年第 1 期。
② 田守春：《澳大利亚科学教师专业发展标准及启示》，《西南大学学报》2011 年第 3 期。
③ 胡佳佳：《澳大利亚学生在 TIMSS 测试中成绩堪忧》，《世界教育信息》2017 年第 3 期。

二　澳大利亚 TIMSS 测评分析

TIMSS 测评结果报告会通过官方途径发布，本部分内容主要分析澳大利亚参与 TIMSS 测评的结果，成绩主要来源于 TIMSS 官网（https：//timssandpirls. bc. edu/index. html）。此次分析聚焦科学测评部分，主要从整体到部分、从内容和认知两个维度展开，分别分析 4 年级和 8 年级的测评情况。

（一）4年级测评结果

1. 总体测评结果分析

TIMSS 主要通过测试卷和调查问卷两种方式对 7～8 岁和 13～14 岁年龄段学生进行测评，测评结果既能为政策制定者和教育工作者提供参考依据，也可以提高各个国家和地区的科学教学水平。从 1995 年开始，澳大利亚 4 年级参与的 5 次科学测评总体成绩如表 4-1 所示。

表 4-1　澳大利亚 4 年级历年 TIMSS 测评结果

单位：分

1995 年	1999 年 *	2003 年	2007 年	2011 年	2015 年
521(3.8)	—	521(4.2)	527(3.3)	516(2.8)	524(2.9)

注：＊1999 年澳大利亚没有参加 4 年级测评。括号中的数据为标准差，下同。

图 4-1 显示了澳大利亚在 2015 年、2011 年、2007 年、2003 年和 1995 年取得的成绩的变化趋势图。澳大利亚 2015 年 4 年级科学成绩较 2011 年显著提高，但由于这一成绩较 2007 年显著下降，澳大利亚 4 年级学生科学成绩在过去的十年里比较稳定。2015 年，澳大利亚 4 年级学生的平均得分为524 分，平均得分处于中等偏上的位置。

2. 分维度测评结果分析

TIMSS 科学部分的测评分为内容维度和认知维度两部分，内容维度主要关注学生科学知识、科学技能等方面的水平，认知维度则关注学生的认知水平。

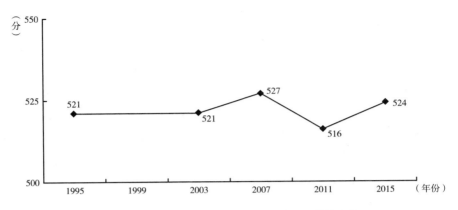

图 4-1 澳大利亚 4 年级 TIMSS 测评总成绩变化

（1）内容维度测评结果分析

4 年级开展测评涉及的科学内容主要分为三个领域：生命科学、物质科学和地球科学。在 TIMSS 2015 科学评价框架中，4 年级科学内容维度由生命科学、物质科学和地球科学三个部分构成，比例分别为 45%、35% 和20%；4 年级内容领域包含了 11 个主题，其中，生命科学 5 个主题、物质科学 3 个主题、地理科学 3 个主题。

4 年级的"生命科学"学习为学生提供了一个利用先天好奇心并开始了解其周围的生活世界的机会。在这个层次上，生命科学有 5 个主题领域：①生物的特性和生命过程；②生命周期、繁殖和遗传；③生物体、环境及其相互作用；④生态系统；⑤人类健康。在该层级上，学生应开始建立生命科学基本知识的基础，例如：生物体如何运作，如何与其他生物体和环境互动等，此外还应理解生殖、遗传和人类健康方面的基本概念，以便在以后的课程中对人体的功能有更深入的了解。

在 4 年级的物质科学中，基于对物质科学概念的理解，评估学生能够在多大程度上解释日常生活中观察到的物质现象。4 年级物质科学内容领域的主题包括：①物质的分类和性质以及物质的变化；②能量的形式和能量转移；③力和运动。4 年级的学生应培养对物质的状态的理解，物质状态和形式的共同变化；这为中学和高年级的化学和物理学习奠定了基础。在这个层次上，学生还应了解常见的能源形式和来源及其实际用途，并了解光、声、电和磁等基本概念。力和运动的研究强调对力的理解，因为它们与学生能观察到的运动有关，例如重力或推拉运动。

　　地球科学是研究地球及其在太阳系中的位置的科学，在 4 年级时，重点研究学生在日常生活中可以观察到的现象和过程。地球科学课程，在所有国家和地区都涉及的主题领域有 3 个，包括：①地球的结构、物质特征和资源；②地球的进程和历史；③地球在太阳系中的位置。

　　由图 4-2 可知：2003 年至 2015 年，澳大利亚 4 年级学生在物质科学领域的成绩并无明显变化。在生命科学与地球科学领域的最高分与最低分的分数差分别为 15 分、16 分，变化较大。

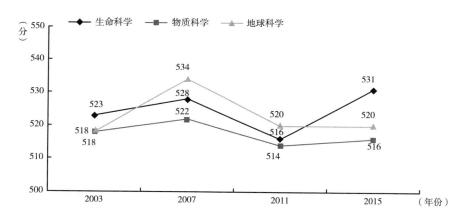

图 4-2　澳大利亚 TIMSS 科学内容维度测评结果变化（4 年级）

（2）认知维度测评结果分析

　　认知维度描述了学生在遇到科学题目时的思维过程，分为三个领域。

　　第一个领域：知道，指学生回忆、认识和描述科学事实、概念和程序所必需的能力。此领域中的题目评估学生对事实、关系、过程、概念和设备的知识的了解程度。

　　第二个领域：应用，指学生专注于利用科学知识来解释和解决实际问题的能力。这一领域的题目要求学生在相对熟悉的环境中应用事实、关系、过程、概念、设备和方法等知识。

第三个领域：推理，指学生在不熟悉或复杂的情况下，使用证据和科学理解来分析、综合和概括的能力。这个领域的题目要求学生进行推理、分析数据、得出结论，并将他们的理解扩展到新的情境。相对于在应用领域中更直接地运用科学事实和概念，推理领域中的题目涉及不熟悉或更复杂的情境背景。回答这些问题可能涉及多种方法或策略。科学推理还包括做出假设和设计科学探究。

TIMSS 从 2007 年开始把认知维度分为知道（Knowing）、应用（Applying）、推理（Reasoning）三个领域，图 4 - 3 是澳大利亚 2007 年、2011 年、2015 年的科学认知维度三个领域的测评结果曲线图。

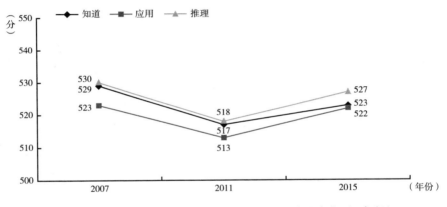

图 4 - 3　澳大利亚 TIMSS 科学认知维度测评结果变化（4 年级）

从图 4 - 3 可以看出，澳大利亚 4 年级学生 2015 年的科学认知维度得分比 2011 年大幅度增加，但由于 2011 年较 2007 年大幅下降，所以自 2007 年以来的总体变化并不显著。说明澳大利亚科学教育没有取得明显的发展成效，一直停留在稳定的水平，但时代在进步，以前的标准已不符合发展步伐如此之快的现代化社会，所以澳大利亚必须对停滞不前的现状做出有计划的改变。从数据看，科学认知维度的应用层面历年都是三个维度中得分最低的，知道和推理维度学生的成绩则相对较高，虽然澳大利亚的小学科学课程很丰富，但仍出现这种情况，澳大利亚应反思小学科学实践课程的效果，或许可以进一步对学生进行引导，把更多的时间交给学生，让每一位学生都能参与到活动中，从而实现全面均衡发展。

（二）8 年级测评结果分析

1. 总体测评结果分析

本部分主要针对澳大利亚 8 年级学生参与 TIMSS 测评 1995 ~ 2015 年科学方面的总体成绩进行分析，具体成绩见表 4 - 2。

表 4 - 2 澳大利亚 TIMSS 科学成绩测量结果（8 年级）

单位：分

年份	1995	1999	2003	2007	2011	2015
成绩	545(3.9)	540(4.4)	521(4.2)	513(3.6)	519(4.8)	512(2.7)

通过对澳大利亚 6 次成绩的数据分析可以看出，澳大利亚 8 年级学生的科学成绩在 1995 ~ 2015 年总体呈现下降的趋势。在 1995 ~ 2007 年下降趋势尤为明显，在 2011 年其科学成绩有短暂的回升，2015 年的科学成绩又再次跌回 2007 年的水平（见图 4 - 4）。相较来看，澳大利亚 8 年级学生的科学学业水平比起 4 年级的情况更加不容乐观。

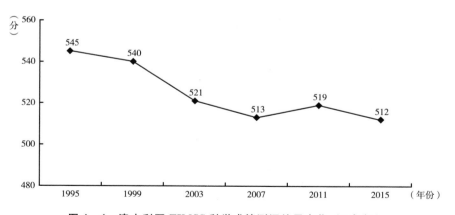

图 4 - 4 澳大利亚 TIMSS 科学成绩测评结果变化（8 年级）

澳大利亚教育研究理事会（ACER）教育监测与研究中心主任汤姆森（Thomson）认为，TIMSS 2015 测试显示，澳大利亚 8 年级学生的数学和科学成绩在过去 20 年里处于较稳定状态，而其他许多国家和地区的成绩已经大大提高；相对于其他国家和地区，澳大利亚的数学和科学教育水平实际上是在倒退；随着经济和社会的发展，越来越多的职业需要毕业生拥有科学、技术、工程和数学相关技能，学生数学和科学表现持续下滑为澳大利亚的数学和科学教育敲响了警钟。[①] 《TIMSS 2015：初看澳大利亚结果》（*TIMSS 2015：A First Look at Australia's Results*）报告显示，1/4 至 1/3 的学生没有达到 TIMSS 国际基准线。

2. 分维度测评结果变化

TIMSS 8 年级科学测评框架主要由内容维度和认知维度两个部分组成，每个内容领域包含多个主题，每个主题又通过具体的目标做了进一步说明，下面将分别从内容维度和认知维度对澳大利亚的 8 年级学生成绩进行分析。

（1）内容维度

内容维度指向测评的主题，是对测评内容范围的界定，8 年级的内容领域包含 18 个主题，其中，生物学 6 个主题、化学 3 个主题、物理 5 个主题、地球科学 4 个主题，每个内容领域不仅包含多个主题，且每个主题又通过具体的目标进一步说明，这些目标显示人们对学生完成每个主题内容的学习所应具备的能力表现的期望。生物学、化学、物理和地球科学在科学内容中的比例分别为 35%、20%、25% 和 20%。表 4 - 3 呈现了澳大利亚 8 年级学生在历次 TIMSS 测评中不同内容维度的测评成绩，图 4 - 5 呈现了不同内容维度测评成绩的变化趋势。

表 4 - 3　澳大利亚 TIMSS 科学内容维度测量结果（8 年级）

单位：分

内容维度	1995 年	1999 年	2003 年	2007 年	2011 年	2015 年
生物学	527(9.8)	530(4.4)	532(3.8)	518(3.4)	527(4.7)	522(2.8)
化学		520(5.0)	506(3.8)	505(3.6)	501(5.1)	493(3.3)
物理	518(6.2)	531(6.3)	521(3.7)	508(4.2)	511(5.1)	505(2.7)
地球科学		519(6.1)	531(4.2)	519(3.8)	533(5.4)	522(2.9)

---

① 胡佳佳：《澳大利亚学生在 TIMSS 测试中成绩堪忧》，《世界教育信息》2017 年第 3 期。

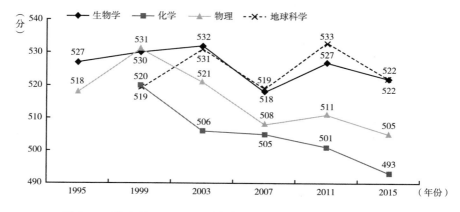

图 4 - 5　澳大利亚 TIMSS 科学内容维度测评结果变化（8 年级）

8 年级生物学一共包括以下 6 个方面的主题：生物体的特性、分类和生命过程；细胞及其功能；生命周期、繁殖与遗传；生物多样性、生物适应性和自然选择；生态系统；人类健康。通过对澳大利亚 8 年级学生生物学成绩的分析可以发现，在 1995 ~ 2003 年，成绩一直处于稳定的小幅上升趋势，在 2003 年达到历史最高分。在 2007 年，澳大利亚 8 年级学生的生物学成绩骤降，达到历史最低分，在 2011 年成绩有短暂的回升后又于 2015 年显著下降。

化学的主题一般包括物质的组成与分类、物质的性质、化学变化 3 个方面。澳大利亚的 8 年级学生化学成绩在 1999 ~ 2015 年持续处于下降的趋势，并且显著低于其他三个科学学科的成绩。

物理的主题主要包括状态和物质变化，能量转化、热量和温度，光和声，电和磁，力和运动 5 个方面。通过数据的分析，可以发现澳大利亚在物理学科方面的成绩在 1999 年达到最高分，而之后的 2003 ~ 2015 年数据则基本上处于下降的趋势，在 2011 年有短暂的小幅上扬，但总体上对 2003 ~ 2015 年的变化趋势影响不大。

地球科学的主题包括地球结构和物质特征，地球的运动过程、周期和历史，地球资源、利用和保护，宇宙和太阳系中的地球 4 个方面。澳大利亚 8 年级学生地球科学方面的成绩在 1999 ~ 2015 年起伏较大，在 2011 年达到历史最高分 533 分，1999 年和 2007 年的成绩并列历史最低分。

通过对澳大利亚 8 年级的学生在 1995～2015 年科学内容维度成绩的分析，可以发现澳大利亚 8 年级的学生在生物学、化学、物理等内容维度的成绩基本上处于下滑的趋势，虽然澳大利亚本国研究者认为其学生的科学成绩处于较为稳定的状态，但是相对于其他国家和地区大大提高的成绩而言，澳大利亚的成绩实际上面临着严峻的倒退危机。

（2）认知维度

图 4-6 和表 4-4 分别呈现了澳大利亚 8 年级学生在认知维度上的历次测评成绩及其变化趋势。由于 TIMSS 自 2007 年起才开始统一认知维度的领域划分，所以图 4-6 和表 4-4 仅展示 2007～2015 年的数据结果。

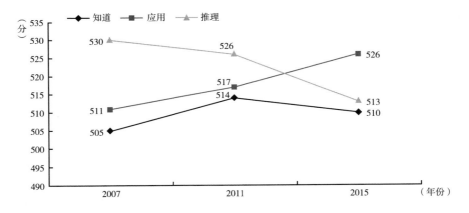

图 4-6　澳大利亚 TIMSS 科学认知维度测评结果变化（8 年级）

表 4-4　澳大利亚 TIMSS 科学认知维度测量结果（8 年级）

单位：分

类别	2007 年	2011 年	2015 年
知道	505(3.7)	514(3.7)	510(4.1)
应用	511(5.4)	517(4.8)	526(5.0)
推理	530(2.7)	526(2.9)	513(2.8)

TIMSS 8 年级测评的认知维度划分与 4 年级测评一致，主要分三个层面，分别为知道、应用和推理。知道层面主要是评价学生有关事实、关系、过程、

概念、仪器等基础的科学知识，其内容是保障学生在复杂多变的科学世界中运用这些最基本的科学知识成功地解决科学问题；应用层面主要是评价学生在熟悉的科学教学和学习的情境中应用科学事实、关系、过程、概念、仪器和方法解决科学问题的能力；推理层面是评价学生针对新情境、复杂的情境中使用证据和科学认识来分析、综合和归纳的能力。

澳大利亚测评结果显示，自 2007 年至 2015 年，8 年级学生在认知维度的成绩在总体上处于有升有降的状态。其中，在知道层面的平均得分维持在一个基本稳定的状态，波动不大。应用层面的成绩处于上升状态，推理层面的平均分则处于下降状态。从认知维度测评成绩的国际排名来看，其他许多国家和地区成绩的提高，使得澳大利亚的排名有所下降。

三　TIMSS 高阶测评

TIMSS 高阶测评是对中学最后一年的学生进行评估，这些学生都曾学习过高等数学或物理，为他们在接受高等教育时进一步学习数学和科学做准备，所以这些结果对于教育部门来说尤为重要。澳大利亚参与了 1995 年的 TIMSS 高阶测评，以下是澳大利亚在这次 TIMSS 高阶测评中有关物理内容领域的成就测评和科学素质评估的结果。

（一）物理内容领域的成就测评分析

1. 修过物理的学生在物理内容方面的成绩

中学最后一年学生物理测试通过五个内容领域进行，这五个内容领域分别是力学、电磁学、热能、波动现象、现代物理学（粒子、量子、天体物理学和相对论），测评结果主要是澳大利亚中学最后一年学生对这些题目回答的得分情况。

澳大利亚学生在力学领域 16 个示例题目中平均得分为 507 分，国家平均分与国际平均分在统计上无显著差异；在电磁学领域 16 个示例题目中平均得分为 512 分，国家平均分与国际平均分在统计上无显著差异；在热能领域 9 个示例题目中平均得分为 517 分，国家平均水平明显高于国际平均水平；在波动现象领域 10 个示例题目中平均得分为 519 分，国家平均分与国际平均分在统计上无显著差异；在现代物理学领域 14 个示例题目中平均得分为 521 分，国家平均水平明显高于国际平均水平。

澳大利亚修过物理课程的学生在物理内容领域的表现情况为：在力学领域的表现略好于国际总体表现，在电磁学领域的表现略好于国际总体表现，在波动现象领域的表现较好于国际总体表现，而在热能和现代物理学领域的表现均明显好于国际总体表现。

2. 修过物理的学生按性别在物理内容领域的成绩

在力学领域 16 个示例题目中，女性平均得分为 474 分，男性平均得分为 524 分；在电磁学领域 16 个示例题目中，女性平均得分为 488 分，男性平均得分为 525 分；在热能领域 9 个示例题目中，女性平均得分为 503 分，男性平均得分为 524 分；在波动现象领域 10 个示例题目中，女性平均得分 498 分，男性平均得分 529 分；在现代物理学领域 14 个示例题目中，女性平均得分为 497 分，男性平均得分为 533 分。从性别的平均得分来看，澳大利亚男性学生在 TIMSS 高阶测评的各个物理内容领域的表现都要显著优于女性学生，说明澳大利亚学生在高阶物理成绩上存在显著的性别差异；这或许预示着澳大利亚学生在中学毕业以后选择继续学习科学相关专业的男性学生会明显多于女性学生，未来从事科学、工程学、技术相关职业的男性人数会明显多于女性。

（二）科学素质的评估结果分析

1. 中学最后一年学生在科学素质方面的成绩分布

澳大利亚在科学素质方面平均得分为 527 分，国际科学素质平均得分为 500 分，澳大利亚平均数与国际平均数无统计学差异。澳大利亚与瑞典、荷兰、冰岛、挪威、加拿大、新西兰、瑞士、奥地利、斯洛文尼亚、丹麦、德国相比较无统计学差异；澳大利亚与法国、捷克共和国、俄罗斯、美国、意大利、匈牙利、塞浦路斯、南非相比较，平均成绩显著高于这些国家和地区。

2. 中学最后一年学生科学素质之性别差异

澳大利亚抽样学生中男生占比 42%，其科学素质平均成绩为 547 分；女生占比 58%，其科学素质成绩为 513 分，两者之间的差异为 34 分，且性别差异在 0.05 显著水平上有统计学意义。而国际男生平均科学素质成绩为

521 分，女生平均科学素质成绩为 482 分，两者之间的差异为 39 分。澳大利亚男生与女生的科学素质平均成绩均高于国际平均科学素质成绩。

四　澳大利亚的国家背景情况

文化、社会、政治和经济因素都是影响学生学习的背景。一个国家能否提供有效的数学和科学教学方面的教育取决于一些相互关联的国家特征和决策，包括经济资源、人口和地理特征、教育体系结构、学生情况、教学语言、开设的课程、教师与教师教育、监控课程实施。下面将对澳大利亚的教育体系结构、学生情况等方面的情况进行阐述。

首先，教育体系结构。澳大利亚没有单一的国民教育体系，各州和地区负责其本身的教育管理，但全国各地的结构总体是相似的。公立学校归州政府与地方政府所有和经营，由国家政府提供补充资金。私立学校的大部分公共资金来自国家政府，州政府和地方政府提供补充资金，也会有一部分其他资金来源（包括家长）。政策合作由联邦、州和地方政府代表组成的联合政府委员会主导。

截至 2014 年，澳大利亚学校的学生人数为 369 万余人。大约 1/3 的学生（35%）就读于私立学校。澳大利亚的学校系统是按照年或年级来组织的。1 年级是义务教育的第一年，12 年级是中等教育的最后一年。根据澳大利亚政府理事会 2009 年 7 月的一项决议，国家同意强制要求年轻人完成 10 年的学业，然后在 17 岁之前应全职参加教育或培训。

澳大利亚的国家教育改革议程包括一些主要的国家举措，包括制定国家课程、教师和学校领导的国家标准，以及为所有 3 年级、5 年级、7 年级和 9 年级的学生引入国家读写和计算能力评估。两家国家机构——澳大利亚课程、评估和报告机构（ACARA）及澳大利亚教育和学校领导学院（AITSL）——已经成立以支持这些倡议。

其次，学生情况。在 TIMSS 2015 测评中，学生的情况包括入学年龄、学前教育、留级、教育追踪。在入学年龄方面，澳大利亚的入学年龄各州有所不同，但官方规定孩子们通常必须在 6 岁之前开始上学。大多数孩子在

4.5~5 岁的时候开始上学，但有些孩子要等到义务教育年龄才开始上学，这要么是幼儿园工作人员的建议，要么是家长的判断。在学前教育方面，澳大利亚孩子在开始上学前会参加一到两年的学前教育或幼儿园的借读。最近的国家政策和资金发展旨在确保所有 4 岁儿童每周至少有 15 小时的学前教育。学前教育以游戏为主，自 2009 年以来，学前教育一直有专门机构给予支持，这些专门机构还支持其他儿童早期项目如家庭日托，确保所有的孩子都能获得高质量和平等的儿童早期教育与护理。在教育追踪方面，澳大利亚在能力分流、分组或跟踪学生方面没有统一的国家政策。有些学校根据学生的能力选择分流，有些学校为特定的学生群体提供特殊的补习项目。

再次，教学语言。英语是澳大利亚教育教学的语言。澳大利亚人主要是欧洲血统，尽管最近的移民带来了文化多样性，但英语仍然是官方用语。

最后，开设的课程。澳大利亚联邦政府明确了课程和标准框架，学校在决定课程细节、教科书和教学方法方面拥有较大的自主权，特别是小学和初中。

经过前文的分析可知，澳大利亚历年参与 TIMSS 测评项目的成绩处在相对稳定状态，无论是整体成绩，还是分年级、分内容和认知领域，都是如此，虽然有一定的波动，但是始终保持在同一水平。由此可以反映出，澳大利亚在科学教育方面处在一种停滞不前的状态，澳大利亚学生的表现没有改善，正如澳大利亚教育研究理事会（ACER）教育监测与研究中心主任汤姆森（Thomson）所言，TIMSS 2015 测评显示，澳大利亚 4 年级、8 年级学生的数学和科学成绩在过去 20 年里处于较稳定状态，而其他许多国家和地区的成绩已经大大提高；相对于其他国家和地区，澳大利亚实际上是在倒退。①

---

① 胡佳佳：《澳大利亚学生在 TIMSS 测试中成绩堪忧》，《世界教育信息》2017 年第 3 期。

第五章　亚洲地区 TIMSS 测评

第一节　扎实而刻板的科学教育——TIMSS 测评报告日本篇

　　TIMSS 测评作为国际指标性大型科学教育评测之一，持续描绘与展示着国际科学教育发展的趋势。TIMSS 在发展报告中的陈述视角以国际科学教育整体情况为主，并未对各国的具体情况做详细分析，亦很少透过多次测试累积的数据一窥其发展变化走势。但是 TIMSS 收集并共享了参评各国和地区的相关数据，为科学教育研究者提供了珍贵的研究资源。

　　日本是首批参与 TIMSS 测评的国家和地区之一。自 1995 年以来，日本连续参加 6 次该测试，从未缺席。在这些测试中，日本学生的成绩均名列前茅，且表现稳定。而在学生、教师、科学课堂、学校与家庭教育环境等方面，日本的测试结果又呈现独特之处。作为东亚发达国家之一，日本在科学教育方面的发展情况令人关注。考虑到历史上中日两国的文化交流影响因素以及地缘因素，分析日本的科学教育发展，也对我国的科学教育发展具有参考意义。因此本报告分析日本参与 TIMSS 测评的表现，描述其发展近况与趋势，并展开相关讨论。

　　本报告主要对 TIMSS 公布的相关数据进行二次分析，从学生科学素质、学生学习动机、教师背景及专业发展、学校和家庭科学教育环境几个方面入手展开。由于 TIMSS 测评的框架与题目自身也在逐步发展调整，所以各次评价的具体指标会存在差异，在分析时需要有所取舍。本报告主要考虑以下 3 个条件筛选和分析各项指标数据：①优先选取与科学教育联系相对紧密的指标；②优先选取有多次连续测评的指标，且其指标内涵相对稳定；③对于仅在一两次评价中出现的指标，优先选取时间较近的指标。下面将对各类指标分析结果依次介绍。

一 科学能力测评表现

（一）历年测评总体表现名列前茅

自 1995 年参与 TIMSS 测评以来，日本学生的表现一直较为优秀。图 5 - 1 展现了日本 8 年级和 4 年级学生在历次测评中的整体成绩和变化趋势。测评结果分析表明，日本学生历次的表现均高于当年测评的国际平均水平，且存在统计学意义上的显著性差异。这说明日本学生的科学素质表现较好，位列国际高水平梯队。

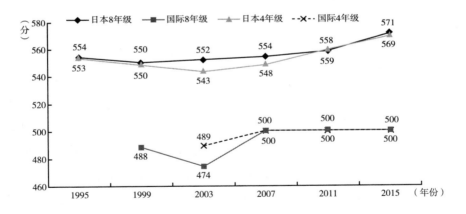

图 5 - 1　日本学生在 TIMSS 科学测评中表现的变化趋势

注：1995 年分别测试了 7、8 年级和 3、4 年级学生的表现，官方没有给出整合后的国际平均表现；1999 年仅对 8 年级学生开展了测试；1999 年和 2003 年 TIMSS 分别计算了国际学生平均表现，2007 年后则选定 500 分作为中值点。

从自身发展的角度来看，日本学生的表现随着时间呈现明显变化。年级学生的表现在 1995 年至 2011 年呈现小范围波动，但无统计学的显著性差异，整体趋势比较平稳；而在 2011 年至 2015 年出现显著性提升，这可能预示着日本未来将在初中阶段的科学教育发力，向更高水平冲刺，当然，其成效仍需后续测评结果的验证。4 年级学生的表现则首先经历了 1995 年至 2003 年的显著性下降，然后经历 2003 年至 2007 年的相对稳定期，最后在 2007 年至 2011 年、2011 年至 2015 年两个周期内实现了持续的显著性提升。其中，近 8 来学生表现的两度攀升令人注目，它展现了日本的小学科学教育水平在近几年来得到有效提升。

　　日本学生在 TIMSS 测评表现中的国际相对排名同样令人注目。参与 TIMSS 测评的国家和地区达到数十个，学生表现在其中的相对排名在一定程度上反映了他们在国际范围内的相对竞争力。而在 21 世纪，学生的国际竞争力无疑是政府、社会，尤其是教育工作者关注的重点，也是教育的重要目标。图 5 - 2 展示了日本学生在历次测评中的相对排名情况。从图中可以看出，日本 8 年级学生在测评中的排名维持在第 2 ~ 6 位，4 年级学生在测评中维持在第 2 ~ 4 位。作为参考，表 5 - 1 列出了 TIMSS 各次测评的参与国家和地区数目。二者结合可以看出日本学生在 TIMSS 测评的领先地位是明显而稳定的，说明他们在科学素质方面具有较强的竞争力。

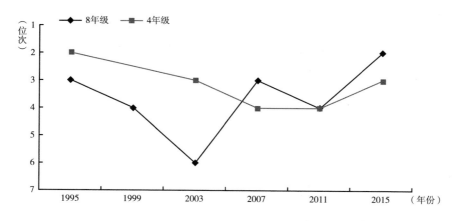

图 5 - 2　日本学生在 TIMSS 科学测评中表现的排名变化

表 5 - 1　参与 TIMSS 科学测评的国家和地区数目

单位：个

类别 \ 年份	1995	1999	2003	2007	2011	2015
8 年级	41	38	46	49	45	39
4 年级	24	—	25	36	53	47

TIMSS 测评每 4 年举行一次，参加前一次测试的 4 年级学生在下一次测试开展时刚好处在 8 年级。这就使得比较分析学生由 4 年级至 8 年级的发展趋势成为可能。表 5 - 2 整理展示了几次官方比较数据，可以看出，尽管 1995 年参与测试的 4 年级学生在之后的测试中相对优势减弱，但是自 2003 年以来，学生在 4 年级测试中体现出来的相对优势在 8 年级再次参加测试时有所增强。相对优势的扩大反映出学生在 4 年级至 8 年级期间科学素质方面的提升更高效。

表 5 - 2　学生前后两次参与 TIMSS 科学测评的表现

单位：分

类别	1995/1999 年	2003/2007 年	2007/2009 年	2011/2015 年
前次测试（4 年级）高出平均线分数	39	43	48	59
后次测试（8 年级）高出平均线分数	25	54	58	71

虽然测试结果表明日本学生的整体表现较强而稳定，但是也不意味着他们在 TIMSS 测评中的表现尽善尽美。在 6 次测试中，日本从未拔得头筹。也曾不止一次与当年测试第一名存在显著性差异（例如 1999 年整体表现显著低于中国台湾地区）。通览测试结果国际排名，可以发现韩国、中国台湾地区、新加坡同样排名前列，且均曾在测试中获得第一名。这反映出东亚地区的科学教育整体水平较高，且竞争激烈。如何在巨大的竞争压力下稳住阵脚、有效提升，向更高层次迈进，这不仅仅是日本仍需面对和解决的课题，其他东亚国家或地区同样如此。

（二）学生整体居于国际中上游水平，顶尖人才优势微弱

TIMSS 测评关注参评各国家和地区的学生在各水平段的人数占比情况，

将学生表现分为顶尖、优秀、中等和较差四个水平段。学生在各水平段占比情况同样能够反映出学生的相对竞争力，同时也能间接反映出学生表现的分布情况。图 5-3 整理展示了日本 8 年级学生在历次测试中各表现水平的人员占比情况。从图中可以看出，半数以上学生位列国际前 25%，近九成学生处于国际前 50%。这说明日本 8 年级学生整体水平较高，处于国际中上游，体现了其国际竞争力。而跻身国际前 10% 的学生占比在 15%~24%，若计算相对差距，仅比 10% 这条水平线高出一成左右。因此可以说虽有优势，但仍不明显。从变化趋势来看，各水平占比趋于平稳，近几年略有提升趋势，在统计学上未发现显著性差异。

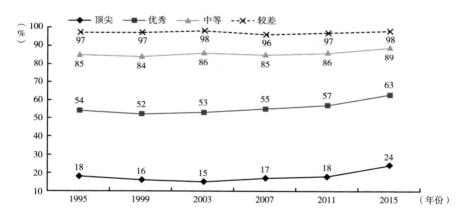

图 5-3　日本 8 年级学生科学测评表现各水平占比变化

注：TIMSS 曾采用整体前 10%、前 25%、前 50% 和前 75% 的方式依次定义顶尖、优秀、中等和较差四个水平，后来调整为非固定比例划分各水平，是将所有参与学生统一划线分层的做法。各百分比代表日本学生划入各水平的人数比例，例如 2011 年有 86% 参与测试的日本学生处在国际前 50% 或近似比例（当年实际划定比例为前 52%）之中。

图 5-4 整理展示了日本 4 年级学生在历次测试中各表现水平的人员占比情况。与 8 年级类似，4 年级学生的表现为大部分处于国际中上游，整体实力强劲，也具有顶尖学生占比略有优势，但尚不明显这一特点。而在其发展过程中则出现了较为明显的波动。相较 1995 年，2003 年的 4 年级测试表现在四个水平人数占比上都出现了显著性降低；随后 2007 年的测试中，中

等水平人数占比出现了显著性提升；再之后的 2011 年，优秀、中等、较差三个水平的人数占比均有了显著性提升。这反映出日本的小学科学教育质量先出现了明显滑坡，而后逐渐恢复提升的过程。值得注意的是，在近年来的提升过程中，表现明显的是整体水平的稳步提升，顶尖学生的人数占比仍无明显变化。这同样体现了日本拔尖人才培养面临的瓶颈。

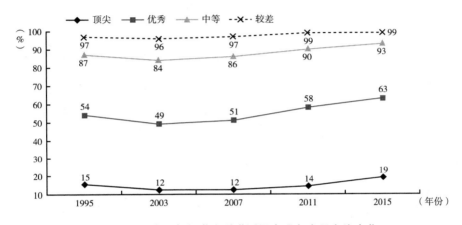

图 5－4　日本 4 年级学生科学测评表现各水平占比变化

注：TIMSS 曾采用整体前 10%、前 25%、前 50% 和前 75% 的方式依次定义顶尖、优秀、中等和较差四个水平，后来调整为非固定比例划分各水平，是将所有参与学生统一划线分层的做法。各百分比代表日本学生划入各水平的人数比例，例如 2007 年有 51% 参与测试的日本学生处在国际前 75% 或近似比例（当年实际划定比例为前 34%）之中。

（三）学科表现存在差异，应用表现最为亮眼

日本学生的科学测试整体表现非常优秀，不禁令人关注他们在各维度下的具体表现。自 2007 年以来的三次测试中，TIMSS 将测试题目从两个维度进行划分，分别为学科内容维度和认知层次维度。在学科内容维度下，4 年级试题划分为生命科学、物质科学和地球科学三个学科，8 年级试题划分为生物学、化学、物理和地球科学四个学科。在认知层次维度下，4 年级和 8 年级试题均划分为知道、应用和推理三个类别。在近三次的测试中，均对学生在这两个维度下的表现进行了单独统计、比较和分析，也实现了近三次测试的变化趋势分析。1995 年、1999 年和 2003 年由于尚未采用此维度划分方

式，所以不具横向比较意义，没有纳入此报告。

图 5－5 展示了日本 8 年级学生在测试中各学科具体表现的变化情况。可以看出学生在各学科的具体表现有所差异，但这种差异只在个别学科的某次测试表现中具有统计学显著性意义。从发展趋势来看，生物学和地球科学的表现近八年来都呈现显著提升趋势，而物理和化学在近四年也出现了显著提升。值得注意的是地球科学学科表现，原本在 2011 年的测试中尚处在明显低于整体表现的水平，经过四年一跃成为表现最好的学科，其中的相关缘由值得科学教育研究者做进一步的挖掘。

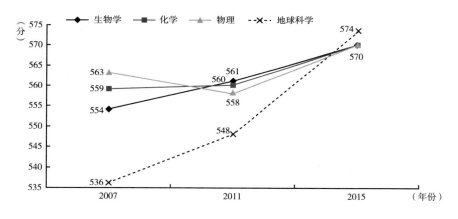

图 5－5　日本 8 年级学生不同学科测试表现的变化

图 5－6 展示了日本 4 年级学生在测试中各学科具体表现的变化情况。与 8 年级学生表现截然不同的是，4 年级学生在物质科学方面的表现具有明显的绝对优势，而生命科学和地球科学则相对薄弱。这种特征连续在最近两次测试中凸显，说明了日本的小学科学教育可能存在较明显的"偏科"现象。而从发展趋势来看，物质科学表现在 2007 年至 2011 年出现显著提升之后稍有放缓，生命科学表现在 2011 年至 2015 年开始显著提升，地球科学则呈现了与 8 年级学生表现相似的持续显著性提升。这也许暗示着日本的小学科学教育相关人员意识到学科表现的不均衡，开始在相对薄弱的学科发力。

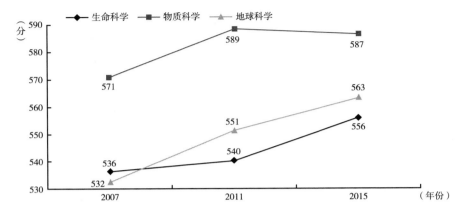

图 5 - 6 日本 4 年级学生不同学科测试表现的变化

另外，日本学生在认知领域方面的表现体现出明显的"偏重应用、推理"倾向。图 5 - 7 展示了 8 年级学生在不同认知领域测试表现的变化情况。可以看出，"应用"方面的表现一直显著高于整体测试水平，"推理"方面也曾显著高出整体测试水平，而"知道"方面的表现则一直显著低于整体测试水平。就近年来的变化趋势而言，从 2011 年至 2015 年的四年间，出现了学生在"应用"和"知道"领域水平显著提升的情况，这反映出日本有可能有意识地加强了对学生"应用"和"知道"水平的训练。

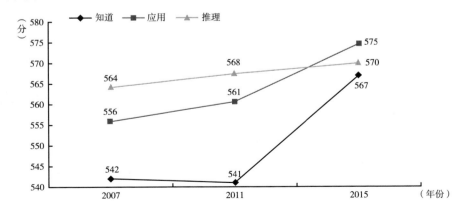

图 5 - 7 日本 8 年级学生在不同认知领域测试表现的变化

图 5 - 8 展示了 4 年级学生在不同认知领域测试表现的变化情况。相较于 8 年级，4 年级学生的表现更凸显出"应用、推理强，知道弱"的显著特点。就近年变化走势来看，"应用"方面的表现一直显著提升，而"知道"和"推理"方面的表现均呈现时而显著提升、时而相对稳定的走势。相对而言，4 年级学生的表现呈现持续发展之势，而 8 年级的学生在此后的一个测试周期（4 年）也体现出显著性提升趋势。若假设 8 年级学生的测试表现是其 4 年级之前以及 4 年级至 8 年级之间所受教育效果的累积，那么可以做出两种推测：一种是 4 年级学生测试的表现（2011 年）包含于其在 8 年级测试的表现之中（2015 年），因此 4 年级学生的表现提升实则是 4 年后 8 年级学生表现提升的内在构成；另一种则是 1 年级至 4 年级科学教育质量的提升对 5 年级至 8 年级科学教育质量起到了积极促进作用。究竟导致这种外在表现趋势的原因是什么，尚需进一步的深入研究，但可以确定的是，无论学科方面还是认知领域方面，日本学生的测试表现提升势头较为明显。

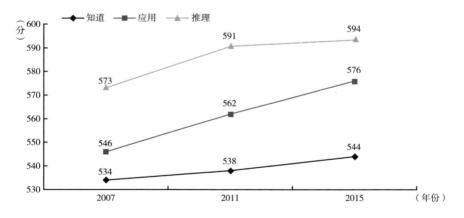

图 5 - 8 　日本 4 年级学生在不同认知领域测试表现的变化

（四）男女学生表现的差异在逐渐缩小

不同性别学生的表现差异历来是科学教育的关注视角。在部分国家和地区，出于历史、文化、社会等方面的原因，女性学生可能面临得不到充分关注、缺少教育资源和权利等问题。这既不利于女性学生未来的个人发展，也不利于国家、民族的整体发展，更有违教育公平的基本理念。

TIMSS 测评多年来持续关注男女学生的表现差异。图 5 - 9 展示了日本学生在往年测试中性别差异的变化趋势。从图中可以看出，就自身的发展趋势而言，不同性别的学生组表现相似。而从历次测试的结果比较来看，4 年级与 8 年级的日本男学生的科学测评表现较女学生更好，其中有几次测试更出现了显著性差异。而在最近一次的 2015 年测试中，8 年级男女学生的表现基本相同；4 年级男女学生的表现差异也仅为 4 分，且不存在统计学上的显著性差异。这可能预示着日本男女学生的测试表现差异在未来会逐渐消除。

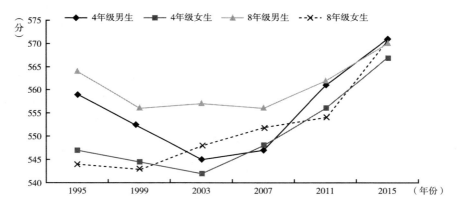

图 5 - 9　日本学生科学测评表现的性别差异变化趋势

对于不同性别学生在各学科测试的具体表现结果，TIMSS 同样在 2007 年、2011 年和 2015 年连续进行了三次统计。图 5 - 10 展示了日本 4 年级学生在该方面的具体情况。可以看出，男性学生在近两次测试中地球科学的学科表现要明显好于女性学生。除此之外，男女学生的表现无明显差别。

图 5 - 11 则展示了日本 8 年级学生在该方面的具体情况，男女学生在不同学科的表现出现了较大差异。在生物学和化学方面，女性学生的表现要略好于男性学生；而在最近一次测试中，女性学生的表现更是显著好于男性学生。在物理和地球科学方面，男性学生的表现则好于女性学生；在前两次测试中，男性的表现优势具有统计学显著性。

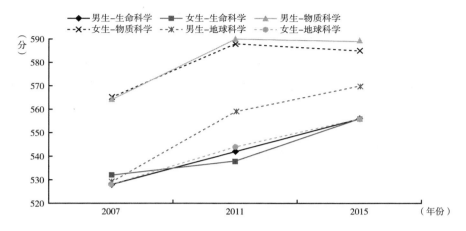

图 5 - 10　日本 4 年级学生在学科领域方面表现出的性别差异趋势

值得注意的是，从三次测试的表现趋势来看，女性学生在生物学、化学方面的优势在增强（统计学差异由不显著到显著），在物理、地球科学方面的劣势在减弱（统计学差异由显著到不显著），这说明女学生各学科的表现都在提升。

此外，比较 4 年级和 8 年级的学生表现可以发现，男女学生在地球科学方面的差异明显且一致，这反映出日本地球科学的学科教学可能没有对女学生给予足够多的关注。

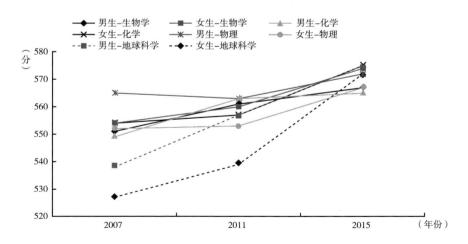

图 5 - 11　日本 8 年级学生在学科领域方面表现出的性别差异趋势

TIMSS 测评同样统计了近三次男女学生在不同认知领域的表现。图 5 – 12展示了日本 4 年级学生在该方面的具体情况。可以看出，在知道层面，男学生的表现优于女学生，且在最近两次的测试中呈现统计学显著性差异；而在推理层面，女学生的表现则优于男学生，且在最近一次的测试中呈现统计学显著性差异；在应用层面，男女学生的表现则基本相当。

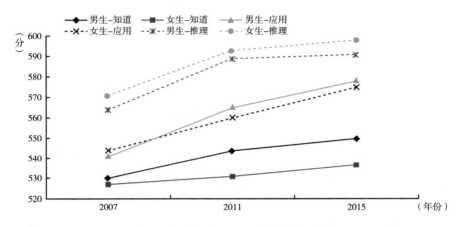

图 5 – 12　日本 4 年级学生在认知领域方面表现的性别差异趋势

图 5 – 13 展示了日本 8 年级学生在该方面的具体情况。在知道层面，男学生的表现优于女学生，且在最近两次的测试中呈现统计学显著性差异；而在应用层面，男女学生则各有一次表现出统计学显著性优势；在推理层面，男女学生则表现相当。

综合 4 年级和 8 年级学生的表现来看，男学生在知道层面的能力更胜女学生一筹；女学生在推理层面的能力发展要早于男学生；二者在应用层面的能力发展水平相当。

综合本节的数据分析结果来看，日本学生在整体的科学能力表现方面虽有性别差别，但无显著性差异，且这种差别在逐渐减小。女学生在各学科的明显提升可能是其原因之一。在具体学科和认知领域方面，男女学生的表现各有优势。而在地球科学方面，男学生表现出稳定的显著性优势，说明该学科需要更加关注女学生的学习视角。

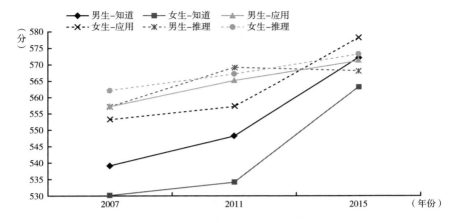

图 5 – 13　日本 8 年级学生在认知领域方面表现的性别差异趋势

二　学生的学习动机

通常认为，学生的测试表现是能力的体现，而能力的培养是通过学习行为实现的，学习行为的产生则受到学习动机的驱使。由此可见，学习动机是学生发展不可或缺的原动力，也是影响学生测试表现的重要原因。

TIMSS 关注学生的学习动机水平，并多次以问卷调查的形式对这个方面展开了测试。构成学习动机的要素多种多样，有些来自学生内部，有些则来自外部环境。TIMSS 主要关注了以下三个方面：学生对科学/科学学习的喜好程度、学生学习科学的信心以及学生对科学价值的认同度。本节将分别整理分析日本学生在这三个方面的具体调查结果。

（一）日本学生对科学/科学学习的喜好程度不高

近三年的 TIMSS 测评专门针对学生对于科学/科学学习的喜好程度开展了调查，并且不断对调查问卷题目进行调整扩充。表 5 – 3 展示了相关测试题目的具体信息，表中打勾处代表当年调查使用该题目。TIMSS 按照学生的作答结果将其分为"很喜欢""喜欢""不太喜欢"三个水平，并分别统计了各类学生的占比情况。TIMSS 对所有参与国家和地区数据的统计结果表明，"很喜欢"水平的学生科学测评表现最好，"不太喜欢"水平的学生科学测评表现则最差。

表 5 – 3　学生对科学/科学学习的喜好程度调查题目

编号	题目陈述	2015 年	2011 年	2007 年
1	我喜欢学科学	√	√	√
2	我希望我不必学科学	√	√	
3	科学很无聊	√	√	√
4	在科学课上我学到了感兴趣的事物	√	√	
5	我喜欢科学	√	√	√
6	我喜欢在学校学科学	√		
7	科学老师教会我世界运作的规律	√		
8	我喜欢做科学实验	√		
9	科学是我喜爱的学科之一	√		

　　图 5 – 14 展示了日本 4 年级学生对于科学/科学学习的喜好程度，并与当年的国际平均分布情况进行了比较。可以看出，在各个水平，日本 4 年级学生的分布比例与国际平均分布比例接近。可以说，日本 4 年级学生对科学/科学学习的喜好程度仅达国际平均水平。

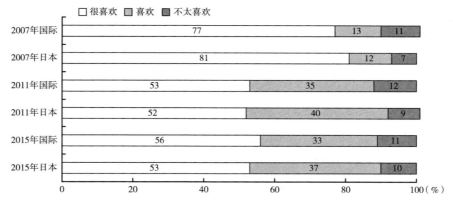

图 5 – 14　日本 4 年级学生对科学/科学学习的喜好程度分布

　　图 5 – 15 展示了日本 8 年级学生对于科学/科学学习的喜好程度，并与当年的国际平均分布情况进行了比较。可以看出，三次调查中，日本学生在"很喜欢"水平的分布比例都低于国际平均比例，而在"不太喜欢"水平的分布比例都高于国际平均比例。TIMSS 对各国学生在这一维度的平均得分进

行了排序，而日本 8 年级学生近三次测试的排名依次是倒数第 3 位、倒数第 2 位和倒数第 2 位（在不分学科授课的国家之中，下同）。这说明日本 8 年级学生对科学/科学学习的喜好程度相当之低。

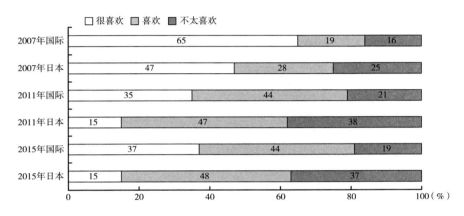

图 5 - 15　日本 8 年级学生对科学/科学学习的喜好程度分布

4 年级学生仅达国际平均水平，8 年级学生则位列国际倒数前三，综合两组测试结果，可以看出日本学生对于科学/科学学习的喜好情况不容乐观。也就是说，日本学生不太喜欢科学，也不太喜欢学习科学。结合日本学生在科学测评中位居世界前列的良好表现，这一结果与 TIMSS 的大数据结果相悖：日本学生科学测评表现优异，但是对科学/科学学习的喜好程度却偏低。

（二）日本学生学习科学的自信不强

TIMSS 对于学生学习科学的信心给予了更久的关注。自 1999 年以来，TIMSS 针对学生对学习科学的自信程度开展了调查，并且不断对调查问卷题目进行调整扩充。表 5 - 4 展示了相关测试题目的具体信息，表中勾处代表当年调查使用该题目。TIMSS 按照学生的作答结果将其分为"很有自信""自信""不太自信"三个水平，并分别统计了各类学生的占比情况。根据 TIMSS 对所有参与国家/地区的数据统计结果，"很有自信"水平学生的科学测评表现最好，"不太自信"水平学生的科学测评表现则最差。

表 5 - 4　学生对学习科学的自信程度调查题目

编号	题目陈述	2015 年	2011 年	2007 年	2003 年	1999 年
1	我在科学方面通常表现出色	√	√	√	√	
2	相比其他同学，我学习科学更吃力	√	√	√	√	√
3	我就是不擅长学科学	√	√	√	√	√
4	我学科学时学得很快	√	√	√	√	
5	我的老师说我擅长学科学	√	√			
6	对我来说，科学比别的科目更难学	√	√			
7	科学令我困惑	√				
8	如果科学没那么难，我会更喜欢它					√
9	没有人能擅长所有科目，我就是在科学方面没有天赋					√

　　图 5 - 16 展示了日本 4 年级学生对于科学学习自信程度的调查结果，并与当年的国际平均分布情况进行了比较。整体来看，日本 4 年级学生位于"很有自信"水平的比例持续低于国际平均比例，而位于"自信"水平的比例持续高于国际平均比例，位于"不太自信"水平的比例则基本上与国际平均比例差别不大。在近两次调查中，日本 4 年级学生该部分题目的平均得分已经两次位列国际倒数第 2。可以认为日本 4 年级学生对于科学学习自信的整体程度处在国际下游。

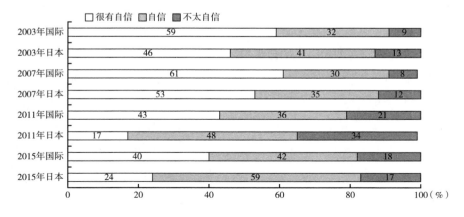

图 5 - 16　日本 4 年级学生科学学习自信程度分布情况

图 5 – 17 则展现了日本 8 年级学生在这方面的情况。可以明显看出，日本 8 年级学生位于"很有自信"水平的比例低于国际平均比例，且这一差距有扩大趋势；2003 年开始，位于"不太自信"水平的比例高于国际平均比例，且差距同样有扩大趋势。最近连续四次调查中，日本 8 年级学生该部分题目的平均得分均位列国际倒数第 1，成了名副其实的"吊车尾"。

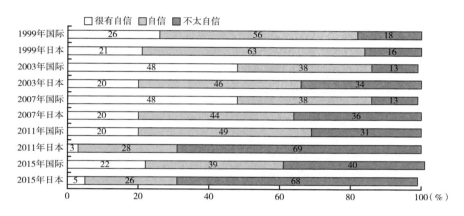

图 5 – 17　日本 8 年级学生科学学习自信程度分布情况

综合 4 年级和 8 年级学生的调查结果，可以看出日本学生在科学学习自信方面存在严重问题。也就是说，日本学生没有信心学好科学。特别是根据 8 年级学生近几次调查结果来看，问题越发严重，需要及时解决。同样的，这一结果也与 TIMSS 的大数据统计结果相悖，日本学生科学测评表现良好，但是却缺乏学习科学的自信。

（三）日本学生对科学价值的认同度较低

TIMSS 仅向 8 年级学生调查了其对科学价值的认同程度，同样以问卷的形式进行调查。表 5 – 5 展示了开展调查时使用的具体题目，表中打勾处代表当年调查使用该题目。TIMSS 按照学生的作答结果将其分为"高水平""中水平""低水平"三类，并分别统计了各类学生的占比情况。根据 TIMSS 对全部参与国家/地区的数据统计结果，"高水平"学生的科学测评表现最好，"低水平"学生的科学测评表现则最差。

表 5-5　学生对科学价值的认同程度调查题目

编号	题目陈述	2015 年	2011 年	2007 年	2003 年
1	我认为学习科学对日常生活有帮助	√	√	√	√
2	我需要学好科学以学习其他科目	√	√	√	√
3	我需要学好科学以考取理想的大学	√	√	√	√
4	我需要学好科学以从事理想的职业	√	√	√	√
5	我想要从事与科学有关的职业	√	√		√
6	学习科学对于领跑全球是很重要的	√			
7	学习科学将会在我成年后带来更多工作机会	√			
8	我的父母觉得学好科学是很重要的	√			
9	学好科学很重要	√	√		

图 5-18 展示了近四次调查中日本 8 年级学生的测评结果，并附上国际平均分布情况加以比较。可以看出，日本 8 年级学生处在"高水平"的比例远低于国际平均比例，而处在"低水平"的比例则远高于国际平均比例。与此同时，在近两次调查中，日本 8 年级学生该部分题目的平均得分均居国际最末。这反映出日本学生对于科学价值的认同度相当低，即学生不认为科学有意义、有用处。

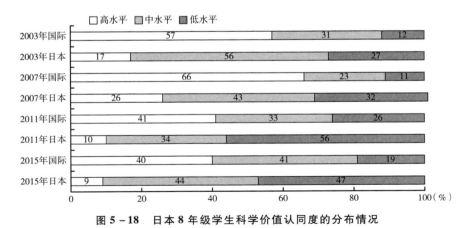

图 5-18　日本 8 年级学生科学价值认同度的分布情况

综合以上内容，可以看出日本学生在科学学习动机方面存在很大问题：对科学/科学学习的喜好仅在中下游水平，对于科学学习的信心和对科学价值的认同度则居于国际末尾。这样的调查结果自然引发出另一个问题——如此低的学习动机水平，何以最终引发高水平的国际测试表现？

关于这个问题，本研究试着从测试本身出发，寻找更多可能需要纳入考虑的因素。对于学生能力水平的测试基于同一套试卷，但对于学生动机水平的调查却可能各有一把尺子，那就是不同国家的科学教育环境。具体来说，本研究关注到一个可能的因素——科学课程的难度。学习动机作为主观的因素难免受课程难度所影响：课程标准的要求越高、教材越难懂、考试题目越难做，学生就可能会越不喜欢这门课程、越没有信心、越觉得它没有意义。因此日本的学生很可能平时在学校中"费力学科学、痛苦解难题"，在国际测试中领先于其他同龄人。然而对于这样一种分析，尚缺少足够的证据来支持——我国对于国际小学和初中科学课程标准、教材、考试等方面的研究尚不丰富。虽然有个别研究能够支持本报告提出的这种观点，如崔鸿在其博士论文中指出日本的初中科学教材在综合排序中处于较难使用的位置，但是类似的证据尚不充足。[①] 当然，对于日本学生低学习动机这一结果，也还有别种解释的可能性。总体来说，仍需进一步开展更多、更为深入全面的研究。

三 科学教师背景及专业发展

科学教师是组织开展科学课程教学的主体。教师对科学的认识、组织开展教学的能力及其自身专业能力的持续发展、对自身作为科学教师的认同程度，这些因素都与科学课程的教学质量息息相关。对日本 4 年级和 8 年级科学教师在上述因素方面的分析结果表明，这是一支学历与专业背景、教龄梯度、平均教龄均趋于稳定的教师队伍，其专业发展内容偏重基础而传统的课程内容与教法，而教师的职业满意度位居国际末尾。这样的一支教师队伍看上去维持着中规中矩的姿态，但并没有因为新时代的推进生发出新的面貌。

---

① 崔鸿：《初中科学教材难度国际比较研究》，华中师范大学博士学位论文，2013。

（一）以本科学历为主，多为单独的小学教育或科学学科专业背景

图 5 – 19 展示了日本 4 年级和 8 年级科学教师的最高学历分布情况。2003～2015 年，科学教师的最高学历高度集中地分布在本科学历/研究生同等学历部分，且非常稳定。相比国际平均分布情况，日本科学教师为研究生学历和本科同等学历两种情况的较少，而本科学历/研究生同等学历更多。尽管高比例的本科学历保障了科学教师队伍的整体水平，但是这一水平 12 年来几乎没有明显变化，这是令人费解的。近年来，包括我国在内的多个国家和地区都出现了越来越多的教师具备研究生学历的现象，这其中既有来自学生自身发展需要的内部需求推动，也有来自学校发展、社会要求的外部需求推动。而日本科学教师始终如一的稳定性则似乎暗示着，在其国内并没有这样的内、外部需求。造成这种现象的原因仍可能是多方面的。教师的待遇水平可能是一个影响因素，例如研究生学历可以获取的各类职位中，教师的待遇不具竞争力。

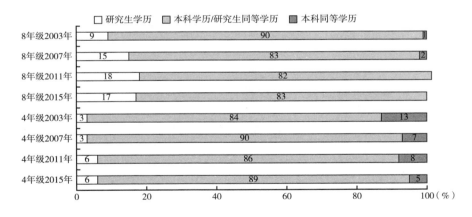

图 5 – 19　日本科学教师最高学历分布情况

（二）小学科学教师以小学教育专业背景为主，初中科学教师以学科专业背景为主

图 5 – 20 和图 5 – 21 分别展示了日本 4 年级和 8 年级科学教师专业背景分布情况。可以明显看出，4 年级科学教师以小学教育背景为主，而并未接

受职前的科学教育相关训练；8 年级科学教师以各科学学科专业背景为主，同样未接受职前的科学教育相关训练。这样的结果表明，对日本大多数的科学教师而言，其职前科学教育相关内容的训练是缺失的。该项训练的缺失并不利于科学教师顺利完成其教学工作，而后文"（四）在职培训以科学教育基础性传统性内容为主"一节也反映出，对于科学教育相关内容的训练需要于在职教师的培训过程中补齐。

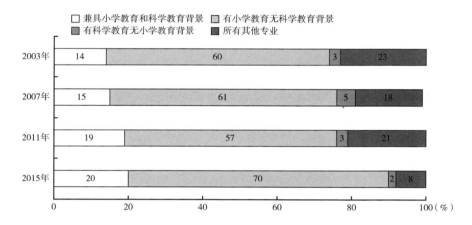

图 5 - 20　日本 4 年级科学教师专业背景分布情况

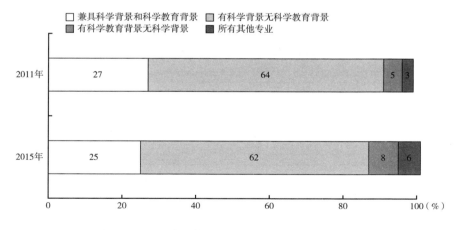

图 5 - 21　日本 8 年级科学教师专业背景分布情况

（三）教龄构成比较稳定

图 5 - 22 展示了日本科学教师平均教龄的变化情况，可以看出 2003 ~
2015 年，4 年级科学教师的平均教龄略有降低，8 年级科学教师的平均教龄
则很稳定。相较国际平均水平而言，日本教师也与之基本接近。若以平均教
龄 18 年推算，假定刚入职的科学教师为 23 岁，则其达到平均教龄时的实际
年龄为 41 岁，正处于教学经验累积到一定程度且体能、精力尚且充沛的时
期，这适于其教学工作的开展。

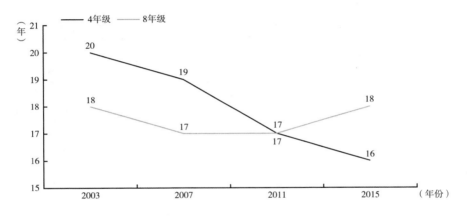

图 5 - 22　日本科学教师平均教龄变化情况

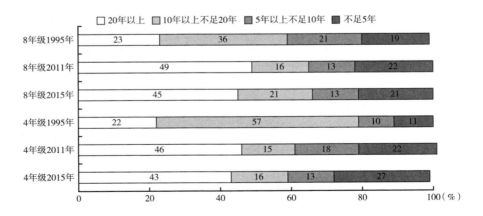

图 5 - 23　日本科学教师教龄段分布情况

　　另外，图 5 – 23 也展示了日本科学教师的教龄段分布状况，可以看出在 1995 年时，教师队伍构成以 10 ~ 20 年教龄的教师为主，而在这之后的 10 年间，其主要构成移向 20 年以上教龄的教师。这反映出科学教师队伍逐渐成熟化。从各部分教龄人数比例来看，各层教师比例较为均匀稳定，有利于教师队伍的持续更替发展。

　　（四）在职培训以科学教育基础性传统性内容为主

　　图 5 – 24 和图 5 – 25 分别展示了日本 4 年级和 8 年级科学教师的在职培训内容。从图中可以明显看出，对于科学知识及教法教学的培训受众，小学覆盖面可达四成，初中可达七成。而对于科学课程、信息技术与科学整合、批判性思维和科学探究、科学评价、跨学科等方面的培训内容则开展较少，仅达到前两者的一半。在职教师的培训偏重科学知识及教法教学，体现出对于基本科学教育能力的强调与侧重。联系到上文体现出的大部分科学教师在职前科学教育培训部分的缺失，可以推测在职教师培训的这种倾向性可能是在为科学教师强化应有的科学教育教学能力。而对于那些有助于教师专业进

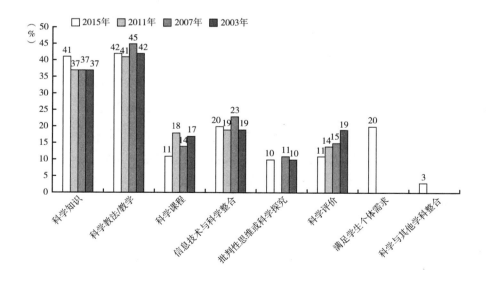

图 5 – 24　日本 4 年级科学教师职业发展情况

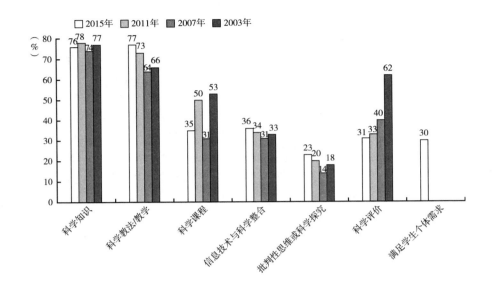

图 5 – 25　日本 8 年级科学教师职业发展情况

一步发展的内容，其之所以开展的比例不高，可能是因为管理者和教师本身满足于现状、不够重视专业提升；也可能是因为教师尚未夯实基本的教学能力基础，无法适应更高水平的专业能力培训。

（五）职业满意度较低

TIMSS 在 2011 年和 2015 年调查了科学教师的职业满意度情况。两次调查使用的具体问题略有差异，表 5 – 6 展示了这两次调查的具体题目内容，表中打勾处代表当年调查使用该题目，调查的结果汇总在图 5 – 26 中。图中可见，日本科学教师对自身职业满意度处在"满意"和"不太满意"状态的比例高于国际平均水平，而处在"非常满意"状态的比例则低于国际平均水平。尤其是在 2011 年，4 年级和 8 年级的科学教师职业满意度均位列国际排名倒数第 2（倒数第 1 位则均为韩国）。综合来看，教师的自身职业满意度并不高。这也就意味着教师在完成日常教学工作时的动力不足，从而有可能会影响其教学质量。

表 5 - 6　科学教师职业满意度调查题目

编号	题目陈述	2015 年	2011 年
1	我对自己作为教师的专业度满意	√	√
2	作为任职学校的一名教师，我感到骄傲	√	√
3	我认为自己的工作充满意义和价值	√	
4	我热爱我的职业	√	
5	我的职业激励着我	√	
6	我为自己的所作所为而骄傲	√	
7	如果可以我会尽可能继续教书	√	√
8	作为教师我做重要的工作		√
9	我刚开始做教师时比现在更有热情		√
10	作为教师我感到受挫		√

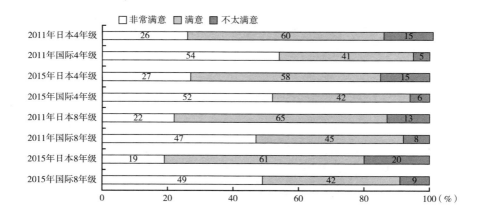

图 5 - 26　日本科学教师职业满意度分布情况

　　综合各方面的分析，可以看出日本的科学教师存在着高本科学历覆盖率、平均教龄适宜、人员组成稳定等特点，这适于其科学课堂教学的有序开展。另外，其弊端同样明显，职前科学教育训练的缺失导致在职教师发展大部分滞留在基础阶段，整体学历水平几乎没有提升，职业满意度偏低，这些问题如不能尽快处理，则可能影响其未来的科学教育发展。

四　科学课堂教学

有效的课堂教学是扎实提升学生科学素质的载体，它建立于师生积极的互动和充分的课时基础之上。在分析了科学课程时数、学生和教师以不同视角对科学课堂的认识之后，日本科学课堂的教学开展状态被描绘了出来。从调查结果来看，学生感觉难以融入课堂，教师感觉面对诸多挑战，这样的课堂教学，远不如预期中美好。

（一）科学课程时数稳定，接近国际平均水平

图 5 - 27 展示了日本 4 年级和 8 年级年度科学课程时数的变化情况。在 2007 年至 2011 年，两个年级的科学课程时数均有所提高，8 年级的增幅稍大。而在此前和此后的几年中均保持相对平稳。与国际平均水平相比，日本 4 年级科学课程时数略高于国际平均值，而 8 年级则略低。在整学年的尺度内看待其具体数值，可以认为差值并不大。也就是说，日本的科学教师和其他国家/地区的同行一样，在基本一样多的有限课时数内努力完成科学课程的教学任务。

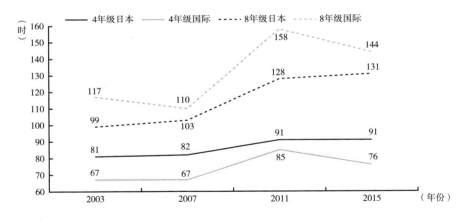

图 5 - 27　日本科学课一学年课时数变化情况

（二）学生认为科学课堂不够吸引人

TIMSS 在 2011 年和 2015 年分别调查了学生对于科学课堂的吸引力和参

与度的看法。两次调查题目略有差异，具体题目内容如表 5 - 7 所示，表中打勾处代表当年调查使用该题目。该调查结果反映了学生对于科学课堂的接纳程度和参与科学课堂的投入程度。图 5 - 28 展示了相应的调查结果。可以看出，三成左右的 4 年级学生认为科学课堂不够吸引人，而到 8 年级时，这个比例达到了五成左右。相较于国际平均水平，认为课堂"非常吸引人"的学生比例明显更少，而认为课堂"不太吸引人"的学生比例则明显更多。这反映出学生在科学课堂上的投入状态并不理想。从测试题目来看，这样的不理想可能缘于教师对学生不够关注以及教师自身开展教学的基本功不够扎实。若进一步推测，这样的调查结果反映出日本的科学课堂仍是以教师为中心，而非以学生为中心。

表 5 - 7　学生评价科学课堂吸引力和参与度调查题目

编号	题目陈述	2015 年	2011 年
1	我知道老师期望我做什么	√	√
2	我的老师非常易懂	√	√
3	我对于老师所言感兴趣	√	√
4	老师给我们一些好玩的事情做	√	√
5	我的老师清楚回答我的问题	√	
6	我的老师很擅长解释科学	√	
7	我的老师让我展示所学	√	
8	我的老师做了各种事情来帮助我们学习	√	
9	当我犯错时,我的老师告诉我如何改进	√	
10	我不得不发言时,我的老师倾听我	√	
11	我想一些与课堂无关的事		√

（三）教师面临教学挑战

在 2015 年的 TIMSS 测评中，首次调查了科学教师在教学中面临的挑战。具体调查内容包括班级规模、课时数、教学内容量、备课时间、单独辅导时间、家长压力、新课程变化适应、课堂管理几个方面。图 5 - 29 展示了日本

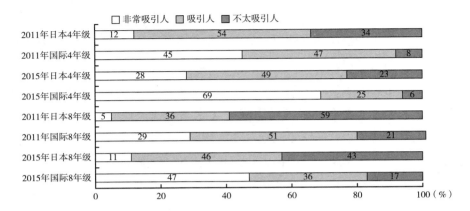

图 5 - 28　日本学生对科学课堂的吸引力和参与度的看法分布情况

科学教师参与此次调查的结果。较多的科学教师认为自己面临的"挑战不多"或"有些挑战"，仅有很少数的教师认为自己面临的"挑战很多"。相较国际平均水平，日本科学教师的状态与之较为接近。这说明日本的科学教师面临着一定的教学挑战，这些挑战可能来自各个方面，这些挑战可能对其有效开展教学造成压力。

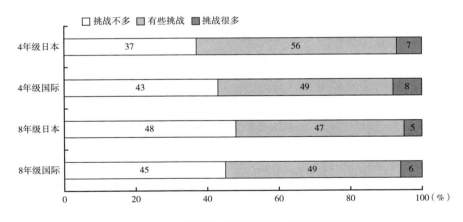

图 5 - 29　日本科学教师面临的教学挑战分布情况

　　综合上述调查结果，可以看出日本在科学课程时数、教师教学压力方面均与国际平均水平相当，但学生对于科学课程的投入及参与程度却明显偏低。这样的科学课堂，可能看似平稳开展教学，但学生的需求与意愿并没有被尊重、关注、调动与满足，更说不上以学生为中心。

五　学校及家庭科学教育环境

学校与家庭科学教育环境是学生科学素质成长的土壤。学校与家庭对于科学教育的重视程度、相应科学教育资源的配备程度，都影响着学生学习科学、发展科学素质的过程。TIMSS 的调查结果显示，学校和家长对于科学教育越重视，学生在科学能力评价测试中的表现也相应的越好。日本在学校及家庭科学教育资源配备方面展现了较强而稳定的实力，但在学校与家长对科学学业成就的重视度方面则呈现越发降低的倾向。

（一）日本的中小学重科学教育资源，轻学生学业成就

TIMSS 在近四次的测试中都调查了学校对于学生科学学业成就的重视程度，调查分别从校长与教师两个视角展开，分别从教师、家长、学生和学校几个维度设题。各次调查使用的具体题目有所差异，具体题目内容见表 5 - 8 和表 5 - 9。

表 5 - 8　校长视角下学校对科学学业成就重视程度调查题目

编号	维度	题目陈述	2015 年	2011 年	2007 年	2003 年
1	对教师	对学校课程目标的理解	√	√	√	√
2		实施教学的成功度	√	√	√	√
3		对学生学业成就的期待	√	√	√	√
4		为提升学生学业成就开展合作	√			
5		激励学生的能力	√			
6		教师职业满意度			√	√
7	对家长	支持学生助其达成学业成就	√	√	√	√
8		参与学校活动	√		√	√
9		承诺确保学生做好学习准备	√			
10		对学生学业成就的期待	√			
11		向学校施压以确保学校维持高学业标准	√			

续表

编号	维度	题目陈述	2015 年	2011 年	2007 年	2003 年
12	对学生	在校追求卓越的意愿	√	√	√	
13		达成学校学业目标的能力	√		√	
14		对优秀同学的尊崇	√			

表 5 – 9　教师视角下学校对科学学业成就重视程度调查题目

编号	维度	题目陈述	2015 年	2011 年	2007 年	2003 年
1	对教师	对学校课程目标的理解	√	√	√	√
2		实施教学的成功度	√	√	√	√
3		对学生学业成就的期待	√	√	√	√
4		为提升学生学业成就开展合作	√			
5		激励学生的能力	√			
6		教师职业满意度			√	√
7	对家长	支持学生助其达成学业成就	√	√	√	√
8		参与学校活动	√			
9		承诺确保学生做好学习准备	√			
10		对学生学业成就的期待	√			
11		向学校施压以确保学校维持高学业标准	√			
12	对学生	在校追求卓越的意愿	√	√	√	√
13		达成学校学业目标的能力	√		√	√
14		对优秀同学的尊崇	√			
15	对学校	校际领导者和教师在教学方面的合作	√			

　　图 5 – 30 和图 5 – 31 分别展示了日本学校关注 4 年级学生科学学业成就程度的情况。就校长自身的视角而言，尽管 2003 年和 2007 年两次调查结果表明大部分学校充分关注了学生科学学业成就，但是在 2011 年和 2015 年的调查结果中，出现了关注度有相对降低的情况，具体表现为"一般关注"水平的学校比例高于国际平均水平，"高度关注"和"极高关注"水平的学校比例则低于国际平均水平。教师视角下的调查结果与校长视角基本一致，反映出同样的趋势。

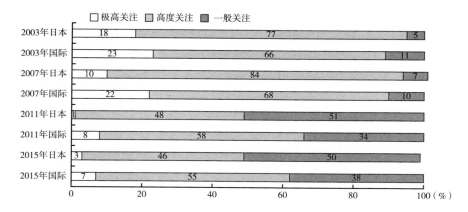

图 5 – 30　日本学校对 4 年级学生科学学业成就关注水平分布情况（校长视角）

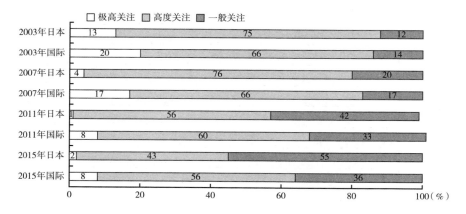

图 5 – 31　日本学校对 4 年级学生科学学业成就关注水平分布情况（教师视角）

图 5 – 32 和图 5 – 33 展示了日本学校对于 8 年级学生科学学业成就的关注情况。与 4 年级相比稍好的是，四次调查中，学校校长所给出的判断都与国际平均水平相当。而在科学教师眼中，2007 年以来学校对于学生科学学业成就的关注度有相对降低的趋势，类似于 4 年级的情况。

TIMSS 在 1995 年至 2007 年持续调查了学校的科学教育资源配备情况，将其具体分类为：教学材料（例如教材）、文具预算（例如纸笔）、学校建筑与场地、空调与照明系统、教学场所（例如教室）。同时，调查了几种相关因素的短缺情况：实验室仪器和材料、科学课所用计算机、科学教学用软

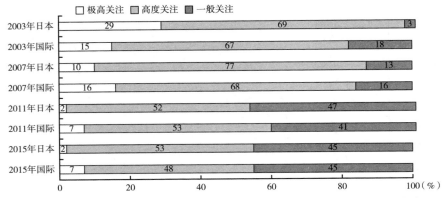

图 5 - 32　日本学校对 8 年级学生科学学业成就关注水平分布情况（校长视角）

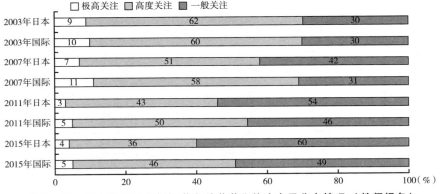

图 5 - 33　日本学校对 8 年级学生科学学业关注水平分布情况（教师视角）

件、科学教学用计算器、科学教学相关图书馆资源、科学教学相关音视频材料。图 5 - 34 展示了这几次调查的结果，自 1995 年以来，日本 4 年级（小学）与 8 年级（初中）的科学教育资源配备水平都在逐渐提升。到 2007年，约半数的学校已经实现高水平的资源配备，另有约半数的学校则已经实现中等水平的资源配备。

此外，另一项关于学校科学实验室的调查结果表明，自 2007 年以来，97% 的小学配备有科学实验室，而 99% 的初中配备有科学实验室。

综合来看，虽然日本中小学的科学教育资源配备已经日趋完善，但是学校对于学生科学学业成就关注度下降的趋势已经初露端倪。

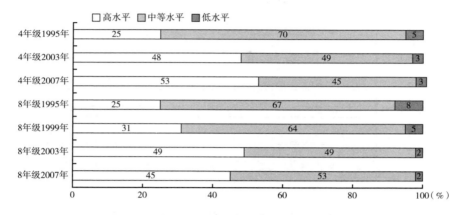

图 5 - 34 日本学校科学教育资源配置水平分布情况

（二）家庭科学教育环境

在 2015 年的测试中，TIMSS 调查了 4 年级学生家长对于科学的重视程度，其具体调查内容包括：多数职业需要数学、科学、技术方面的技能；科学和技术有助于解决世界问题；科学解释了世界运作的规律；我的孩子需要学好数学以走在世界前列；人人都该学科学；技术让生活更简单；数学应用于实际生活；工程学很必要，以设计实用而安全的东西。可以看出该调查关注了家长在日常生活与人类发展角度下对科学技术和工程的价值判断，以及对学生学习科学必要性的看法。调查结果表明，仅有 14% 的学生家长对此持非常积极的态度，68% 的家长持积极态度，而有 18% 的家长则持不太积极的态度。与之相对，国际整体平均分布情况则依次对应为 66%、32% 和 2%。可以看出日本的家长对于科学教育的重视程度远低于国际平均水平。与学生科学能力测试表现结果的对应情况也表明，家长对科学教育重视程度越高的组别，其学生的测试表现也越好，无论是国际学生总体还是日本学生均符合这一规律。

在 2011 年和 2015 年的测试中，TIMSS 也调查了家庭科学教育资源配备情况，将其分类为：藏书量、家长学历背景、家中网络接入条件、家长职业背景。图 5 - 35 展示了调查结果，从图中可以看出，大部分日本学生家庭的科学教育资源是充足的，高于国际平均水平。

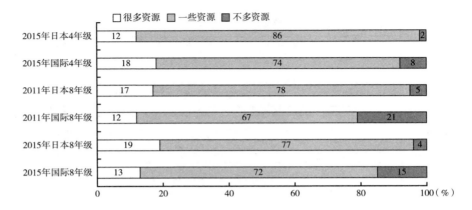

图 5 - 35 日本学生家庭科学学习资源水平分布情况

综合上述内容可以发现，日本的学校和家庭科学教育资源是比较充分的，但日本学校对于学生科学学业成就的重视程度有开始下降的趋势，而日本的学生家长对于科学的重视程度更是处在偏低水平。这样的科学教育环境显得"有形无神"：教育资源的"形"很充分，教育氛围的"神"很缺乏，不能积极引导推动学生开展科学学习，仅依赖于学生主动自发学习。

六　结论

本报告对 TIMSS 数次评价中日本学生在科学能力、学习动机、教师背景及专业发展、科学课堂教学和学校与家庭科学教育环境几个方面的表现展开了分析，并把这些角度下的分析结果组织在一起，尝试描述出日本科学教育的发展状态：一支以本科学历为主、教学经验较为丰富、年龄结构比较合理的科学教师队伍担负着开展科学教育的使命。他们中的多数并不具有职前的科学教育训练经历，因此他们的在职培训以基础的科学教育教学能力培养为主。在科学课堂上，他们的教学开展面临着一定的压力。与此同时，他们的学生感觉难以投入科学课堂之中。这些学生既不太认为科学有特别重要的意义，也不太怀有对科学的兴趣，更不太有信心学好科学。他们就读的学校配备了丰富的科学教育资源，过去也比较重视科学学业成就，近几年的重视程度却有所下降。学生家中同样具备充分的科学教育资源，但是家长对于科学并不太重视。所有的科学课程教学就这样有条不紊地开展完毕，学生在每次的科学能力测试中都能表现优异，跻身前列。在各学科、各认知领域表现均比较稳定的基础上，他们在地球科学方面的表现还体现了较明显的提升势头。

从上述描述中可以看出日本科学教育的两个关键特征：扎实，刻板。扎实体现在教学任务的有效落实方面。学生在能力测试中的表现说明科学课程的目标确实得以实现，而这必然得益于日常教学中持续而高质量地处理每个细节。教师队伍的学历基础、教龄，学校和家庭的资源，都是该特征得以形成的保障。刻板则体现在两个方面：一方面，学生动机水平低、课堂气氛沉闷，这说明科学教育在实际开展中不够活泼；另一方面，教师学历水平没有提升，在职培训没有积极跟进新的科学教育发展浪潮，这显得科学教育相对陈旧。

日本的科学教育之所以体现出上述特征，可能因为受到文化传统和社会氛围的影响。这种影响可能是有利有弊的。例如，作为学生与教师，其各自的角色职责化为一种外在动机，使其做好教与学的本职工作，无论其内在动机如何、自我效能如何；又如，受到尊师重道传统的影响，教师作为权威的形象牢牢占据课堂核心地位，使得以学生为中心的学习缺乏开展的条件。文化传统和社会氛围经过长期发展塑造，比较根深蒂固，这也可能使得在其影响下的科学教育本身不容易在短时间内以积极活跃的姿态跟进新形势的变化。实际上在数次测试中，当日本暴露出某些方面的问题时，同时参加测评的韩国与中国台湾地区也出现同样的问题，这可能暗示着这些问题在东亚地区较为普遍地存在。而日本、韩国、中国台湾同处东亚地区，地缘近，历史上也有过文化方面的交流影响。这也暗示出东亚的科学教育形态可能受到文化传统和社会氛围的塑造。在未来，尚需更多研究从日本乃至东亚各地区的文化传统和社会氛围角度切入，开展相关的研究。

日本的科学教育发展过程对我国科学教育管理者、研究者和工作者具有参考意义。我国的文化传统和社会氛围在某些部分与日本具有相似之处，日本科学教育所面临的问题，也可能出现在我国的科学教育发展过程之中。积极汲取日本科学教育的有益经验，关注警醒日本科学教育遇到的问题和犯下的错误，有助于我国科学教育更为平顺的发展。

第二节　矛盾的科学教育：基于韩国
TIMSS 测评结果的分析

一　整体概况

（一）韩国科学教育

韩国地处亚洲大陆的东北部，是由北向南伸展的半岛国家，人口密度大，自然资源匮乏，曾经是世界上最贫穷的农业社会之一。但 20 世纪 60 年代后，以出口为增长引擎的外向经济发展战略极大地促进了韩国经济的发展，同时，教育尤其是科学教育的作用也是巨大的。自建国以来，韩国就十分重视本国的科学教育，坚持"科技兴国"，先后制定了《第一次科学技术振兴五年计划》《产业教育法》《科学教育振兴法》等教育政策法规，并随着国内外科技的不断进步，提出"尖端科技立国""第二次科技立国"等发展战略，在《长期教育发展计划》中明确强调要加强基础科学的研究，大力发展基础科学教育。

（二）韩国在历年 TIMSS 测评中的参与

韩国自 1995 年起就参加 IEA 发起和组织的 TIMSS 国际性调查，但是每次测评参与的年级有所区别。在历年 TIMSS 的 4 年级测评中，韩国仅参与了 1995 年、2011 年和 2015 年三次测评，而在 1995 ~ 2015 年的 8 年级测评中，韩国都与其他北半球国家共同在 4 ~ 6 月参与，除了 2003 年韩国的测试时间为 2002 ~ 2003 年第二学年的开始，区别于往年和当年的其他北半球国家。

二　韩国4年级历次 TIMSS 测评结果变化分析

韩国的 4 年级学生参与了 1995 年、2011 年和 2015 年 TIMSS 测评，每一年度的 TIMSS 试卷设计和结果数据分析都有所差异。如：1995 年，TIMSS 的 4 年级测评报告以年龄为主要区分，所对应的学生年龄以 9 岁为主，4 年级的报告中分为较低年级（Lower Grade）和较高年级（Upper Grade），将两者的平均值作为 4 年级的分析数据。

近年来，该研究和测评活动中韩国学生的科学成绩及科学素质情况如下：1995 年，韩国在全球的 4 年级测评中排名第一（26 个参与国家/地区），平均分为 576 分。其中，较低年级学生的平均年龄是 9.3 岁，在 TIMSS 测评中平均得分 553 分，领先第二名日本 31 分，较高年级学生平均 10.3 岁，取得 597 分的平均分，超出第二名日本 23 分；2011 年，相较于 1995 年的 4 年级测评取得了进步，平均 587 分，为全球第二名（52 个参与国家/地区），并且有 29% 的学生达到国际高级基准分数，所占比例最大；2015 年，韩国的 4 年级测评结果处于全球领先水平，为仅次于新加坡的第二名（57 个参与国家/地区），获得平均分 589 分。

2011 ～ 2015 年的趋势表明，韩国处于稳定不变的测评水平，而从更长远的 1995 ～ 2015 年跨度来看，韩国一直保持较高的测评成绩，是本书关注的 15 个国家/地区当中获得较高测评成就的国家/地区之一。

（一）不同性别的 TIMSS 测评结果变化

1995 年，韩国 4 年级中较高年级男生平均得分 604 分，女生 590 分；较低年级男生平均得分 562 分，女生 543 分，以 19 分的绝对差值成为该年度参评国家/地区中性别差异最大的国家/地区。在 2011 年，测评女生占总人数的 48%，平均得分 583 分，占 52% 的男生平均测评成绩为 590 分，绝对差值为 7 分，有一定的性别差异。2015 年的 TIMSS 测评结果显示，全球范围内超半数的国家/地区男生、女生的科学测评结果没有显著性差异，但根据近 20 年来的测评分析，男生在科学领域的学习具有优势。而韩国的 2015 年测评结果为：占总人数 48% 的女生平均测评成绩为 584 分，占总人数 52% 的男生取得 595 的平均分，男女生差异达到 11 分，是全球范围内男女性别差异最大的国家/地区（见图 5 - 36）。

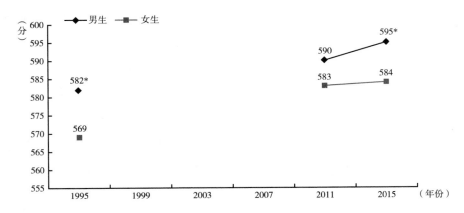

图 5 - 36　韩国不同性别的 4 年级学生 TIMSS 测评结果

注：＊表示该年度男生与女生的测评结果间存在显著性差异。

（二）韩国历次达到 TIMSS 国际基准线的比例变化情况

1995 年，对 TIMSS 测评成绩以前 10%、前 25%、前 50%（分别对应 660 分、607 分以及 541 分）为依据进行划分，17% 的韩国较高年级和 20% 的较低年级学生达到了前 10% 的水平，大约一半能够达到前 25% 的水平（4 年级为 46%，3 年级为 51%），几乎全部学生都处于前 50% 的水平，表明自 1995 年起，韩国的科学教育水平已处于全球领先地位。

2011 年、2015 年的测评均以四种国际基准线为依据：优秀基准线（Advanced International Benchmark）、高级基准线（High International Benchmark）、中等基准线（Intermediate International Benchmark）、基本基准线（Low International Benchmark），即分别需要达到 625 分、550 分、475 分、400 分的测评成绩。

将 2011 年和 2015 年测评成绩与 1995 年进行对比，从中获得了三次测评中达到四种基准线的学生比例（见表 5 - 10）。图 5 - 37 呈现了韩国 4 年级学生在历年测评中达到国际基准线的变化趋势。

在过去 20 年的历次测评中，韩国达到四种基准线的学生比例持续呈现良好的上升趋势，同时达到中等基准线的学生比例高达 95% 左右，在所有参与测评的国家/地区中整体科学教育水平处于领先水平。且 1995 年与 2015 年对比，达到优秀基准线和高级基准线的学生比例显著增加，说明这

20年间韩国坚持以科学教育为基础，政府重视中小学科学教育的发展，不断推动"科技立国"目标的实现。

表 5-10　韩国 4 年级学生历年达到国际基准线的比例情况

单位：%

年份	优秀基准线 （625 分）		高级基准线 （550 分）		中等基准线 （475 分）		基本基准线 （400 分）	
	韩国	国际 平均	韩国	国际 平均	韩国	国际 平均	韩国	国际 平均
1995	22		67		93		99	
2011	29	5	73	32	95	72	99	92
2015	29	5	75	32	96	72	100	92

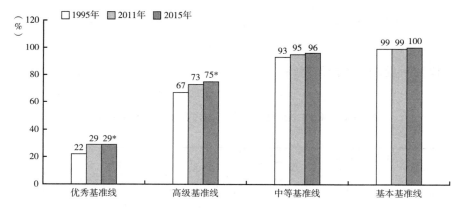

图 5-37　韩国 4 年级学生历年测评中达到国际基准线的变化趋势

注：＊表示该年度达到该基准线的学生比例与 1995 年相比存在显著性差异。

（三）TIMSS 科学评价内容维度下的测评分析

1995～2015 年，随着测评设计者对科学本质及其评价的理解不断深入、不断发展，TIMSS 的内容维度一直在调整，不断优化测评体系，解决具体实施过程中发现的问题。因此在不同年度的测评中，内容维度下的相关学科领域有所差异，测试题目中也做出改变，变动以环境、科学探究等居多。如1995 年，"环境话题和科学的性质"是一个内容领域，测试题目以社会现实生活中的环境话题为载体，展开对科学性质的讨论；2003 年调整为"环境科学"；自 2007 年起，"环境科学"的内容再次被拆分，分别纳入"地球科学"和"生物学"领域之中，并得以沿用。

1. 不同年度的比较分析

在 TIMSS 的科学测评中，包括韩国在内的大多数国家/地区都有 1～2 个表现更为突出的内容领域和 1～2 个相对薄弱的内容领域。

1995 年共设计 97 题，其中"生命科学"占 42%，有 41 题，"物理"占比 31%，涉及 30 题，"地球科学"17 题，"环境话题和科学的性质"比例最低为 9%，仅 9 题。2011 年科学教育中"生命科学"占比 45%，"物质科学"占 35%，"地球科学"占 20%。2015 年"生命科学"74 题，"物质科学"领域 61 题，"地球科学"涉及 33 题。

1995 年 TIMSS 将内容领域的平均正确率作为评价分析的依据，2011 年、2015 年均通过不同内容领域下的平均成绩来反映测评结果。表 5 - 11 和表 5 - 12 分别比较了不同年度韩国学生在各个内容领域的正确率和平均成绩。

表 5 - 11　1995 年韩国 4 年级不同内容领域测评成绩分析

单位：%

平均正确率	总平均正确率	生命科学	物理	地球科学	环境话题和科学的性质
较低年级	67	70	67	64	60
较高年级	74	76	75	72	70

表 5 - 12　2011 年及 2015 年韩国 4 年级不同内容领域测评成绩分析

单位：分

年份	总测评成绩	生命科学		物质科学		地球科学	
		平均成绩	与总测评对比	平均成绩	与总测评对比	平均成绩	与总测评对比
2011	587	571	- 16	597	10	603	16
2015	589	581	- 8	597	8	591	2

分析对比不同年度内容领域的测评成绩发现，在初次参与测评时，"生命科学"是韩国 4 年级学生的优势学科，"地球科学""环境话题和科学

的性质"等内容领域相对薄弱。随着 TIMSS 测评内容的更新，"环境话题和科学的性质"先改为"环境科学"，最终融入"地球科学"和"生命科学"之中，韩国 4 年级学生在 TIMSS 测评中"物质科学""地球科学"内容领域表现得更突出，"生命科学"反而成为较弱的内容领域。以 2011年为例，除占比最高的"生命科学"内容领域，"物质科学"和"地球科学"的测评结果均明显超出韩国该年级的总体平均测评水平，"生命科学"的掌握情况从 1995 年的最佳跌落至严重低于其他科学内容领域的整体水平。

下面以生命科学内容领域下的两道具体题目为例，尝试分析造成这一变化的原因。图 5-38 统计了这两道题目的正确率。

例题：

① （1995 年）日常饮食中需要包含水果、蔬菜的最主要原因是什么？

A. 它们含水量很高。

B. 它们是最佳的蛋白质来源。

C. 它们富含无机盐和维生素。

D. 它们是最佳的碳水来源。

答案：C

② （2015 年）大卫想清理花园中的蜘蛛，穆罕默德告诉他这主意很糟，因为蜘蛛对于环境很重要。请写出花园中有蜘蛛很重要的一个原因。

答案示例：蜘蛛可以吃掉会毁坏花园中植物的飞虫们。

20 年来 TIMSS 自身的试题设计不断完善，增加生活化情景，力求呈现学生实际分析问题、解决问题的能力水平，题目不再是简单的概念考察，对学生的科学素质提出更高要求。如 2015 年的题目设计了是否能清除花园的蜘蛛，引发对蜘蛛在生态系统中发挥哪些作用的讨论，学生需要先理解这一生活情境涉及的知识再回忆相关知识，对比 1995 年的题目则直接设问果蔬的主要营养物质，学生只需调动记忆即可解答。

同时分析发现，韩国 4 年级学生在 1995 年、2015 年测评中的平均正确率均远超过国际平均水平，但是和国际最高正确率的差距拉大。尽管 2015

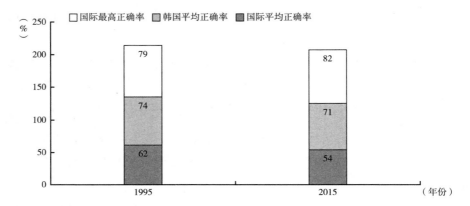

图 5 - 38   不同年度"生命科学"内容领域下两道例题的正确率对比

年韩国的平均正确率与国际平均正确率的差距较 1995 年更大，但这主要是由于 2015 年参与 TIMSS 测评的国家/地区增多，近 10 个国家/地区的平均正确率不到 30%，降低了国际平均正确率。

说明韩国 4 年级学生面对考察综合素养的题目时发挥不佳，将知识与生活实践相联系的能力有所欠缺，科学教师在课堂上需要引入更多生活化情景，需要真正让学生理解如何运用所学的科学知识去探究、解释生活现象。

2. **不同性别的差异性分析**

在内容维度下全球范围内不同性别均存在显著性差异，女生普遍在生命科学领域比男生具有优势，而男生的优势则体现在物质科学和地球科学领域。具体比较韩国不同性别的 4 年级学生在各个学科领域所取得的正确率（见表 5 - 13）和平均成绩（见表 5 - 14）。

表 5 - 13   1995 年韩国 4 年级不同性别下的内容领域测评分析

单位：%

平均正确率	总平均正确率		生命科学		物质科学		地球科学		环境话题和科学的性质	
	女生	男生	女生	男生	女生	男生	女生	男生	女生	男生
较低年级	65	69	68	71	65	69	62	66	61	60
较高年级	73	75	75	76	73	76	70	73	71	69

表 5 – 14 **2011 年及 2015 年韩国 4 年级不同性别下的内容领域测评分析**

单位：分

年份	总测评成绩	生命科学		物质科学		地球科学	
		女生	男生	女生	男生	女生	男生
2011	587	570	572	591	602	596	610
2015	589	581	582	589	605	578	603

从韩国 4 年级 TIMSS 测评结果可以看出，韩国在内容领域下存在较为显著的性别差异，以"物质科学"和"地球科学"尤为突出，男生充分体现出在这两大内容领域下的优势，平均测评成绩的差异达到 10 分左右；"生命科学"内容领域下女生未表现出比男生的优势，基本和男生表现相当。

（四）TIMSS 科学评价认知维度下的测评分析

1995 年未对不同认知维度下的测评结果进行分析，2011 年及 2015 年对全部参与国家/地区进行了不同认知领域的讨论分析。分析韩国 4 年级学生在认知维度下所取得的平均成绩，统计结果见表 5 – 15。

表 5 – 15 **2011 年和 2015 年韩国 4 年级认知领域测评分析**

单位：分

年份	总测评成绩	知道领域		应用领域		推理领域	
		平均成绩	与总测评对比	平均成绩	与总测评对比	平均成绩	与总测评对比
2011	587	570	– 17	593	6	605	18
2015	589	582	– 7	594	5	594	5

比较 2011 年和 2015 年不同认知维度下的平均成绩发现：2015 年，知道领域、应用领域、推理领域与总测评成绩间的对比差距缩小，各认知维度的发展不均衡情况有所改善，知道领域由 2011 年的 17 分差距缩小到 7 分的差距，推理领域超过 18 分的突出地位也降低至超出总测评成绩 5 分的水平。

同时，韩国在知道领域（理解科学，能够回忆、识别、描述等）的表现比应用领域、推理领域更显薄弱，这与 TIMSS 测评中大部分国家/地区在知道领域比应用、推理领域更有优势不一致，表明韩国在科学教育中相对其他国家/地区更加注重培养学生的科学思维、应用知识解决问题的能力，较好地实现了课程改革中"以学生为中心"的课程理念。

三 韩国8年级历次 TIMSS 测评结果变化分析

1995～2015 年，韩国的 8 年级学生参加了四年一次的全部 6 次 TIMSS 测评，每次的 TIMSS 试卷设计和结果数据分析有所差异。如：1995 年，TIMSS 的 8 年级测评报告以年龄为主要区分标准，所对应的学生年龄以 13 岁为主，8 年级的报告中分为较低年级和较高年级，将两者的平均值作为 8 年级的分析数据。

1995 年，韩国在全球的 8 年级测评排名第 4 位（41 个参与国家/地区），平均分 546 分；1999 年，韩国在 8 年级的测评中仅次于中国台湾地区、新加坡、匈牙利、日本，于 38 个国家/地区中排名第 5 位，平均分 549 分；2003 年，韩国的 8 年级测评结果排第 4 位（46 个参与国家/地区），平均分达 558 分，与 1999 年、1995 年的平均分相比都呈现显著的上升趋势，是提升最为显著的国家/地区之一；2007 年，韩国 8 年级取得 553 分的平均得分，为全球第 3 位（59 个参与国家/地区）；2011 年，8 年级取得 560 分的平均得分，排名第 3 位（45 个参与国家/地区）；2015 年，韩国的 8 年级测评结果处于全球领先水平，为第 4 位（39 个参与国家/地区），获得平均分 556 分，与排名第一的新加坡分差达 41 分。图 5－39 呈现了韩国 8 年级历次测评成绩的变化趋势。

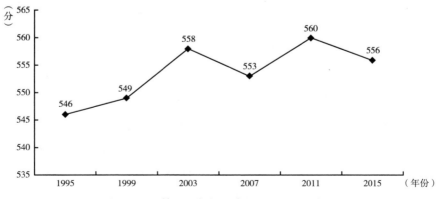

图 5－39　韩国 8 年级历次 TIMSS 测评结果

（一）不同性别的 TIMSS 测评结果变化

2015 年的 TIMSS 测评结果显示，虽然全球范围内超半数的国家/地区男生、女生的科学测评结果没有显著性差异，但是在剩余的其他 19 个国家/地区中，超过 3/4 的国家/地区中女生的测评表现优于男生。

近年来，女生在科学方面取得进步，使得自 1995 年起男生在科学领域的学习优势不断降低。就韩国而言，1995 年，女生测评成绩平均得分为 530分，男生达到 559 分；1999 年，男生平均得分仍为 559 分，但女生成绩提高至 538 分；2003 年，男生平均成绩 564 分，女生 552 分，差距进一步缩小；2007 年，男生平均成绩 557 分，女生仅 549 分。1995～2007 年测评结果持续表现为性别差异显著。在 2011 年，占测评总人数 52% 的女生平均得分 558 分，占 48% 的男生平均测评成绩为 563 分，绝对差值为 5 分，没有统计学上显著的性别差异。而韩国的 2015 年测评结果为：占总人数 47% 的女生平均测评成绩 554 分，占总人数 53% 的男生平均成绩 557 分，男女生差异仅 3 分，且没有统计学上的显著性差异。图 5－40 呈现了韩国 8 年级不同性别学生的 TIMSS 测评成绩变化趋势。

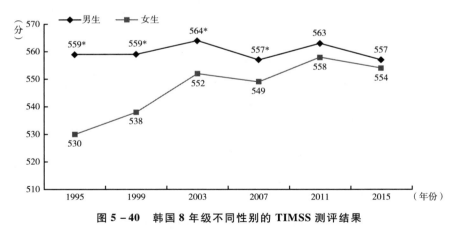

图 5－40　韩国 8 年级不同性别的 TIMSS 测评结果

注：* 表示该年度不同性别间存在显著性差异。

对于在科学教育方面存在性别差异的国家/地区（如韩国）而言，TIMSS 的测评结果表明随着时间的推移，8 年级学生间性别差异导致的学业水平差距越来越小，性别平等趋势越来越明显。在 2011 年 4 年级的 TIMSS 测评中，韩国学生表现存在相对较小的性别差异，在 4 年后的 2015 年，这批学生步入 8 年级，此时 TIMSS 的测评结果显示男、女生取得的测评成绩间不存在显著性差异。

（二）韩国学生历次测评达到 TIMSS 国际基准线的比例变化情况

1995 年 TIMSS 以前 10%、前 25%、前 50%（分别对应 660 分、607 分以及 541 分）为划分依据，韩国 8 年级学生中有 19% 的较低年级学生和 18% 的较高年级达到了前 10% 的水平，大约 40% 能够达到前 25% 的水平（7 年级为 43%，8 年级为 39%），分别有 72%、68% 的学生处于前 50% 的水平，表明自 1995 年起韩国的科学教育整体水平已处于全球领先地位，较低年级在测评中的表现反而优于较高年级。

1999 年的 TIMSS 测评则以前 10%、前 25%、前 50%、后 25%（分别对应 616 分、558 分、488 分、410 分）为划分依据，韩国 8 年级学生有 22% 能取得前 10% 的成绩，依然有近一半学生处于前 25% 的水平，其余分别对应 77% 和 94% 的比例。

2003 年开始，优秀基准线、高级基准线、中等基准线和基本基准线分别以 625 分、550 分、475 分、400 分为依据。通过数据对比，将 1995 年和 1999 年的测评结果以四种国际基准线为划分依据进行转换，分别统计达到各条基准线的学生比例（见表 5 - 16），并按年份绘制柱状图（见图 5 - 41）。

表 5 - 16　韩国 8 年级学生历次达到国际基准线比例

单位：%

年份	优秀基准线		高级基准线		中等基准线		基本基准线	
	韩国	国际平均	韩国	国际平均	韩国	国际平均	韩国	国际平均
1995	17	—	50	—	81	—	95	—
1999	19	—	50	—	81	—	96	—
2003	17	6	57	25	88	54	98	78

续表

年份	优秀基准线		高级基准线		中等基准线		基本基准线	
	韩国	国际平均	韩国	国际平均	韩国	国际平均	韩国	国际平均
2007	17	4	54	21	85	52	97	79
2011	20	5	57	32	86	72	97	92
2015	19	7	54	29	85	64	97	84

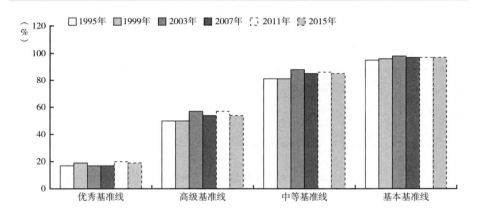

图 5 - 41　韩国 8 年级学生历次达到国际基准线的比例变化

20 年间，韩国在四种基准线上都呈现良好的进步趋势，稳中有升，且 1995 年与 2015 年对比，达到高级基准线、中等基准线的学生比例均显著性提升。

（三）TIMSS 科学评价内容维度下的测评分析

1995 ~ 2015 年，TIMSS 的内容维度不断调整，在不同年度的测评中，考查的内容维度有所差异，在测试题目中所涉及的相关内容也做出了相应的改变。

1. 不同年度的比较分析

历次测评中不同内容领域的题目数量占题目总数的比重不断变化，如"生命科学"的比重渐降，是因为 21 世纪生物科学技术飞速发展，取得大量突破性进展，引起人们关注，而"化学""地球科学"等学科却不易被重视，促使 TIMSS 在测评中增加比重以平衡科学课程的体系结构。同时 8 年级学生的测评内容与 4 年级有所不同，主要由于"化学"这一内容领域作为初中阶段的新增内容，在测评中应当增加一定的题量。

比较韩国在不同年度不同内容领域所取得的平均成绩，并与当年 TIMSS 总测评成绩进行对照分析。同样的，1995 年测评只有正确率的数据，1999 ~ 2015 年的测评有各内容领域平均分的数据，表 5 – 17 和表 5 – 18 分别呈现了韩国 8 年级学生在不同内容领域的正确率和平均分。

表 5 – 17　1995 年韩国 8 年级学生不同内容领域测评成绩分析

单位：%

年级	总平均正确率	生命科学	物质科学	地球科学	化学	环境话题和科学的性质
较低年级	61	65	63	59	54	61
较高年级	66	70	65	63	63	64

表 5 – 18　1999 ~ 2015 年韩国 8 年级学生不同内容领域测评成绩分析

单位：分

年份	总测评成绩	生物学/生命科学		化学		物理		地球科学	
		平均成绩	与总测评对比	平均成绩	与总测评对比	平均成绩	与总测评对比	平均成绩	与总测评对比
1999	549	528	– 21	523	– 26	544	– 5	532	– 17
2003	558	558	0	529	– 29	579	21	540	– 18
2007	553	548	– 5	536	– 17	571	18	538	– 15
2011	560	561	1	551	– 9	577	17	548	– 12
2015	556	554	– 2	550	– 6	564	8	554	– 2

除了表 5 – 18 呈现的四个领域，1999 年还增加了两大内容领域"环境与资源问题"和"科学探究与科学本质"，韩国分别取得 523 分、545 分的测评成绩，均低于总测评成绩；2003 年调整后"环境科学"成为第五个内容领域，韩国学生测评成绩也低于总测评成绩，仅 544 分。分析还发现，将原有的"环境话题和科学的性质"拆分融入其他内容领域后，环境相关的

内容就成为韩国 8 年级学生薄弱的短板。

比较发现，韩国在大部分内容领域下呈现稳定的进步趋势，只是"物理"领域呈现的明显优势逐渐减弱。

2. **不同性别的差异性分析**

尽管从纵向年度分析，TIMSS 各个内容领域的构成百分比在 2015 年、2011 年、2007 年未发生变化，保持相对稳定的测评试卷结构，但实际测评的试卷中不同内容领域的比例还是发生了一些细微改变，如"生命科学"的比例下降，"化学""物理"的比例凸显；与此同时，不同性别学生的成绩也出现了一定差异性。对韩国 8 年级不同性别学生的成绩进行正确率（见表 5 - 19）和平均分（见表 5 - 20）统计。

表 5 - 19　1995 年韩国 8 年级不同性别学生在不同内容领域的测评表现分析

单位：%

年级	总平均正确率		生命科学		物质科学		地球科学		环境话题和科学的性质	
	女生	男生	女生	男生	女生	男生	女生	男生	女生	男生
较低年级	65	69	68	71	65	69	62	66	61	60
较高年级	73	75	75	76	73	76	70	73	71	69

表 5 - 20　1999～2015 年韩国 8 年级不同性别学生在不同内容领域的测评表现分析

单位：分

年份	总测评成绩	生物学/生命科学		化学		物理		地球科学	
		女生	男生	女生	男生	女生	男生	女生	男生
1999	549	520	536	515	532	534	553	525	539
2003	558	555	562	527	531	575	582	527	552
2007	553	546	549	536	536	564	578	530	546
2011	560	559	563	552	550	574	580	541	555
2015	556	552	556	554	547	563	565	547	561

1999 年增加的内容领域"环境与资源问题"，韩国女生平均 516 分，男生平均 529 分，均低于总测评成绩；另一增加领域"科学探究与科学本质"，女生测评成绩为 547 分，男生 544 分，同样都低于总测评成绩；2003

年调整后"环境科学"成为当年测评的第五个内容领域，测评成绩女生 538 分、男生 548 分，也均低于总测评成绩。

分析可知，韩国 8 年级学生的性别差异在"物理"和"地球科学"领域中表现出显著性，在该内容领域下女生与男生间有近 20 分的分差。

（四）TIMSS 科学评价认知维度下的测评分析

TIMSS 对科学素质的认知维度进行分析，主要针对知道领域、应用领域、推理领域。所有参评国家/地区通常在三个领域的表现各不相同，极少数国家/地区在三大认知维度的表现无差异。8 年级学生需面对更多推理领域的测评题目，考查学生的科学推理能力，如何提出假说，怎样设计验证假说的科学探究，并对调查获得的数据进行合理分析，"回忆或识别"和"描述"等知道领域的题目比例较 4 年级有所下降，这一测评设计的变化符合学生的认知发展阶段，能够较好地反馈学生的认知发展水平。

1995～2003 年未对不同认知领域的测评结果进行分析，2007 年、2011 年、2015 年对全部参与国家/地区进行了不同认知领域的讨论分析。分析韩国 8 年级学生在不同认知维度下的平均成绩，结果见表 5－21。

表 5－21　2007～2015 年韩国 8 年级学生认知领域测评分析

单位：分

年份	总测评成绩	知道领域		应用领域		推理领域	
		平均成绩	与总测评对比	平均成绩	与总测评对比	平均成绩	与总测评对比
2007	553	543	－10	547	－6	558	5
2011	560	554	－6	561	1	564	4
2015	556	555	－1	552	－4	560	4

以物理内容领域下的具体题目为例，进一步分析韩国 8 年级学生成绩的变化。

① （1995 年）哪一种辐射导致太阳灼伤皮肤？

A. 可见辐射

B. 紫外线

C. 红内线

D. X 射线

E. 无线电波

答案：B

②（1999 年）防晒油可用于保护皮肤。它能保护皮肤免于受到下列何种太阳辐射的伤害？

A. 可见光

B. X 光

C. 红外线

D. 紫外线

E. 微波

答案：D

这两道题均以"放射线及其防护"为主要考点，1999 年"防晒油"的表述将题目内容与学生日常生活紧密相连，学生既可以从生活常识的角度出发思考，也可以运用课堂所学的科学知识解决问题。因此学生在不同认知领域的进步需要自身的主动学习，在课堂学习过程中不断建构自身的知识体系，并能够灵活运用知识解释生活中的真实情境。

四 背景问卷折射的韩国科学教育生态

（一）家庭

1. 家庭的物质资源

连续的调查问卷结果均表明，韩国家庭为学生学习提供了充分的物质条件保障，测评中各校的富裕学生均多于贫困学生，学生家庭有一定的社会经济基础。首先，家中拥有超过 100 本书籍的学生一直占近半数，其中，超过 200 本藏书的家庭保持在 20% 左右；其次，家庭拥有电脑的比例也从 1999 年的 39% 陡升至 2003 年的 98%，这说明韩国家庭大多紧跟信息化浪潮，创造了优越的物质条件。

2. 家庭的文化氛围

韩国学生的父母双方大部分都受到良好的教育，不仅在学业上可以提供一定的指导，也可以为学生的成长指引方向。1995 年，参与测评的韩国学生中近 20% 的父母完成了大学学业；2007 年约半数家长学历是大学及以上，家庭良好的受教育背景使得韩国学生通常有明确的大学目标；2003 年的调查问卷表明，学生继续接受教育的意向占 79%，而希望进入大学学习且父母中有一方大学毕业的学生占全体的 31%，这部分学生的 TIMSS 测评成绩达到了 584 分，远超过当年平均分 558 分。

此外，积极的家庭氛围保障了韩国学生充足的休闲时间和丰富的休闲方式。通过和朋友交谈、看电视、上网娱乐、做家务、进行体育运动、结合兴趣的阅读等方式，学生有效放松自我，及时调整学习状态。

3. 家庭对科学课程的重视程度

非常重视科学课程的学生比例从 1999 年的 19% 逐步增加到 2007 年的 41%，并保持上升趋势，这部分学生的测评成绩也处于领先水平。同时，家长也对科学课程给予足够重视，在数学、科学、语言、娱乐、运动等分类中，分别有 96%、92% 的家长认为数学、科学十分重要，占比最高。而 2015 年的调查问卷结果显示，许多韩国家庭为学生提供了更多的学习条件，学生普遍接受了学前教育，超过 75% 的学生具有良好的读写能力和识数能力，有利于在 TIMSS 测评中准确、快速地理解试题，并做出恰当解答。

（二）学校环境

1. 学校物质资源

参与 TIMSS 测评的全部学校都配置有图书馆，为科学课程开展提供了基础保证；校长、教师等多方面均认为科学课程受本校科学资源短缺的影响很低，近 90% 的校长认为校园生态处于不错或很好的水平，持有同样观点的学生比例约 75%，说明校园是学生开展科学学习的有效场所，同时超过 90% 的师生在校内体会到充分的安全感，这能够促进师生全身心地进行科学课程的教与学。

而韩国的班级规模以 40 人左右居多，不进行小班教学，也基本不存在大班额的问题，比较有利于保证课堂教学的质量。

2. 科学教育教师队伍

韩国对科学教育教师队伍有较高要求，既包括严格的准入机制，也体现在对教师专业发展的重视。首先，以立法形式规定科学教师需要具备大学学历，并完成基础的教育实习任务，但不硬性要求是师范院校毕业，只要修满相应课程学分即可，从源头上保证了科学教师的质量，使得韩国科学教育教师均达到了大学学历，1999 年取得大学及以上学历的教师已占 25%，2007年该比例达到 29%；其次，科学教师队伍年轻化，能够有充沛的精力和灵活的观念随新课程改革不断调整教学，年龄在 40 岁以下的中青年教师基本保持在 50% 的水平；再次，韩国科学教师在职期间依然每年参加教师专业发展的培训，培训内容既包含对国家课程理念的认识，也包含针对具体的学科知识、教学技能、沟通技巧等的提升，多维度、多层次地促进教师专业发展；最后，科学教师自身有主动积极的发展意识，从 2003 年调查来看，超过一半的教师能每周和其他学科教师沟通交流超过 3 次，集体备课、同行的听课和评课以及教学研究小组也是科学教师交流的重要方式。

（三）教学现状

1. 课堂教学

韩国科学教育教师在实施课堂教学的过程中有 95% ~ 99% 以练习为主，使得练习成为"课堂教什么"的主要依据，课标的指导作用仅占不到 20%，因此练习也主要决定了"课堂怎么教"。韩国科学课堂的组织形式包括生生互动、教师讲授、在教师协助下的独立探究和小组探究、无教师协助的独立探究和小组探究，其中以传统的教师讲授为主，一般占 80% 左右，尚不能很好地落实"以学生为中心"的新课程修订理念。

2. 教学评价反馈（作业布置和反馈）

调查问卷反映出韩国科学教育教师对作业的态度集中为"检查是否完成""与学科成绩挂钩"，占比分别超过 75% 和 50%，对于作业这一学情的反馈，仅约 25% 的教师会认真批改并给予反馈，作业类型也很少出现小论文、小探究等形式。而另一种教学评价手段——测验，以每月一次或每两周一次的频率居多，达到一半，其他评价手段如日常观察、教师自编试卷等也得到使用，保证对学生进行终结性评价的同时，也贯彻有过程性评价。

五　影响测评结果的因素分析

（一）促进韩国科学教育测评结果进步的因素分析

1. 科学教育目标和内容的改革更新

1945 年后，韩国陆续推行了七次课程改革。如 1955～1963 年的第一次课程时期，由于刚经历过战火，课程目标重点在于帮助学生积累谋求合理生活的科学知识、培养科学态度及能力；1988～1992 年的第五次课程改革提出 STS（科学—技术—社会）的课程目标，补充"生活实际"的问题情景，改变课程内容及其实施以适应信息化社会的发展；1998 年开始启动的第七次课程改革主要开发连贯性的从 3 年级直至 10 年级的科学课程群，强调合理组织科学综合探究活动，强调"以学生为中心"的课堂教学，而在 2007 年又启动了第七次课程改革方案的修订，包括课程内容、课程管理、课程实施等方面，继续以 STS 理念为指导，充分发挥学生在学习中的主体作用，同时兼顾大众教育和英才教育，明确培养具备科学素质、健康并富有创造力的国民的课程目标。

在课程内容方面，最近一次改革修订中，韩国既保留原有的分科课程，强调其系统性特征，又针对全球性的学科交叉、学科融合趋势，对现有课程进行一定程度上的有机整合。同时，丰富科学教材的表现形式，增加学生的科学探究活动，努力提高教材质量，挖掘其他课程资源。

国际社会和科学教育在不断发展变化，韩国能敏锐关注并及时根据变化对本国的科学教育目标、内容等做出改革和修订，使得本国的科学教育及时更新，兼具时效性和实用性。

TIMSS 的测评题目、形式等也随着全球范围内科学教育的改革推进和科学技术的发展而发生改变：每年内容维度的框架结构都有或大或小的调整，各个学科领域的侧重点和学科比例不断改变，力求通过 TIMSS 的科学评价体现科学学科的综合化趋势。面对不断发展的 TIMSS 测评，韩国对科学教育的更新和修订有效保证了自身在历次测评中取得突出成绩和排名，也促进自身稳中求进，测评结果逐年进步。

2. 科学教育教科书等教学资料的开发建设

教科书在韩国的学校教育中是主要的教学资料，由韩国政府统一教材内容的编写、出版。各年级的科学教科书通过丰富的编辑、排版方式唤起学生的学习兴趣，并且突出教学重难点，使学生能清晰理解正文内容。如 7 年级的科学教科书由导入、展开、整理评价和补充深化四部分内容构成，教材内容不仅列明学习目标，使学生明确自身的学习要求，而且利用日常生活话题、素材展开，帮助学生自己探索科学的基本原理，学会归纳、总结。以科学课程为中心的科学教科书能够有效激发学生的科学探究热情，激发学生的理性思考和创新创造，因此在知道、应用、推理认知维度下，韩国学生均有杰出表现。

3. 科学教育教师的高质量高素养

韩国在培养科学教育教师时采取各项措施以保证教师队伍的高质量、高素养，包括对所修教育学、学科教学课程的课时要求，对教育实习的要求，保证新手科学教师的整体素质，也包括扩大大学生的选修课范围，促进准科学教师在高等教育阶段培养自身的综合学科素养。同时，重视科学教师入职后的专业发展，培训内容涵盖学科知识、教学策略、课程改革、批判性思维、课程与技术的融合、人际沟通技巧等多方面，帮助科学教师有效提升自我，解决教学实践中遇到的疑难问题。

近年来，韩国的科学教师全部具有大学本科及以上的学历，近 25% 为研究生，同时科学教育教师们在高等教育阶段所学的专业集中为科学教育专业、各学科教育专业或教育学专业，具有极强的专业相关性，科学教育教师同时兼具高专业素养和丰富的实践经验，年龄在 39 岁及以下的科学教育教师占比超过 50%。

4. 科学教育相关法规、政策的支持保障

韩国从 1948 年建立教育部起，就同步设立了科学教育局以对科学教育进行专门的管理。此外，《教育法》《科学教育振兴法》《科学教育振兴法实施令》等政策法规的制定、出台为中小学科学教育提供了有力的实施保障，并且能够对实施方案、师资培养、资金使用等做出整体规划和安排。体系化的政策法规辅之以经费及社会的支持，能够为科学教育的课程改革与深化发展提供可能和保障，保证了韩国在 TIMSS 的多次测评中处于稳定的领先地位。

5. 家庭、学校等外部环境的安全有力

背景问卷显示，韩国家庭既能够提供大量的书籍、独立的书桌、随时可用的电脑，营造优质的物质环境条件，父母双方也接受过良好的教育，形成优良的家庭内部氛围。而学校层面，校园资源如图书馆等，基本全部韩国学校均能满足师生的需求；尽管校长和学生对于校园生态的感受有所差异，但实际上大部分学生认为学校能够提供基本的安全感，有良好的文化生态。外部环境的稳定、安全使学生能静心投入学习，且家长通过参与校内活动、担当志愿者、在校内行政机构挂职等形式，有效促进了家校合作，形成家校合力；有利的外部环境还能为学生提供物质条件和精神层面的强大支撑，帮助学生在学习生涯中持续发展。

（二）制约韩国科学教育测评结果进步的因素分析

1. 政府控制教学内容的过细过多

韩国的教育行政机构以中央一级的教育部为中心，全国施行由中央制定的统一课程标准，教科书等教学材料也由中央统一编写发行，把控教科书内容以及授课内容，只有学业测试可以由地方教育厅、各学区教育室等独立负责，地区的教育行政决策、财政预算职能相对有限。直至 20 世纪 90 年代，随着韩国地方教育自治法的颁布，地区才逐渐实现教育自治，拥有了一定的教育财政预算和行政决策权力。但是韩国政府依然过分管制教科书内容，打击了教科书编写者的创作积极性，限制了科学教师开发校本课程等的创新思维。此外 20 世纪 90 年代中期开展的第七次课程改革和后续修订致力于改革课程设置，有意识地减少学科科目，力图减轻学生学习负担，也从侧面导致了社会普遍轻视数学和科学的不良结果。

2. 学生自我认同感的缺乏和不足

韩国虽然整体教育质量较高，但由于激烈的学业竞争，学生除在学校花

费大量时间学习外，大多通过课外辅导等"私教育"形式，对大学入学考试科目进行补习，承担了巨大的学业负担，原本的兴趣爱好也被扼杀，仅不足 1/3 的学生对科学有兴趣。1995 年 8 年级的韩国学生在测评中取得了第四名的优秀成绩，但有超过 1/3 的学生不认同自身处于较高的科学学习水平。而 2015 年的调查问卷结果表明，韩国持有沉迷科学、喜欢科学或有信心学好科学态度的学生比例是全球最低的，这与韩国学生取得较高水平的学业成就形成鲜明对比。长期的学业压力、巨大的学业竞争使学生们的自信心逐渐磨灭，缺乏自我认同感，导致很难从科学课程中体会到学习的幸福，获得自我满足感。

3. 科学探究活动的短缺薄弱

TIMSS 测评中常以生活化材料为背景，对学生的科学素质提出较高要求。目前韩国课程标准中已明确提出增加学生的探究活动，面向学生的调查问卷结果表明：韩国的科学探究形式以观看教师演示为主，而教师则认为与生活相联系是教学中最主要的科学探究形式，比例高达 84%，但学生认为在课堂中科学探究能与生活相关的内容仅占 35%。这一方面说明教师在设计课堂探究时没有充分考虑学生的学情，教学预期与实际差距较大，另一方面也说明观察现象、解释科学现象、设计探究实验、动手操作、小组实验等科学探究方式虽然形式多样，但缺乏有效实践，没有充分体现科学探究的价值，导致学生开展科学探究时经常会遇到探究主题不明确、设计探究实验步骤受挫、不会归纳总结探究结果等疑难问题，不会在生活情景中灵活运用所学知识。

第三节 什么样的科学教育造就了全球第一的排名：历年 TIMSS 测评中的新加坡科学测评成绩及其影响因素分析

一 新加坡及新加坡教育情况简介

新加坡共和国，简称新加坡，是东南亚的一个岛国，19 世纪起先后被英国、日本侵占，1965 年正式独立，新加坡是一个文化多元、经济发达、国际化程度很高的资本主义国家，被誉为"亚洲四小龙"之一。[①]

新加坡教育以培养自信的人、自我引导的学习者、积极的贡献者和关心社会的公民为主要目标，自 1997 年，新加坡对各阶段学生的期望输出特点有着明确的规划，如表 5-22 所示。新加坡教育提倡灵活多样、少教多学的培养模式，重视对学生进行基础广泛的人文教育，提供充足的教师专业发展机会，为学校配备重组的教师和全职顾问，承诺为学校提供定制课程，给学校足够的自主空间，并鼓励学校间的学习和创新，积极促进学校与社区的伙伴关系。[②]

表 5-22　新加坡教育部对各阶段学生的输出规划

在小学结束时,学生应该:	在初中结束时,学生应该:	在高中结束时,学生应该:
能够明辨是非	有道德操守	有道德勇气站出来为正确的事情辩护
了解他们的优势和成长领域	相信他们的能力,并能够适应变化	在逆境中保持弹性
能够与他人合作、分享和关心他人	能够在团队中工作,对他人表现出同理心	能够跨文化合作,具有社会责任感
对事物有强烈的好奇心	有创造性,有求知欲	有创新和进取精神
能够自信地思考和表达自己	能够欣赏不同的观点,有效地沟通	能够批判性的思考和有说服力的沟通
为他们的工作感到自豪	对自己的学习负责	有目标地追求卓越
有健康的生活习惯和艺术意识	享受体育活动和欣赏艺术	追求健康的生活方式和审美
了解新加坡,热爱新加坡	相信新加坡,理解什么对新加坡是重要的	以新加坡人的身份为荣,理解新加坡与世界的关系

① 外交部：《新加坡国家概况》，https：//www.fmprc.gov.cn/web/gjhdq_676201/gj_676203/yz_676205/1206_677076/1206x0_677078/，2018 年 11 月 23 日。

② Ministry of Education Singapore. Desired Outcomes of Education. https：//www.moe.gov.sg/education/education-system/desired-outcomes-of-education，2018-11-23.

二　新加坡参与 TIMSS 科学测评总体情况简介

新加坡 8 年级学生持续参与了 1995～2015 年共 6 次 TIMSS 科学测评，4 年级学生参与了除 TIMSS 1999 外的共 5 次科学测评。

TIMSS 测评中的 4 年级和 8 年级分别对应新加坡的小学 4 年级（primary 4）和初中 2 年级（secondary 2）。新加坡近 20 年来参与测试的 4 年级学生的平均年龄在 10.3～10.4 岁，8 年级学生的平均年龄在 14.3～14.4 岁。根据对已有研究的梳理，研究者们开始表现出对 TIMSS 科学测试中新加坡学生表现的兴趣，但是并未对 TIMSS 测试中新加坡的科学测评成绩及其影响因素进行系统的梳理，因此，本研究基于对 TIMSS 各次测试数据中新加坡的具体表现，对新加坡的 TIMSS 科学测评成绩及其主要影响因素进行系统分析。

三　新加坡科学测评成绩及其变化

（一）新加坡4年级学生科学测评成绩及其变化

总体来看，新加坡在参与 4 年级 TIMSS 科学测评的国家/地区中属于领跑者。新加坡 4 年级 TIMSS 科学测评总体成绩非常优秀且保持稳定，在 TIMSS 2003、TIMSS 2007 与 TIMSS 2015 中 4 年级科学测评成绩均排名第 1 位，在 TIMSS 2011 中成绩仅次于韩国（587 分），排名第 2 位，在 TIMSS 1995 中排名第 7 位。从成绩上来看，新加坡 4 年级 TIMSS 科学测评成绩呈上升趋势：TIMSS 1995（523 分）、TIMSS 2003（565 分）、TIMSS 2007（587 分）、TIMSS 2011（583 分）、TIMSS 2015（590 分）。在 TIMSS 测评的 20 年间，4 年级科学成绩增长最快的 5 个国家/地区——斯洛文尼亚、新加坡、葡萄牙、中国香港和俄罗斯，其中新加坡的增长值以 67 分位列第 2。[①]

---

① Mullis，I. V.，Martin，M. O.，& Loveless，T.，et al.（2016）. 20 Years of TIMSS. International Association for the Evaluation of Educational Achievement. TIMSS&PIRLS International Study Center, Boston College.

自 TIMSS 1995 以来，新加坡 4 年级科学测评中男女生成绩均没有显著性差异。其中，在 TIMSS 2003 与 TIMSS 2007 中，男女生的平均成绩一致；在 TIMSS 1995 中，男生（526 分）比女生（521 分）成绩高 5 分；在 TIMSS 2011 中，男生（585 分）比女生（581 分）成绩高出 4 分；在 TIMSS 2015 中，女生的平均成绩（591 分）高于男生平均成绩（590 分）。

1. 新加坡 4 年级学生科学成绩达到国际基准各个水平的情况

TIMSS 测评基于各个国家/地区的测试情况给出几个基准点，并假定未达到某个基准点的学生不可以回答出该水平对应的试题，包括：优秀基准点（625 分）、高级基准点（550 分）、中级基准点（475 分）和低级基准点（400 分）。图 5 - 42 呈现了新加坡 4 年级学生在历次 TIMSS 测评中达到各个基准点的人数百分比。如图 5 - 42 所示，新加坡 4 年级学生科学测评在国际基准上的分布逐渐上移，TIMSS 2003 以来，95% 以上的参与测试的新加坡 4 年级学生都可以达到 TIMSS 划出的低级基准，其中达到高级基准和优秀基准的学生比例逐年上升，总比例稳定在 70% 左右；另外，较低水平的学生（包括仅达到低级基准和仅达到中级基准的学生）比例都在逐年下降。

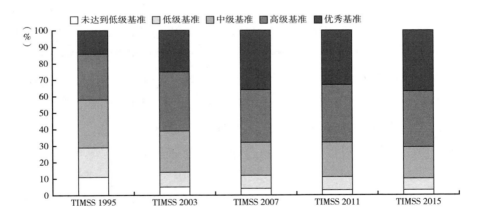

图 5 - 42　新加坡 4 年级学生科学成绩达到国际基准各个水平的情况

综合来看，新加坡 4 年级学生的 TIMSS 科学测评成绩不断提高，排名逐渐靠前，在国际基准上的表现也越来越好。

2. 新加坡 4 年级学生在内容领域和认知领域上的表现及变化

TIMSS 2003 及之后，TIMSS 都将其 4 年级科学测评从内容维度上分为生命科学、物质科学和地球科学三个维度。在近 4 次 TIMSS 测评中，新加坡 4 年级学生在物质科学上的表现较好，且呈上升趋势，详见图 5 - 43。

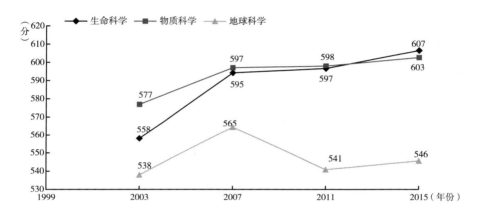

图 5 - 43　新加坡 4 年级学生在 TIMSS 科学测评内容领域上的表现

在生命科学上的表现逐年显著提升，并在 TIMSS 2015 中达到三个内容维度之最，在地球科学上的表现均最弱，低于科学的整体表现水平。在 TIMSS 2007 测评中，地球科学成绩仅次于中国香港，TIMSS 2003 中仅次于中国台湾，均排名第 2 位；在 TIMSS 2011 测评中，新加坡 4 年级学生在地球科学领域的排名为第 6 位，在 TIMSS 2015 中，新加坡 4 年级学生地球科学的平均成绩低于韩国（591 分）、中国香港（574 分）、日本（563 分）、俄罗斯（562 分）、芬兰（560 分）、中国台湾（555 分）、瑞典（552 分）、挪威（549 分），居第 9 位，由此可以看出，新加坡 4 年级学生地球科学领域的测试成绩呈下坡趋势。另外，从 TIMSS 2007 测评开始，新加坡 4 年级学生中男生的地球科学成绩均显著高于女生。

TIMSS 2007 中，TIMSS 明确将科学测评从认知维度上分为知道、应用和推理，且该框架沿用至今。在近 3 次 TIMSS 测评中，新加坡 4 年级学生在应用和推理维度上的表现逐年显著提升，详见图 5 - 44。

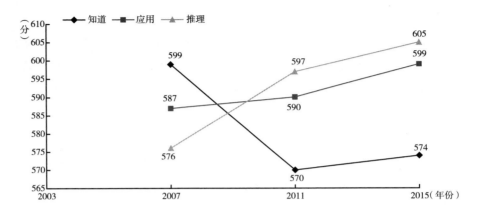

图 5 − 44　新加坡 4 年级科学测评在认知领域上的表现

对于知道维度，新加坡在 TIMSS 2007 中位居第 1；在 TIMSS 2011 中，新加坡的表现仅次于芬兰（579 分），与韩国（570 分）并列第 2 位；在 TIMSS 2015 中，新加坡的表现仅次于韩国（582 分）；因此，新加坡 4 年级科学测评在知道维度基本稳定。另外，从 TIMSS 2007 测评开始，新加坡 4 年级学生中男生在知道领域的成绩均显著高于女生，女生在推理领域的成绩均显著高于男生。

（二）新加坡8年级学生科学测评成绩及变化

新加坡 8 年级 TIMSS 科学测评总体成绩也非常优秀且保持稳定。除 TIMSS 1999 测评外，新加坡在 TIMSS 1995、TIMSS 2003、TIMSS 2007、TIMSS 2011 和 TIMSS 2015 中 8 年级学生科学测评成绩均排名第 1 位。在 TIMSS 1999 测评中，8 年级学生科学测评成绩仅次于中国台湾（569 分），排名第 2 位。从总体成绩上来看，新加坡 8 年级学生 TIMSS 科学测评成绩：TIMSS 1995（580 分）、TIMSS 1999（568 分）、TIMSS 2003（578 分）、TIMSS 2007（567 分）、TIMSS 2011（590 分）、TIMSS 2015（597 分），整体呈波动上升趋势。

总体来看，除了在 TIMSS 2007 中，男生成绩（563 分）略低于女生成绩（571 分）外，新加坡 8 年级科学测评中男生成绩普遍略高于女生。在 TIMSS 1999 中，8 年级科学测评的男生成绩（578 分）显著高于女生（557

分），除此之外，新加坡 8 年级科学测评中男女生成绩均没有显著性差异。
另外，男女生之间的细微差距有逐渐缩小的趋势。

1. 新加坡 8 年级学生科学成绩达到国际基准各个水平的情况

整体来看，90% 以上的新加坡 8 年级学生都可以达到 TIMSS 科学测评的
低级基准及以上。而达到优秀基准的新加坡 8 年级学生比例也在逐年增大，
由 TIMSS 1995 中的 29% 提高到 TIMSS 2015 中的 42%，而这一比例在 6 次
TIMSS 8 年级科学测评中，在各个国家/地区中是最高的。达到高级基准及
以上的学生比例也在逐年上升，从 TIMSS 1995 测评中的 64% 提高到
TIMSS 2015 中的 74%，这意味着在新加坡 8 年级参与科学测评的学生中，
每 4 名学生中就有 3 名可以达到 TIMSS 科学测评中的高级基准及以上（见
图 5 – 45）。

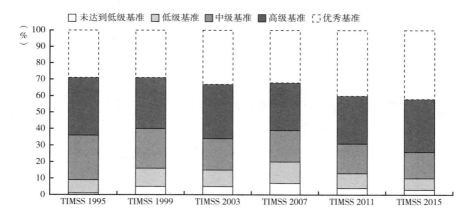

图 5 – 45　新加坡 8 年级科学成绩达到国际基准各个水平的情况

2. 新加坡 8 年级学生在内容领域和认知领域上的表现及变化

TIMSS 2003 及之后，TIMSS 都将其 8 年级科学测评从内容维度上分为生
物学、化学、物理和地球科学 4 个维度。在近 4 次 TIMSS 测评中，新加坡 8
年级学生在物理上的表现较好，且呈上升趋势，详见图 5 – 46。

在生物学上的表现逐年显著提升，并在 TIMSS 2015 中达到四个内容维
度之最；另外，新加坡在生物学和物理学科上的表现略好于整体水平。而在

TIMSS 测评：国际青少年科学素质全景解读

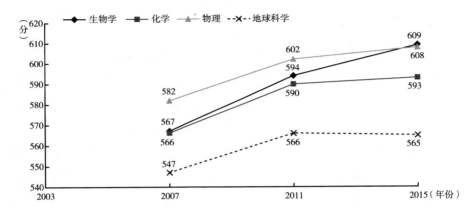

图 5-46　新加坡 8 年级学生在 TIMSS 科学测评内容领域上的表现

地球科学上的表现均最弱，低于科学的整体表现水平，这一结果与新加坡 4 年级学生的表现一致。

在近 3 次 TIMSS 测评中，新加坡 8 年级学生在各认知领域上的表现逐年显著提升，详见图 5-47。

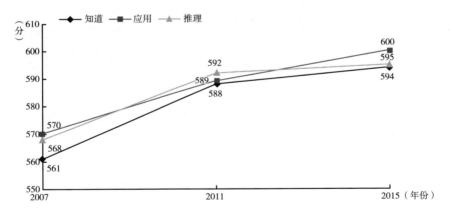

图 5-47　新加坡 8 年级科学测评在认知领域上的表现

在知道、应用和推理 3 个认知领域中，新加坡 8 年级学生在知道领域上的表现弱于在应用、推理上的表现。而在国际排名上，8 年级学生在 TIMSS 2015 中各个认知维度上的排名都是第 1 位；TIMSS 2011 中，各个认知维度均排名第 2 位，知道维度仅次于芬兰，应用和推理维度都仅次于韩国；TIMSS 2007 中，知道维度仅次于中国台湾，应用、推理维度均为第 1 位。总体来看，新加坡 8 年级学生在 3 个认知维度上的表现较好，水平基本一致，知道维度稍稍弱于其他两个维度。

四 新加坡学生背景信息及其对测评成绩影响分析

TIMSS 在不同年份测评中设置的背景问卷维度大致相同，在具体问题上存在较大变化，本节以 TIMSS 2015 中背景测评的框架为基本框架，选取在 TIMSS 2007 ~ TIMSS 2015 中普遍关注的问题进行学生背景问卷信息变化的总结与分析。

（一）新加坡学生家庭学习支持信息情况分析

TIMSS 测评中的家庭学习支持包括家庭藏书、网络连接、独立房间、父母最高学历等要素。

1. 新加坡学生家庭藏书信息情况分析

TIMSS 2003 测评以来，TIMSS 都对 4 年级学生的家庭藏书情况进行了调查，在问卷中设置 "0 ~ 10 本"、"11 ~ 25 本"、"26 ~ 100 本"、"101 ~ 200 本" 和 "200 本以上" 的选项，"其他" 表示数据缺失或无效（下同）。

由图 5 - 48、图 5 - 49 可知，新加坡学生：①家庭藏书数量在 "26 ~ 100 本" 的学生比例最高，均在 30% 以上；②各次测试中，同一年级新加坡学生家庭藏书情况基本稳定；③在 8 年级学生当中，家庭藏书 "0 ~ 10 本" 和 "11 ~ 25 本" 的学生比例逐年上升，而家庭藏书 "101 ~ 200 本" 和 "200 本以上" 的学生比例均有下降趋势。

从图 5 - 50 和图 5 - 51 中可以看出：①总体来看，当家庭藏书数量在 200 本以内时，新加坡学生科学测评成绩随家庭藏书数量的增加而不断提升；②对于 4 年级学生，当家庭藏书数量多于 200 本时，TIMSS 2015 测评成绩出现了增幅减小的情况，在 TIMSS 2007 和 TIMSS 2011 中则出现了学生科学成绩轻微的下降；③家庭藏书数量在 "200 本以上" 的学生科学成绩比家庭藏书在 "0 ~ 10 本" 的学生科学成绩高 100 分左右，影响程度较

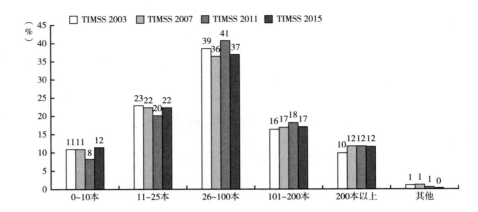

图 5 - 48　新加坡 4 年级学生家庭藏书情况

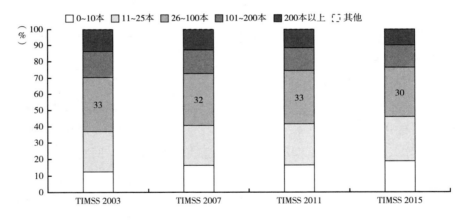

图 5 - 49　新加坡 8 年级学生家庭藏书情况

大；④对于家庭藏书量相当的学生，学生科学成绩有随着测试年份不断提高的趋势，这可能是由于网络学习在家庭学习方式中扮演着越来越重要的角色。

2. 新加坡学生家庭网络连接情况分析

TIMSS 2003 测评以来，学生背景信息的问卷中均包含对家庭中网络情况的调查。

根据图 5 - 52 和图 5 - 53 可知：①新加坡学生中家庭有网络连接的比例

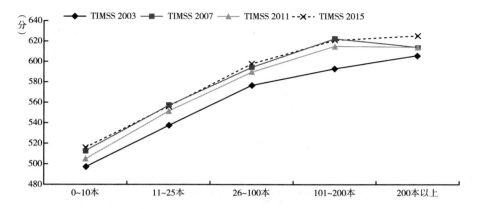

图 5 - 50　新加坡 4 年级学生家庭藏书数量对科学测评成绩的影响

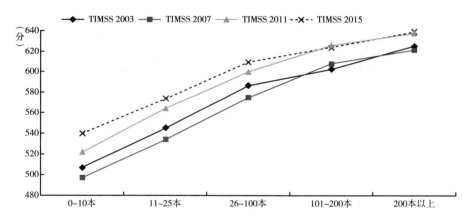

图 5 - 51　新加坡 8 年级学生家庭藏书数量对科学测评成绩的影响

逐渐提高；②TIMSS 2007 和 TIMSS 2011 两次测试之间，新加坡学生家庭网络连接情况变化最显著，增加幅度最大；③TIMSS 2015 测评中有 92.55% 的 4 年级学生、97.10% 的 8 年级学生家庭都有网络连接。

从图 5 - 54 和图 5 - 55 可以看出，家庭网络连接情况对新加坡学生的科学成绩有着重要的影响，家中有网络连接的学生科学测评成绩比家中没有网络连接的学生科学测评成绩高出很多，在 4 年级学生中能高出 58 ~ 95 分，在新加坡 8 年级学生中能高出 73 ~ 115 分。由此可以看出，与 4 年级学生的情况相比，家庭是否有网络连接对 8 年级学生的科学测评成绩影响

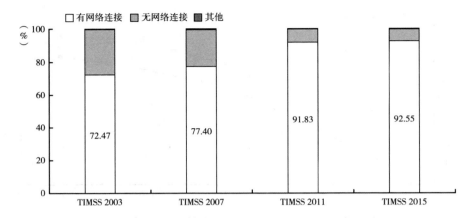

图 5-52　新加坡 4 年级学生家庭网络连接情况

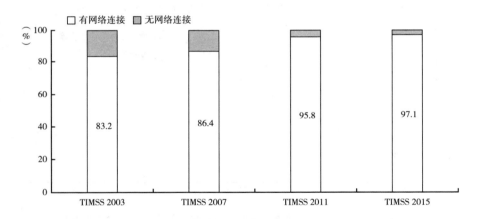

图 5-53　新加坡 8 年级学生家庭网络连接情况

更大。

3. 新加坡学生家庭学习支持信息

在 TIMSS 2011 和 TIMSS 2015 测评中，TIMSS 综合对学生是否有自己的房间及家里是否有网络连接情况进行变量抽提，抽提出"家庭支持"变量，并划分出"既没有自己的房间也没有互联网连接"、"有自己的房间或互联网连接，但不是两者都有"和"有自己的房间和互联网连接"共 3 个类型。

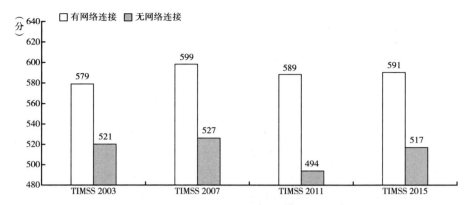

图 5 - 54　新加坡 4 年级学生家庭网络连接情况对科学测评成绩的影响

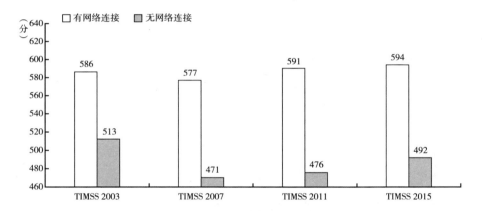

图 5 - 55　新加坡 8 年级学生家庭网络连接情况对科学测评成绩的影响

从图 5 - 56 和图 5 - 57 中可以看出，在 TIMSS 2011 与 TIMSS 2015 两次测试之间，既没有自己的房间也没有网络连接的新加坡学生比例变少，而有自己的房间和网络连接的学生比例也减少，结合对家庭网络连接情况的调查，推测 2011～2015 年四年之间，学生的独立房间变少。

4. 家庭学习支持情况概述

TIMSS 2015 根据家长对于家庭藏书数量、家庭学习支持及父母学历情况的报告，划分出"很多""一些""很少"家庭学习资源 3 个水平，对于两个年级中家庭学习资源的最高水平、新加坡水平及国际平均水平的描述如表 5 - 23 所示。

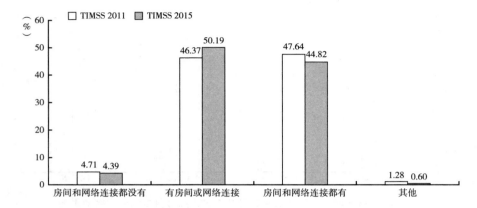

图 5 - 56　新加坡 4 年级学生家庭支持情况

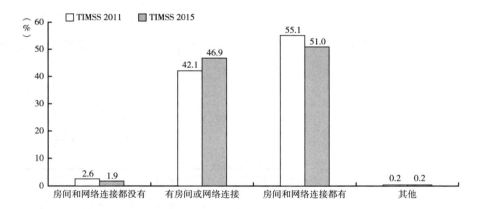

图 5 - 57　新加坡 8 年级学生家庭支持情况

表 5 - 23　TIMSS 2015 新加坡学生家庭学习支持情况

单位：分，%

年级	不同水平	很多		一些		很少	
		比例	成绩	比例	成绩	比例	成绩
4 年级	最高水平（韩国）	50	613	49	567	1	—
	新加坡水平（第 9 位）	27	647	71	576	2	—
	国际平均水平	18	567	74	503	8	426

续表

年级	不同水平	很多		一些		很少	
		比例	成绩	比例	成绩	比例	成绩
8 年级	最高水平（韩国）	37	584	60	541	3	483
	新加坡水平（第 23 位）	12	654	77	598	11	532
	国际平均水平	13	547	72	486	15	432

从表 5－23 可以看到，在 4 年级和 8 年级中，韩国的家庭学习资源都最为丰富；新加坡 4 年级学生家庭学习资源在国际排名较为靠前，为第 9 位，而 8 年级学生家庭学习资源为中游水平，排第 23 位；在各个家庭学习资源丰富度对应的科学测评平均成绩的国际排名中，新加坡 4 年级和 8 年级学生平均成绩均排第 1 位。

综合来看，新加坡 4 年级学生家庭藏书情况稳定，网络连接比例逐渐增大，拥有独立房间的学生比例可能在减小；而学生家庭藏书数量和家庭网络连接情况都是影响科学测评成绩的重要因素，其中家庭网络连接情况对 8 年级学生的科学成绩影响更大。从国际排名的角度来看，新加坡的家庭学习资源丰富程度并不突出，但其科学成绩显著优秀。

（二）新加坡学生个人背景信息情况分析

TIMSS 测评中的学生个人背景信息主要包含对学生学习动机、学习态度、学习习惯的调查，本节主要针对学习科学的动机和自我效能感进行学生个人背景信息的描述和分析。

1. 新加坡学生对科学/科学学习的动机

TIMSS 测评中包含了对学生对科学/科学学习的喜爱程度的调查，学生根据对"我喜欢科学""我喜欢学习科学"的陈述，进行"非常同意"、"有点同意"、"有点不同意"和"非常不同意"共 4 种态度的选择。

从表 5－24 可以看出，超过 78% 的新加坡学生对科学/科学学习持积极态度，且 8 年级学生持积极态度的比例（80% 以上）略高于 4 年级学生，新加坡 4 年级学生"对科学学习的喜爱程度"在 TIMSS 2015 中国际排名为第 25 位（共 47 个国家/地区），新加坡 8 年级学生在 TIMSS 2015 中排名为第 13 位（共 29 个国家/地区），由此可见新加坡学生对科学的兴趣随年级的增加而不断上升。结合表 5 - 22，新加坡的学校教育对学生的科学学习兴趣也有着明确的培养输出要求。

表 5 - 24　新加坡学生对科学/科学学习的动机与成绩之间的关系

单位：分，%

测试年级	测试题目	测试年份	非常同意		有点同意		有点不同意		非常不同意		缺失	
			比例	成绩	比例	成绩	比例	成绩	比例	成绩	比例	成绩
4 年级	对科学的兴趣	TIMSS 2007	54.12	595	27.53	582	9.90	559	7.72	535	0.73	—
		TIMSS 2011	58.84	591	26.00	575	8.85	568	5.40	541	0.91	—
		TIMSS 2015	56.56	590	27.45	586	9.83	578	5.33	556	0.83	—
4 年级	对科学学习的喜爱程度	TIMSS 2003	50.29	568	28.43	563	12.84	559	7.47	543	0.97	—
		TIMSS 2007	53.92	594	28.10	580	10.86	564	5.87	537	1.25	—
		TIMSS 2011	60.05	589	28.50	579	6.89	566	4.01	526	0.55	—
		TIMSS 2015	56.73	588	30.80	589	7.68	573	4.50	553	0.29	—
8 年级	对科学学习的喜爱程度	TIMSS 2003	41.17	592	40.61	571	12.68	544	4.24	518	1.30	—
		TIMSS 2007	36.26	589	44.65	560	13.76	534	4.77	479	0.56	—
		TIMSS 2011	41.96	607	44.63	581	9.37	544	3.95	518	0.09	—
		TIMSS 2015	42.92	609	42.44	586	10.13	566	4.26	544	0.25	—

在各次 TIMSS 测评中，一般对科学/科学学习的态度越积极的学生，其科学测评成绩越高，例如，在 TIMSS 2015 中，对"对科学学习的喜爱程度"持"非常同意"的 8 年级学生平均成绩（609 分）显著高于持"有点同意"的学生平均成绩（586 分），显著高于持"有点不同意"的学生平均成绩（566 分），显著高于持"非常不同意"的学生平均成绩（544 分），因此可以得出新加坡学生的科学学习成绩与其对科学的兴趣是相关关系。

此外，对科学/科学学习持"非常不同意"态度的学生比例在 4% ~ 8%，随着时间推移，该部分同学的科学测评成绩可以逐渐达到 TIMSS 的高级基准（550 分），由此也可以看出新加坡的学生整体科学测评成就较高。

2. 新加坡学生对科学课堂的感受

TIMSS 2015 对学生的科学课堂参与情况进行了调查，并划分出"非常引人入胜的教学"、"引人入胜的教学"及"引人入胜的教学以下"3 个水

平，其中，新加坡 4 年级学生的排名为第 43 位，认为经历的科学课堂是
"非常引人入胜的教学"的学生比例为 56%，仅高于中国香港（55%）、丹
麦（49%）、韩国（33%）、日本（28%），学生比例最高的国家为保加利亚
（88%）和葡萄牙（88%）；8 年级学生对科学课堂的认同程度低于 4 年级
学生，新加坡 8 年级学生的排名情况与 4 年级类似。

　3. 新加坡学生对科学学习作用的认识

　　TIMSS 通过问卷对学生对科学学习作用的认识进行了调查，以下主要通
过近几次 TIMSS 科学测评中都测查的学生对"科学有助于其他学科/知识"、
"科学能帮助进入大学"及"科学有助找到理想工作"的态度进行分析（见
表 5 - 25）。

表 5 - 25　对科学学习作用的认识与新加坡科学成绩的相关关系

单位：分，%

测试年级	测试题目	测试年份	非常同意		有点同意		有点不同意		非常不同意		缺失	
			比例	成绩	比例	成绩	比例	成绩	比例	成绩	比例	成绩
8 年级	科学有助于学习其他学科/知识	TIMSS 2003	27.64	594	45.43	576	22.76	554	3.97	529	0.20	—
		TIMSS 2007	25.62	583	45.32	565	23.57	551	5.27	505	0.22	—
		TIMSS 2011	30.71	599	42.78	584	21.34	581	4.98	554	0.19	—
		TIMSS 2015	28.29	600	42.92	586	23.47	595	4.92	572	0.40	—
	科学能帮助进入大学	TIMSS 2003	53.79	599	35.31	559	8.73	508	2.01	470	0.16	—
		TIMSS 2007	42.64	591	39.83	557	13.39	519	3.90	474	0.24	—
		TIMSS 2011	48.13	611	37.24	575	11.07	541	3.27	510	0.29	—
		TIMSS 2015	44.33	613	40.90	580	11.18	566	3.08	534	0.51	—
	科学有助找到理想工作	TIMSS 2003	24.90	604	32.28	585	31.17	555	11.49	530	0.16	—
		TIMSS 2007	34.41	587	36.94	561	21.62	544	6.77	513	0.26	—
		TIMSS 2011	41.17	607	34.86	579	18.48	565	5.27	543	0.22	—
		TIMSS 2015	39.23	611	37.62	582	18.04	579	4.54	560	0.57	—

　　（1）新加坡 8 年级学生对科学学习作用的认可程度排序依次为：能帮
助进入大学（82% ~89%）、有助于学习其他学科/知识（70% ~72%）、有
助找到理想工作（57% ~77%）；大多数同学认可科学学习的应试功能，认
可"科学有助找到理想工作"的学生比例由 TIMSS 2003 中的 57% 增长到

TIMSS 2015 中的 77%，说明学生逐渐认可了科学学习的求职功能，这可能是由于新加坡逐渐重视学生的职业规划教育。

（2）整体来看，一般对科学学习的积极作用越认可，其科学测评成绩越高；其中科学测评成绩随学生对"科学能帮助进入大学"的认可程度的提高而增长，因此可以认为，在以上 3 条描述之中，科学测评成绩与学生对"科学能帮助进入大学"的认识最相关。

（3）新加坡学生对科学重视程度的国际排名为第 24 位（共 39 个国家/地区），整体排名略高于学生对科学学习的喜爱程度。

4. 新加坡学生对科学学习的自我效能感

TIMSS 背景调查问卷中对学生科学学习的自我效能感进行了调查，该调查采用四点式里克特量表，让学生对各个说法进行"非常同意"、"有点同意"、"有点不同意"和"非常不同意"共 4 种态度的选择。TIMSS 2003 ~ TIMSS 2015 测评中均包含的题目有"认为自己经常在科学上做得好"、"与其他同学相比，自己在学习科学时更困难"和"我只是对科学比较不擅长"等（见表 5 - 26）。

表 5 - 26　新加坡学生自我效能感与科学测评成绩的相关关系

单位：分，%

测试年级	测试题目	测试年份	非常同意		有点同意		有点不同意		非常不同意		缺失	
			比例	成绩	比例	成绩	比例	成绩	比例	成绩	比例	成绩
4 年级	认为自己经常在科学上做得好	TIMSS 2003	13.98	572	44.58	570	26.41	563	14.66	534	0.37	—
		TIMSS 2007	47.19	587	31.59	584	13.89	580	6.59	551	0.74	—
		TIMSS 2011	40.93	592	42.07	591	10.64	564	5.72	526	0.64	—
		TIMSS 2015	30.69	600	46.45	588	15.75	571	6.76	543	0.35	—
	—	—	非常不同意		有点不同意		有点同意		非常同意		缺失	
	与其他同学相比，自己在学习科学时更困难	TIMSS 2003	21.82	579	25.30	573	33.13	560	19.11	538	0.64	—
		TIMSS 2007	26.49	603	27.92	600	29.63	571	14.96	539	1.00	—
		TIMSS 2011	28.52	605	39.49	593	24.15	560	5.76	519	2.08	—
		TIMSS 2015	39.58	605	25.24	594	20.16	569	14.57	542	0.45	—
	我只是对科学比较不擅长	TIMSS 2003	23.57	579	25.69	574	32.27	555	17.69	543	0.78	—
		TIMSS 2007	26.75	603	27.47	598	29.55	572	15.04	543	1.19	—
		TIMSS 2011	54.17	595	21.24	598	16.69	563	5.59	514	2.31	—
		TIMSS 2015	37.76	607	27.16	598	21.60	561	12.48	538	1.00	—

续表

测试年级	测试题目	测试年份	非常同意		有点同意		有点不同意		非常不同意		缺失	
			比例	成绩	比例	成绩	比例	成绩	比例	成绩	比例	成绩
8 年级	认为自己经常在科学上做得好	TIMSS 2003	18.43	600	52.01	579	22.54	555	6.87	530	0.15	—
		TIMSS 2007	18.11	593	49.28	569	24.36	546	7.99	510	0.26	—
		TIMSS 2011	23.24	615	48.26	589	22.15	567	6.21	522	0.14	—
		TIMSS 2015	23.06	614	47.05	593	22.22	576	7.40	555	0.27	—
		—	非常不同意		有点不同意		有点同意		非常同意		缺失	
	与其他同学相比，自己在学习科学时更困难	TIMSS 2003	19.32	589	44.00	583	28.29	561	8.18	534	0.21	—
		TIMSS 2007	17.33	588	42.77	574	30.76	546	8.84	517	0.30	—
		TIMSS 2011	22.30	611	44.02	599	25.69	560	7.85	525	0.14	—
		TIMSS 2015	21.12	617	41.82	601	27.65	572	9.10	552	0.31	—

通过对新加坡学生的自我效能感的调查得出以下结论。

（1）整体来看，超过半数的学生对科学学习的自我效能感较强；并且"认为自己经常在科学上做得好"的学生比例（一般在 70% 以上）高于"与其他同学相比，自己在学习科学时更困难"的学生比例（一般在 50% 以上），结合新加坡对学生的培养要求，可以发现新加坡对学生的自我效能感有明确培养要求，并且学生达成情况较好。

（2）学生对于科学的自我效能感是随着时间的推移不断变化的，且 TIMSS 2003 ~ TIMSS 2011 阶段呈上升趋势；例如从 TIMSS 2003 到 TIMSS 2007，4 年级学生对"认为自己经常在科学上做得好"的陈述持"非常同意"和"有点同意"的学生比例增加了 33% 左右；而这种变化也不是绝对的线性变化；例如从 TIMSS 2003 到 TIMSS 2015，新加坡学生的自我效能感呈现先上升后下降的趋势，TIMSS 2015 中反映出的学生自我效能感与 TIMSS 2011 相比偏低。

（3）TIMSS 科学测评成绩与学生自我效能感相关；学生自我效能感越高，其科学测评成绩越高，例如，在 TIMSS 2015 中，8 年级学生对"认为自己经常在科学上做得好"持"非常同意"的学生平均成绩（614 分），显著高于持"有点同意"的学生成绩（593 分），显著高于持"有点不同意"的学生成绩（576 分），显著高于持"非常不同意"的学生成绩（555 分）。

（4）在"与其他同学相比，自己在学习科学时更困难"这类陈述中发现，对该陈述持"非常同意"和"有点同意"态度的学生之间的科学测评成绩差值显著高于持"非常不同意"和"有点不同意"态度的学生之间的科学测评成绩差值，例如，在 TIMSS 2015 中，4 年级学生对"与其他同学相比，自己在学习科学时更困难"持"非常同意"的学生平均成绩（542分）和"有点同意"的学生平均成绩（569 分）的差值为 27 分，持"有点不同意"的学生平均成绩（594 分）与持"非常不同意"的学生平均成绩（605 分）的差值为 11 分，低于前者 16 分；由此可以看出，学生的自我效能感越低，越容易陷入恶性循环，成绩容易越差。

尽管新加坡学生的成绩在国际上排名卓越，但学生对科学的自信心在国际上的排名并不靠前。例如，在 TIMSS 2015 中 4 年级学生"对科学的自信心"排名为第 43 位（共 47 个国家/地区），仅高于中国香港、新西兰、日本、韩国；而 8 年级学生的排名为第 20 位（共 29 个国家/地区），从各个国家和地区的对比来看，8 年级学生对科学的自信心弱于 4 年级学生。

（三）新加坡学生家庭背景信息及其对测评成绩影响分析

新加坡非常注重发挥家庭对学生学习的积极影响，本节主要以新加坡 8 年级学生家长受教育程度和学生家庭作业时间来进行新加坡在 TIMSS 测评中的家庭背景信息的分析。

1. 新加坡 8 年级学生家长受教育程度信息

TIMSS 对新加坡 8 年级学生进行家长最高受教育程度的调查，将其区分为"完成大学或更高教育"、"完成高等教育"、"完成高中"、"完成初中"、"完成了一些小学或初中或没有上学"和"不适用"6 个类别。

从图 5-58 中可以看出，从 TIMSS 2003 到 TIMSS 2015，新加坡 8 年级学生家长的平均最高学历在不断提高。在 TIMSS 2003 中，家长最高学历为"完成初中"的学生比例最高；而在 TIMSS 2007 中，最高比例的为"完成高中"；在 TIMSS 2011 和 TIMSS 2015 中，最高比例的为"完成大学或更高教育"；提升比较显著的是从 TIMSS 2003 到 TIMSS 2007，家长最高学历为"完成高中"及以上的学生比例从 30% 左右增长到 65% 左右。

通过图 5-59 可知，新加坡 8 年级学生科学测评成绩与家长的最高学历

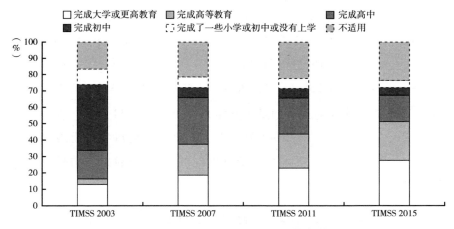

图 5-58 新加坡 8 年级学生家长最高学历

相关,父母的最高学历越高,学生的科学测评成绩越高;其中,家长最高学历为"完成高中"的学生与"完成高等教育"的学生科学成绩相差不多,而家长最高学历是否为"完成大学及更高教育"对学生科学测评成绩影响最大,例如,在 TIMSS 2015 中,家长最高学历为"完成大学及更高教育"的学生平均科学成绩为 636 分,比最高学历为"完成高等教育"的学生(590 分)高 46 分,与完成初中、高中、高等教育的学生的平均成绩差值分别为 25 分、26 分和 11 分。

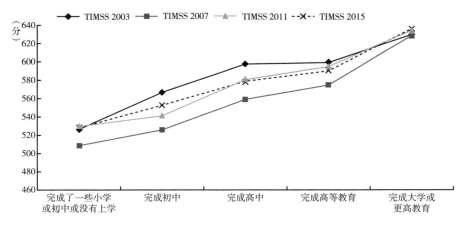

图 5-59 新加坡 8 年级学生父母最高学历对科学测评成绩的影响

2. 新加坡 8 年级学生完成科学作业的时间信息

TIMSS 2003 到 TIMSS 2015 都会对科学老师给学生布置科学作业的频率、学生完成科学作业的时间进行调查。

通过图 5 - 60 和图 5 - 61 可以看到：①新加坡 8 年级学生的家庭科学作业频率为每周 1 ~ 4 次，每周科学家庭作业时间为 16 ~ 90 分钟，且年份变化不大；②反映老师"从不"和"每周少于 1 次"布置科学作业的学生比例逐渐减少，同时，反映每周科学家庭作业时间在 90 分钟以上的学生比例也呈下降趋势。

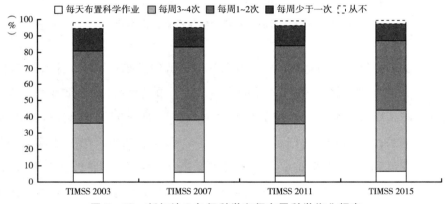

图 5 - 60　新加坡 8 年级科学老师布置科学作业频率

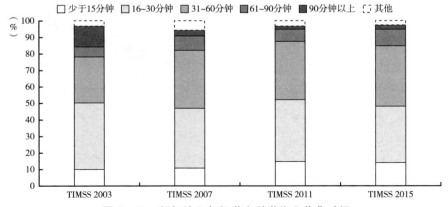

图 5 - 61　新加坡 8 年级学生科学作业花费时间

通过对图 5 - 62、图 5 - 63 的分析可知，新加坡 8 年级学生的每周家庭作业频率及每周家庭作业时间适中时其平均科学成绩最高。每天都有科学作业的学生，其科学测评平均成绩则低于同次测评中每周布置 1 ~ 2 次科学作业的学生，而从没有科学作业的新加坡 8 年级学生的科学测评成绩最低。除 TIMSS 2003 外，当科学作业时间多于 90 分钟时，学生科学测评成绩与科学作业花费 61 ~ 90 分钟的相比有所下降，对于 TIMSS 2011 来说，科学作业时间多于 90 分钟的学生科学测评成绩低于科学作业时间少于 15 分钟的学生科学测评成绩。

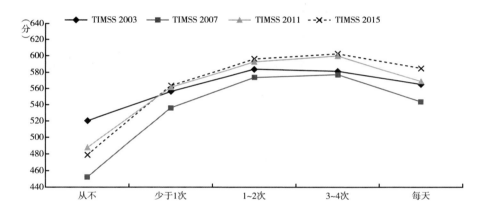

图 5 - 62　新加坡 8 年级每周科学家庭作业频率对科学测评成绩的影响

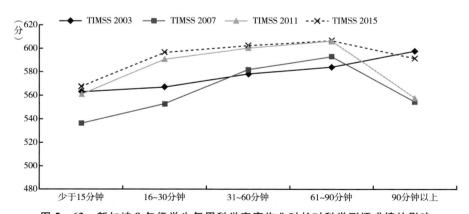

图 5 - 63　新加坡 8 年级学生每周科学家庭作业时长对科学测评成绩的影响

综上可以看出，新加坡 8 年级学生科学作业频率和时间整体体现出"适量即优"的特点，学生每周科学作业频率在 1～4 次为宜，每周科学作业时间在 61～90 分钟为宜。另外，从国际比较的角度，新加坡 8 年级学生的每周科学作业时间整体较多：新加坡在 TIMSS 2015 中每周科学作业时间在"3 小时以上"的国家和地区中排名第 5 位，仅次于南非（15%）、泰国（11%）、马来西亚（11%）、博茨瓦纳（10%）。

（四）新加坡学生课堂背景信息及其对测评成绩的影响分析

本节主要针对新加坡科学教师专业信息和教师职业满足感来进行新加坡学生课堂背景信息的描述和分析。

1. 新加坡科学教师专业信息

新加坡科学教师在高等教育选专业时需要选择两门专业，TIMSS 2003～TIMSS 2015 测评中对 8 年级学生的科学教师是否主修过物理、化学、生物学、地球科学专业进行了调查。

通过图 5－64 可以看出，新加坡 8 年级科学教师主修过化学专业的比例最大（55% 以上），其次是主修物理的老师（45% 以上）和主修生物学的科学老师（40% 及以上），而主修地球科学的科学老师比例最低（最高仅为11%）。

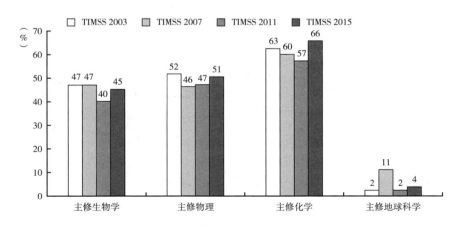

图 5－64　新加坡 8 年级科学教师主修专业

通过图 5－65 可以看出，参与 TIMSS 测评的新加坡 8 年级老师中不存在没有受过高等教育的科学老师，由此可见，新加坡 8 年级科学老师的受教育程度还是很高的；TIMSS 2011 中主修过科学教育的老师比例约 38%，TIMSS 2015 约 55%，说明新加坡对科学教师主修科学教育的要求越来越高。

在 TIMSS 2011 和 TIMSS 2015 测评中，TIMSS 对"教师主修专业"划分出"主修科学及科学教育"、"主修科学但未主修科学教育"、"主修科学教育但未主修科学"、"主修其他专业"、"没有受到高等教育"及"其他"共 6 个类别。

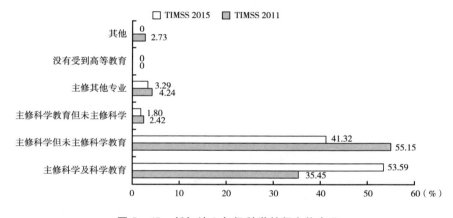

图 5－65　新加坡 8 年级科学教师主修专业

在各个国家和地区 8 年级科学教师中，"主修科学及科学教育"的教师比例，新加坡排名第 3 位，低于以色列（64%）和澳大利亚（63%）；新加坡"主修科学但未主修科学教育"的教师比例排名第 22 位，低于国际平均水平（47%），而"主修科学教育但未主修科学"的教师比例约为 2%，排名第 25 位，其中比例超过 40% 的国家有匈牙利（69%）、伊朗（64%）和土耳其（42%）。

而对于教师的学历情况而言，TIMSS 2015 对教师的学历情况进行了调查，将教师的学历情况分为"研究生学历""大学本科学历或同等学历"等共 4 个学历水平。其中新加坡 4 年级教师中研究生学历的教师比例为 13%，

排名第 23 位；4 年级科学教师研究生学历比例超过 80% 的国家有波兰
（100%）、斯洛伐克共和国（99%）、捷克共和国（92%）、芬兰（90%）、
格鲁吉亚（85%）、德国（85%），国际平均水平为 28%；新加坡"大学本
科学历或同等学历"的教师比例为 69%，排名第 23 位，平均水平为 57%。
总体看来，新加坡 4 年级科学教师的学历情况整体低于国际平均水平，尤其
体现在研究生学历上，而 8 年级教师学历情况与 4 年级基本一致。

2. 新加坡科学教师的职业满足感信息

TIMSS 2003 ~ TIMSS 2011 中都通过问卷对教师的职业满足感进行了调
查，划分出"很高"、"高"、"一般"、"低"和"很低"5 个类别。

通过图 5 – 66 可得，新加坡 8 年级科学教师的职业满足感较高，且在不
断提高。90% 以上的新加坡 8 年级科学教师的职业满足感达到"一般"及
以上程度；在职业满足感"很高"和"高"的水平上，TIMSS 2003 中的教
师比例为 41%，TIMSS 2007 中的教师比例为 42%，TIMSS 2011 中的教师比
例达到 58%。

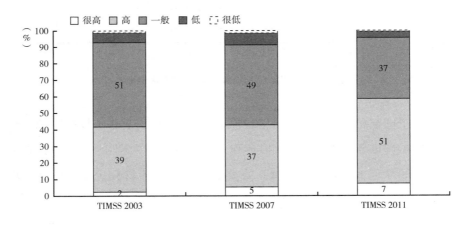

图 5 – 66　新加坡 8 年级教师的职业满足感信息

TIMSS 2015 对各个国家和地区的教师职业满足感进行了整理排名，将
职业满足感分为"非常满意""满意""满意以下"3 个水平，教师的职业
满足感的最高水平、新加坡水平及平均水平如表 5 – 27 所示。

表 5 - 27　TIMSS 2015 新加坡 8 年级教师职业满足感情况

单位：分，%

年级	不同水平	非常满意		满意		满意以下	
		比例	成绩	比例	成绩	比例	成绩
8 年级	最高水平（埃及）	78	377	21	349	2	—
	新加坡（第 23 位）	33	604	54	594	13	590
	平均水平	49	492	42	483	9	478

　　从国际排名来看，新加坡 8 年级教师职业满足感在国际上排名较为靠后，甚至低于国际平均水平，但就不同国家和地区处于同一职业满足程度的学生平均成绩而言，新加坡学生成绩在国际排名中仍为第 1 位，新加坡 4 年级教师情况与之类似。

　　3. 新加坡教师专业发展信息

　　TIMSS 2015 对教师参加测试的专业发展方向进行了调查，新加坡教师的情况调查如表 5 - 28 所示。

表 5 - 28　新加坡各教师专业发展方向情况

单位：%

年级	不同水平	科学内容	科学教育/教学	科学课程	将信息技术整合到科学中	发展学生批判思维和科学探究技能	科学评价	解决个别学生的需求	将科学与其他学科进行整合
4 年级	新加坡	64	78	58	50	61	65	35	33
	平均水平	32	32	32	30	33	25	32	29
8 年级	新加坡	70	91	67	67	65	59	40	—
	平均水平	55	57	49	50	45	44	42	—

　　整体来看，各个国家和地区的 8 年级教师在各专业发展方向上的比例高于 4 年级教师；相比其他方向，新加坡科学教师比较注重"科学教育/教学"方面的教师专业发展；相比其他国家和地区，新加坡科学教师有关"科学内容"、"科学教育/教学"、"科学课程"和"科学评价"的专业发展处于领先水平。

4. 新加坡学校指导及资源配备情况

通过对参与 8 年级 TIMSS 测评的校长的调查可以发现，每次测试中新加坡各个学校的每年指导时间较一致（见表 5 - 29、表 5 - 30）。

表 5 - 29　新加坡 8 年级每年学校指导时间

单位：天/年

测试年份	TIMSS 2007	TIMSS 2011	TIMSS 2015
学校指导时间	172	189	185

表 5 - 30　新加坡每年科学指导时间情况

单位：小时/年

测试年份	TIMSS 2015	TIMSS 2011
4 年级	85	96
8 年级	106	116

新加坡的每年科学指导时间处于国际中游水平，例如，TIMSS 2015 中新加坡 4 年级学生科学指导时间为 85 小时/年，排名第 20 位，其中，国际平均科学指导时间为 76 小时/年；8 年级学生的每年科学指导时间为 106 小时，国际排名第 32 位。

另外，TIMSS 2007 以来，对学校是否配备科学实验室也进行了调查，调查发现参与 TIMSS 测评的学校 100% 配备了科学实验室。

5. 新加坡学生学习 TIMSS 测评的科学主题情况

从表 5 - 31 和表 5 - 32 可以看到，新加坡 4 年级和 8 年级学生在 TIMSS 测评前被教授最少的是地球科学，结合上文中有关新加坡各个学科成绩的描述，新加坡学生在 TIMSS 中地球科学成绩较差的原因可能是在 TIMSS 测评前，学生学过有关 TIMSS 中地球科学主题的比例较低。

表 5 - 31　新加坡 4 年级"学生是否学习过 TIMSS 测评的科学主题"调查情况

单位：%

测试年份	总体情况	生命科学	物质科学	地球科学
TIMSS 2011	41	47	59	12
TIMSS 2015	40	52	58	6

表 5 - 32 新加坡 8 年级"学生是否学习过 TIMSS 测评的
科学主题"调查情况

单位：%

测试年份	总体情况	生物学	化学	物理	地球科学
TIMSS 2011	65	63	80	83	31
TIMSS 2015	68	69	78	85	28

6. 新加坡教师对科学探究活动的重视情况

TIMSS 利用教师要求学生进行的科学活动"观察自然现象并描述""观看演示实验"等指标来调查教师对科学探究活动的重视程度，并划分出"在一半以上的课堂中重视科学探究"及"在一半以下的课堂中重视科学探究"两种水平。

从表 5 - 33 可以看出，与 4 年级的科学课堂相比，新加坡的 8 年级科学课堂较不重视科学探究活动，新加坡在 4 年级科学课堂上对科学探究的重视程度处于国际上游，而 8 年级处于下游水平；在同一测试中，教师较注重科学探究的学生科学成绩一般显著高于教师不太重视科学探究的学生。

表 5 - 33 教师对科学探究的重视程度情况

单位：分，%

年级	测试年份	在一半以上的课堂中重视科学探究		排名	在一半以下的课堂中重视科学探究	
		比例	成绩		比例	成绩
4 年级	TIMSS 2011	50	585	17/50	50	582
	TIMSS 2015	34	596	15/47	66	588
8 年级	TIMSS 2011	29	595	36/42	71	588
	TIMSS 2015	8	617	36/39	92	595

五 结语

新加坡不仅在 TIMSS 测评中取得优秀的成绩，在国际学生评估项目（Program for International Student Assessment，PISA）2015 年的阅读、数学、

科学上也都名列第一，在经济合作组织成人能力国际评估计划（Program for
the International Assessment of Adult Competencies，PIAAC）中也有不俗的表
现。新加坡在各大国际测评项目中的卓越表现正在引起世界范围的广泛关注
和不断学习，而如何从新加坡教育的发展情况中为我国教育的不断深化改革
借鉴经验，值得教育研究工作者进一步开拓研究。

第四节　抹平差异是第一要务：中国台湾学生在 TIMSS 测评中的表现及其影响因素变化

中国台湾地区参与了 2003 年、2007 年、2011 年、2015 年共四次 TIMSS
4 年级的科学测评，参与了 1999 年、2003 年、2007 年、2011 年、2015 年共
计五次 TIMSS 8 年级的科学测评，未参加 TIMSS 高阶测评（即针对中学毕
业年级的测评）。

在历次测评中，中国台湾地区学生的科学表现整体上处于高水平，在
1999～2015 年成绩基本平稳，略有波动。2011 年以后呈现一定的回升趋势，
如图 5 - 67 所示。

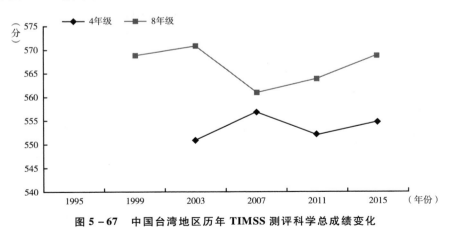

图 5 - 67　中国台湾地区历年 TIMSS 测评科学总成绩变化

那么，整体水平较高的中国台湾地区学生在具体测评领域的表现是否存
在差异和变化呢？哪些因素影响着中国台湾学生在 TIMSS 测评中的表现呢？

本研究结合中国台湾地区在历次 TIMSS 测评中的数据[①~⑥]，重点分析 4 年级、8 年级中国台湾学生在不同内容和认知领域的平均表现及其变化，以及各种背景问卷所反映出来的不同影响因素对中国台湾地区学生表现的影响及其变化。

一 4 年级学生的表现及其变化

在最新的 TIMSS 2015 测评中，中国台湾地区 4 年级学生的平均成绩为 555 分，排在新加坡（590 分）、韩国（589 分）、日本（569 分）、俄罗斯（567 分）、中国香港（557 分）之后，居第 6 位。本次平均成绩比 2003 年降低了 4 分，比 2007 年提升了 2 分，比 2011 年提升了 3 分。

（一）不同内容和认知领域的平均表现变化

自 2007 年起，TIMSS 统一了内容领域和认知领域的划分方式，因此，分领域的分析仅关注 2007 年及以后的成绩。在不同的科学内容和认知领域中，中国台湾地区 4 年级学生的表现是比较突出的，比如，在 TIMSS 2015 测评中，4 年级学生在生命科学领域的平均得分为 545 分，相比于 2011 年提升了 7 分，较 2007 年的表现降低了 2 分；在物质科学领域的平均得分为

① Beaton, A. E., Martinna M. O., & Mullis I. V. S., et al. (1996). Science Achievement in the Middle School Years. IEA's Third International Mathematics and Science Study (TIMSS). Boston College, Center for the Study of Testing, Evaluation, and Educational Policy, TIMSS International Study Center, Campion Hall 323, Chestnut Hill, MA 02167.

② Martin, M. O., Mullis, I. V., & Gonzalez, E. J., et al. (2000). TIMSS 1999 International Science Report. TIMSS&PIRLS International Study Center, Boston College.

③ Martin, M. O., Mullis, I. V., & Gonzalez, E. J., et al. (2004). TIMSS 2003 International Science Report. TIMSS&PIRLS International Study Center, Boston College.

④ Martin, M., Mullis, I., & Foy, P. (2008). TIMSS 2007 International Science Report. TIMSS&PIRLS International Study Center, Boston College.

⑤ Martin, M. O., Mullis, I. V., & Foy, P., et al. (2012). TIMSS 2011 International Results in Science. International Association for the Evaluation of Educational Achievement. TIMSS&PIRLS International Study Center, Boston College.

⑥ Martin, M. O., Mullis, I. V., & Foy, P., et al. (2016). TIMSS 2015 International Results in Science. International Association for the Evaluation of Educational Achievement. TIMSS&PIRLS International Study Center, Boston College.

568 分，相比于 2011 年的表现降低了 1 分，比 2007 年提升了 7 分；在地球科学领域的平均得分为 555 分，相比于 2011 年提升了 2 分，比 2007 年下降了 8 分。总体来看，中国台湾地区 4 年级学生在物质科学领域的学习表现要优于生命科学和地球科学领域（见图 5-68）。

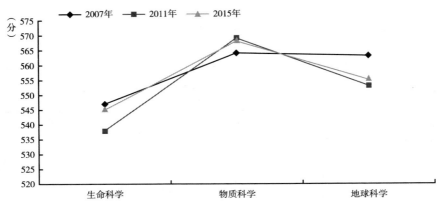

图 5-68　中国台湾地区 4 年级学生在不同科学内容领域的平均表现变化

2015 年中国台湾学生在知道（Knowing）的认知领域中平均得分为 557 分，相比于 2011 年、2007 年的表现分别提升 15 分、13 分；在应用（Applying）的认知领域平均得分为 553 分，相比于 2011 年的表现提升 1 分、较 2007 年降低了 7 分；在推理（Reasoning）的认知领域中平均得分为 558 分，相比于 2007 年、2011 年的表现分别下降 16 分、10 分（见图 5-69）。

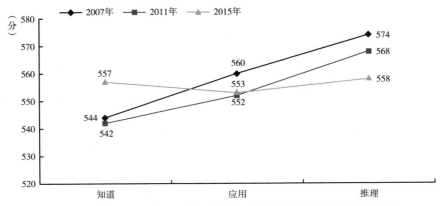

图 5-69　中国台湾地区 4 年级学生在不同认知领域的平均表现变化

（二）不同基准水平的学生比例变化

在 TIMSS 测评中，将学生的水平划分为低（low）、中（intermediate）、高（high）、更高（advanced）四个基准水平。其中，低水平是指在测评表现中达到 400 分的学生，中水平是指达到 475 分的学生，高水平是指达到 550 分的学生，更高水平是指达到 625 分的学生。

相比于 2003 年的首次测评，经过近 20 年的发展，中国台湾地区在低、中、高、更高四个水平上的学生比例基本维持稳定，如图 5 - 70 所示。

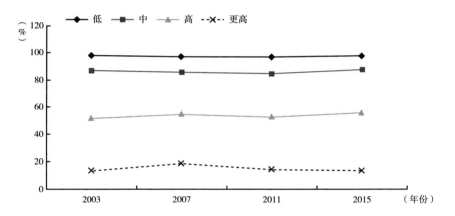

图 5 - 70　中国台湾地区 4 年级学生在不同基准水平的人数比例及其变化

（三）性别的差异及其变化

如图 5 - 71 所示，在 TIMSS 2015 测评中，中国台湾地区男生的平均成绩为 560 分，明显高于女生的 551 分。这种性别差异（男生平均表现优于女生）也出现在 TIMSS 2003、TIMSS 2011 和 TIMSS 2007 测评结果中。

除了在平均表现方面的差异外，在 TIMSS 2015 中，中国台湾地区不同性别学生在各个科学内容和认知领域的表现也存在些许差异，如图 5 - 72 所示。在生命科学领域，男女生的平均表现均为 544 分，不存在差异；在物质科学领域，男生的平均表现为 572 分，高于女生的 565 分；在地球科学领域，男生的平均表现为 567 分，高于女生的 543 分。在知道领域，男生的平

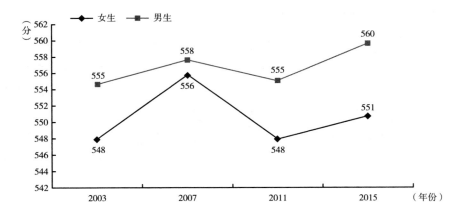

图 5 – 71 中国台湾地区不同性别的 4 年级学生的平均成绩及其变化

均表现为 565 分，高于女生的 549 分；在应用领域，男生的平均表现为 562 分，高于女生的 558 分；在推理领域，女生的平均表现为 561 分，高于男生的 555 分。因此，男生在物质科学、地球科学、知道、应用领域的表现优于女生。

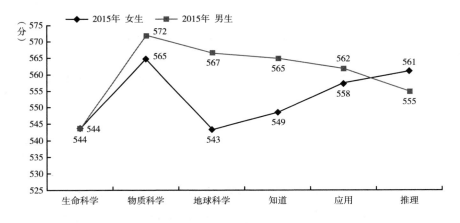

图 5 – 72 中国台湾地区不同性别的 4 年级学生在 TIMSS 2015 各个科学内容和认知领域的差异

从历年的变化趋势来看，物质科学领域，女生的表现基本稳定。地球科学和认知的"推理"领域，女生表现有所下降。在认知的"知道"

领域，女生的表现有所上升（见图 5 - 73）。中国台湾地区 TIMSS 测评中男生表现也呈现一定的波动（见图 5 - 74）。在生命科学、地球科学以及认知的"知道"和"应用"领域，男生表现有从降到升的起落。物质科学领域，男生的表现逐步提升。认知的"推理"水平，男生表现有所下降。

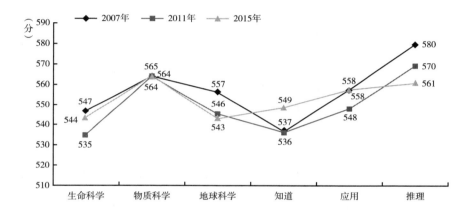

**图 5 - 73　中国台湾地区 4 年级女生在历年 TIMSS
各个科学内容和认知领域的变化**

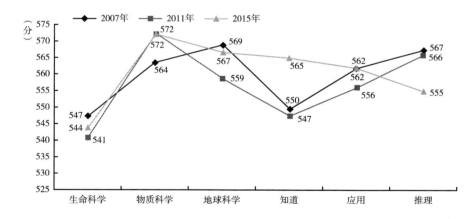

**图 5 - 74　中国台湾地区 4 年级男生在历年 TIMSS
各个科学内容和认知领域的变化**

二　8年级学生的表现及其变化

在 TIMSS 2015 测评中，中国台湾地区 8 年级学生的平均表现为 569 分，居第 3 位，排在新加坡（597 分）、日本（571 分）之后。本次平均成绩回到 1999 年的水平，比 2003 年下降了 2 分，比 2007 年提升了 8 分，比 2011 年提升了 5 分。

（一）不同内容和认知领域的评价表现及其变化

相比于 2007 年和 2011 年的表现，中国台湾地区 8 年级学生在不同科学内容和认知领域的表现如图 5 - 75 所示。中国台湾地区学生在化学领域略有下降，在认知的"应用"领域出现先升后降的波动，其他领域表现均有一定程度的提升。

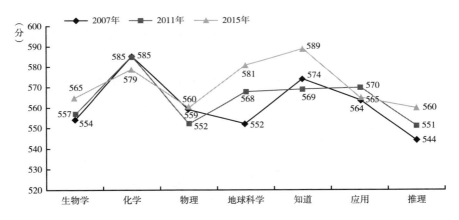

图 5 - 75　中国台湾地区 8 年级学生在不同科学内容和
认知领域的平均表现及其变化

（二）不同基准水平的学生比例变化

从历年情况来看，中国台湾地区 8 年级学生在不同基准水平的人数比例基本平稳，只在 2007 年略有回落，如图 5 - 76 所示。

数据显示，TIMSS 2015 和 TIMSS 1999 处在各个水平的中国台湾地区学生比例相差不大。比如，在更高水平的学生比例方面，TIMSS 2015 和 TIMSS

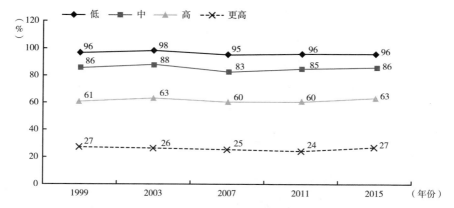

图 5 - 76　中国台湾地区 8 年级学生在不同基准水平的人数比例及其变化

1999 均为 27%；在高水平的学生比例方面，TIMSS 2015 和 TIMSS 1999 分别为 63% 和 61%；在中水平的学生比例方面，TIMSS 2015 和 TIMSS 1999 均为 86%；在低水平的学生比例方面，TIMSS 2015 和 TIMSS 1999 均为 96%。

（三）性别的差异及其变化

在 TIMSS 2015 测评中，中国台湾地区 8 年级学生中，53% 为男生，47% 为女生。男生的平均表现为 571 分，比女生高出 3 分。中国台湾地区只在 TIMSS 1999 出现了男生的平均表现明显优于女生，在其他年份男女生平均表现不存在显著的性别差异，如图 5 - 77 所示。

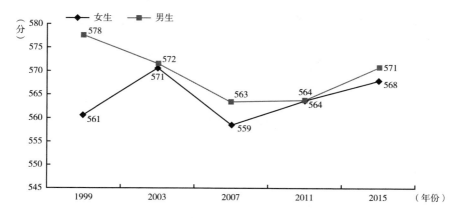

图 5 - 77　中国台湾地区不同性别 8 年级学生的平均成绩及其变化

除了在不同时间上的性别差异外，中国台湾地区 8 年级学生在不同科学内容和认知领域的表现也存在着一定的性别差异。

从历年情况来看，中国台湾地区男生在生物学、物理、地球科学、知道、推理五个领域的表现均呈现一定的提升，在化学领域成绩有所下降，在应用领域的成绩变化不大（见图 5 – 78）。

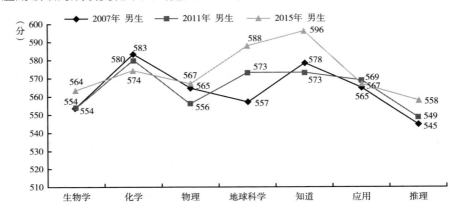

图 5 – 78　中国台湾地区 8 年级男生在不同内容和认知领域的平均成绩及其变化

中国台湾地区女生在生物学、地球科学、知道、推理四个领域的表现均有一定的提升，在化学领域成绩有所下降，在物理和应用领域的成绩变化不大（见图 5 – 79）。

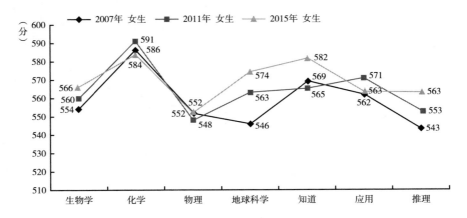

图 5 – 79　中国台湾地区 8 年级女生在不同内容和认知领域的平均成绩及其变化

三 背景问卷所反映的信息与学生科学测评表现的关系

TIMSS 的一个重要目的是研究学生、家庭、学校等因素与 4 年级和 8 年级学生在数学和科学方面的成绩的关系。为了达到这一目的，整个测评通过学生及其家长、教师和校长完成的问卷调查，收集有关学习环境的数据。

（一）学生科学学习的态度与科学测评表现的关系

TIMSS 2015 将学生科学学习的态度界定为三个方面：科学教学吸引学生投入的程度、学生对学习科学的自信程度、学生喜欢学习科学的程度。

1. 科学教学吸引学生投入的程度

表 5 - 34 呈现了科学教学吸引度与对应的学生成绩，从统计结果来看，在大部分国家和地区普遍存在"科学教学越有吸引力，学生成绩越高"的趋势。此外，中国台湾地区认为科学课堂非常有吸引力的学生百分比显著低于国际平均水平，表明中国台湾地区学生科学课堂参与度还有上升空间。

表 5 - 34 TIMSS 2015 4 年级科学成绩前十名国家/地区科学课吸引学生投入的情况

单位：分，%

排名	国家/地区	非常能吸引学生投入		能吸引学生投入		不能吸引学生投入	
		学生百分比	平均成绩	学生百分比	平均成绩	学生百分比	平均成绩
1	新加坡	56	595	35	587	9	577
2	韩国	33	597	50	587	17	583
3	日本	28	571	49	572	23	562
4	俄罗斯	80	567	18	568	2	—
5	中国香港	55	562	33	553	12	544
6	中国台湾	58	559	31	553	11	541
7	芬兰	60	556	34	554	6	532
8	哈萨克斯坦	72	557	27	532	1	—
9	波兰	63	546	29	550	7	549
10	美国	75	551	19	543	6	526
	国际平均	69	510	25	500	6	489

在六个成绩靠前国家/地区中，中国台湾地区 8 年级学生认为科学教学非常有吸引力的人数百分比为 21%，排名倒数第三。从表 5 - 35 可以看到，8 年级学生相较于 4 年级学生来讲，科学教学的吸引力与成绩之间存在更加显著的正相关关系。

值得注意的是，学习成绩平均分数领先的国家/地区中，认为科学教学非常吸引学生投入的人数百分比方面，韩国（10%）、日本（11%）、中国香港（34%）、新加坡（35%）也都低于国际平均水平。而学习成绩平均分数排名第 11 位的美国，认为科学教学非常吸引学生投入的人数百分比为51%，高于国际平均水平。

表 5 - 35　TIMSS 2015 8 年级科学成绩靠前国家/地区科学课吸引学生投入的情况

单位：分，%

国家/地区	非常能吸引学生投入		能吸引学生投入		不能吸引学生投入	
	学生百分比	平均成绩	学生百分比	平均成绩	学生百分比	平均成绩
新加坡	35	606	52	595	13	578
韩国	10	604	47	567	43	533
日本	11	592	46	581	43	555
中国香港	34	557	48	545	17	526
中国台湾	21	591	48	573	31	549
美国	51	539	32	529	17	515
国际平均	47	498	36	480	17	464

2. 学生对学习科学的自信程度

表 5 - 36 呈现 TIMSS 2015 4 年级学生科学成绩前十名国家/地区对科学的学习自信与科学平均成绩的关系。中国台湾地区 4 年级学生的测评成绩呈现"对学习科学自信度越高，科学成绩越高"的趋势。另外，中国台湾地区学生"对科学非常有自信"的人数百分比略低于国际平均水平。值得关注的是，科学成绩前十名国家/地区的"对科学非常有自信"的学生人数百分比大部分都

低于国际平均水平，但学生的科学成绩远超国际平均水平，表明科学成绩较好的学生，其实对自己的科学学习缺乏自信，其背后原因有待探究。

表 5 - 36　TIMSS 2015 4 年级前十名国家/地区学生对科学的学习自信与科学成绩的关系

单位：分，%

排名	国家/地区	对科学非常有自信		对科学有自信		对科学没有自信	
		学生百分比	平均成绩	学生百分比	平均成绩	学生百分比	平均成绩
1	新加坡	26	621	43	598	31	559
2	韩国	20	622	57	592	24	558
3	日本	24	589	59	568	17	545
4	俄罗斯	40	582	41	566	19	543
5	中国香港	25	588	48	558	27	526
6	中国台湾	38	578	46	551	16	514
7	芬兰	34	573	52	552	14	519
8	哈萨克斯坦	49	568	41	538	10	516
9	波兰	39	565	47	544	14	510
10	美国	44	569	38	542	17	506
	国际平均	40	532	42	501	18	464

表 5 - 37 呈现的是 8 年级科学成绩靠前国家/地区学生对科学的学习自信与其平均成绩表现，将表 5 - 36 和表 5 - 37 对比来看，学生到了 8 年级学习科学的自信程度明显下降。"对科学非常有自信"的国际平均水平，从 4 年级的 40% 下降到 8 年级的 22%，下降 18 个百分点，而中国台湾地区下降的幅度比较大，"对科学非常有自信"的人数比例下降 29 个百分点，且有 6 成以上学生（66%）表示"对科学没有自信"。

表 5 - 37　TIMSS 2015 8 年级科学成绩靠前国家/地区学生对
科学的学习自信与其平均成绩表现

单位：分，%

国家/地区	对科学非常有自信		对科学有自信		对科学没有自信	
	学生百分比	平均成绩	学生百分比	平均成绩	学生百分比	平均成绩
新加坡	17	633	40	608	44	572
韩国	7	642	23	599	70	532
日本	5	637	26	606	68	553

续表

国家/地区	对科学非常有自信		对科学有自信		对科学没有自信	
	学生百分比	平均成绩	学生百分比	平均成绩	学生百分比	平均成绩
中国香港	13	592	38	560	49	523
中国台湾	9	646	25	606	66	545
美国	30	568	39	533	30	495
国际平均	22	538	39	490	40	452

3. 学生喜欢学习科学的程度

表 5-38 是 4 年级学生科学成绩前十名国家/地区对科学的学习兴趣与科学平均成绩的关系。中国台湾地区 4 年级学生的成绩与对科学的兴趣之间存在显著的正相关关系，对科学越感兴趣的学生，其成绩也越高。此外，中国台湾有 58% 的学生"非常喜欢学习科学"，略高于国际平均水平，其他两项的百分比和国际平均水平相当。

表 5-38　TIMSS 2015 4 年级前十名国家/地区学生对科学的学习兴趣与成绩的关系

单位：分，%

排名	国家/地区	非常喜欢学习科学		喜欢学习科学		不喜欢学习科学	
		学生百分比	平均成绩	学生百分比	平均成绩	学生百分比	平均成绩
1	新加坡	56	600	33	582	11	567
2	韩国	42	605	44	582	14	566
3	日本	53	577	37	563	10	551
4	俄罗斯	58	570	34	564	8	566
5	中国香港	57	569	32	543	11	533
6	中国台湾	58	563	32	549	11	532
7	芬兰	38	558	44	555	19	545
8	哈萨克斯坦	66	559	32	533	3	528
9	波兰	48	553	40	543	12	543
10	美国	61	555	28	540	11	526
	国际平均	56	518	33	492	11	483

表 5-39 是 TIMSS 2015 8 年级科学成绩靠前国家/地区学生喜欢学习科学程度与其平均成绩表现。中国台湾地区 8 年级学生只有 18% 非常喜欢学习科学，国际排名倒数第 3 位，这些学生的平均得分达 620 分；喜欢学习科

学的中国台湾地区 8 年级学生有 46% ，平均得分为 574 分；而不喜欢学习科学的 8 年级学生则有 36% ，平均得分则为 538 分。这一比例与国际的平均水平差异甚大，非常喜欢科学的学生比例远低于国际平均水平，不喜欢科学的学生比例远高于国际平均水平；而学生的科学成绩则远高于国际平均水平。

　　与此同时，还可以看到，学习成绩平均分数领先的国家/地区中，非常喜欢学习科学的 8 年级学生人数百分比，除新加坡（38% ，排名倒数第 17 位）与国际平均水平相当以外，中国香港（30% ，排名倒数第 9 位）、日本（15% ，排名倒数第 2 位）、韩国（10% ，排名倒数第 1 位）也都远低于国际的平均水平。

表 5 - 39　TIMSS 2015 8 年级科学成绩靠前国家/地区学生喜欢学习科学程度与成绩关系

单位：分，%

国家/地区	非常喜欢学习科学		喜欢学习科学		不喜欢学习科学	
	学生百分比	平均成绩	学生百分比	平均成绩	学生百分比	平均成绩
新加坡	38	622	47	588	15	558
韩国	10	622	41	572	49	528
日本	15	606	48	579	37	546
中国香港	30	574	51	542	19	512
中国台湾	18	620	46	574	36	538
美国	36	556	42	524	21	504
国际平均	37	516	44	475	19	453

（二）学生家庭教育资源与科学测评表现的关系

　　家庭教育资源的信息主要来自对父母的调查，包含：父母任何一方的最高学历、最高职位以及家里孩子书本的数量共三题。也包含对学生的调查：家里书本的数量、家里是否有电脑和属于自己的房间。根据调查结果，将学生所拥有的家庭资源分为资源丰富（many resources）、有些资源（some resources）和资源很少（few resources）三个水平。

　　表 5 - 40 是 TIMSS 2015 4 年级前十名国家/地区学生的家庭教育资源与科学成绩的关系。结果显示，家庭资源的丰富程度与学生的学业成绩之间呈现极其显著的正相关关系，不同丰富程度的学生成绩之间差异达几十分。国

TIMSS 测评：国际青少年科学素质全景解读

际平均的学生家庭属资源丰富者有 18%，而中国台湾地区仅有 17%，表明中国台湾地区学生家庭资源丰富者比例比国际平均水平略低。

表 5-40　TIMSS 2015 4 年级前十名国家/地区学生家庭资源与科学成绩的关系

单位：分，%

排名	国家/地区	资源丰富		有些资源		资源很少	
		学生百分比	平均成绩	学生百分比	平均成绩	学生百分比	平均成绩
1	新加坡	27	647	71	576	2	—
2	韩国	50	613	49	567	1	—
3	日本	12	612	86	565	1	—
4	俄罗斯	16	606	83	562	2	—
5	中国香港	24	599	69	548	7	521
6	中国台湾	17	601	76	550	6	506
7	芬兰	34	581	66	543	0	—
8	哈萨克斯坦	7	588	88	548	6	523
9	波兰	22	589	75	538	3	471
10	美国	—	—	—	—	—	—
	国际平均	18	567	74	503	8	426

表 5-41 是 8 年级科学成绩靠前国家/地区学生家庭的教育资源与其科学成绩表现，与 4 年级趋势一致，家庭教育资源越丰富的 8 年级学生，其科学成绩表现越好；同时，不同丰富程度的学生成绩之间的差异显著加大，甚至差值达百分。

表 5-41　8 年级科学成绩靠前国家/地区学生的家庭资源与其科学成绩的关系

单位：分，%

国家/地区	资源丰富		有些资源		资源很少	
	学生百分比	平均成绩	学生百分比	平均成绩	学生百分比	平均成绩
新加坡	12	654	77	598	11	532
韩国	37	584	60	541	3	483
日本	19	610	77	564	4	511
中国香港	12	584	74	546	15	513
中国台湾	15	625	73	570	12	501
美国	22	579	71	521	7	476
国际平均	13	547	72	486	15	432

（三）学校环境与科学测评表现的关系

TIMSS 2015 抽选了中国台湾地区的 150 所小学和 190 所初中调查学校环境与科学测评表现的关系。本研究主要分析学校地区性质（学校所在地城乡差别），学校资源（包括一般性资源的充足程度、针对教学而言的学校教学资源的充足程度、科学实验室资源），以及学校氛围（包含学生对学校的归属感、学校对学业成绩的重视程度、教师工作满意度和工作挑战度）。

1. 学校地区性质

表 5 - 42 为 TIMSS 2015 中国台湾地区学校所在地与学生科学成绩的关系。中国台湾地区半数以上的 4 年级和 8 年级学生就读于中型城镇学校，比例分别是 61% 和 56%。无论是 4 年级还是 8 年级学生，在城市化程度越高的地区就学的学生学习表现越佳。比较城市与乡村学生的科学成绩，无论是 4 年级或 8 年级，差距皆达显著水平；另外，4 年级学生科学的平均成绩差距都是 25 分，8 年级学生科学平均成绩差距为 52 分，可推知中国台湾地区 8 年级学生科学成绩的城乡差距比 4 年级严重。

根据表 5 - 43 所呈现的历届 TIMSS 调查结果，中国台湾地区 4 年级和 8 年级学生科学成绩的城乡差距一直都较为显著。在 2011 年和 2015 年，4 年级学生科学成绩的城市与乡村差距虽然从 34 分降至 25 分，但此差距依然显著。

表 5 - 42　学校所在地城乡差别与科学成绩的关系

单位：分，%

| 年级 | 城乡差别 | | | | | | 城市和乡村学生成绩差别 |
| | 城市（人口 50 万以上） | | 城镇（人口 5 万~50 万） | | 乡村（人口 5 万以下） | | |
	学生人数（百分比）	平均成绩	学生人数（百分比）	平均成绩	学生人数（百分比）	平均成绩	
4	15	567	61	558	24	542	25
8	25	592	56	569	19	540	52

表 5 – 43　中国台湾地区历届 4 年级和 8 年级科学成绩城乡差距变化趋势

单位：分

时间	4 年级				8 年级			
	城市	城镇	乡村	城市 - 乡村	城市	城镇	乡村	城市 - 乡村
2003	570	550	535	35	581	572	556	25
2007	575	556	541	34	579	563	534	45
2011	565	556	531	34	593	559	547	46
2015	567	558	542	25	592	569	540	52

2. 学校资源

TIMSS 2015 关于学校资源的共七题，用于了解学校设备、设施与一般教学资源短缺的情况。本研究主要关注“科学实验资源”。

根据表 5 – 44，中国台湾地区 4 年级学生有可用实验室的比例达 94%，8 年级学生有可用实验室的比例更是高达 98%，同时，中国台湾地区实验时能够获得教师协助的比例在 4 年级和 8 年级分别是 90% 和 88%，远高于国际平均的 32% 和 58%。此外，从国际平均水平来看，科学实验的教学资源与学生的学习成绩存在显著的正相关关系。然而，就中国台湾地区的情况而言，无论是 4 年级还是 8 年级，有无实验室以及是否有教师协助都与学生的科学成绩没有关联。

表 5 – 44　科学实验的教学资源与科学成绩的关系

单位：分，%

年级	国家/地区	学校有科学实验室				学生做实验时,有教师协助			
		有		无		有		无	
		学生人数百分比	平均成绩	学生人数百分比	平均成绩	学生人数百分比	平均成绩	学生人数百分比	平均成绩
4	中国台湾	94	555	6	552	90	556	10	551
	国际平均	38	511	62	504	32	507	68	507
8	中国台湾	98	571	2	—	88	572	12	554
	国际平均	85	489	15	450	58	489	42	481

3. 学校对科学成绩的重视程度

根据 TIMSS 2015 中国台湾地区校长的问卷结果（见表 5 – 45），4 年级学生就读于"非常强调"和"有些强调"科学成绩的学校的比例分别是12%和63%，国际排名第11位；8年级学生比例分别是7%和46%，国际排名第15位。根据 TIMSS 2015 中国台湾地区科学教师的报告（见表5－46），4年级学生就读于"非常强调"和"有些强调"科学成绩的学校的比例分别是7%和65%，国际排名第20位；8年级的学生比例分别是6%和38%，国际排名第12位。从国际平均数据来看，不论4年级和8年级，学校对科学成绩的重视程度都与国际平均水平无显著差异。从分数来看，在越重视科学成绩的学校就读的学生，其科学成绩越高。

表5－45 学校对科学成绩的重视程度（校长问卷）与科学成绩的关系

单位：分，%

年级	国家/地区	排名	非常强调		有些强调		不太强调	
			学生人数百分比	平均成绩	学生人数百分比	平均成绩	学生人数百分比	平均成绩
4	韩国	2	26	603	62	586	13	579
	中国台湾	11	12	573	63	557	25	542
	新加坡	13	11	626	63	598	27	561
	中国香港	18	7	608	55	560	38	542
	日本	30	3	593	46	572	50	565
	国际平均		7	525	55	514	38	491
8	韩国	4	17	567	65	557	18	539
	新加坡	10	10	661	64	601	26	562
	中国台湾	15	7	621	46	579	47	552
	中国香港	16	6	586	39	568	56	524
	日本	29	2	—	53	581	45	558
	国际平均		7	533	48	499	45	466

表5－46 学校对科学成绩的重视程度（科学教师问卷）与科学成绩的关系

单位：分，%

年级	国家/地区	排名	非常强调		有些强调		不太强调	
			学生人数百分比	平均成绩	学生人数百分比	平均成绩	学生人数百分比	平均成绩
4	韩国	1	35	601	49	586	16	574
	中国台湾	20	7	563	65	555	28	553
	新加坡	28	3	629	56	609	41	562
	中国香港	31	3	578	62	564	36	543
	日本	35	2	—	43	574	55	564
	国际平均		8	522	56	514	36	491

续表

年级	国家/地区	排名	非常强调		有些强调		不太强调	
			学生人数百分比	平均成绩	学生人数百分比	平均成绩	学生人数百分比	平均成绩
8	韩国	2	13	566	61	558	26	545
	中国台湾	12	6	599	38	588	56	554
	新加坡	20	4	629	53	621	43	564
	日本	21	4	579	36	584	60	563
	中国香港	34	2	—	42	562	56	531
	国际平均		5	520	46	499	49	471

第五节　安全、高配的科学教育：中国香港学生在 TIMSS 测评中的表现及其影响因素变化

自 1995 年 TIMSS 测评开始实施以来，中国香港地区始终参与其中。在参与人数方面，变化不大。比如，在 TIMSS 2011 测评中，共有 136 所小学 3957 名 4 年级学生和 117 所中学 4015 名 8 年级学生参加；在 TIMSS 2015 测评中，香港共有 132 所小学 3600 名 4 年级学生和 133 所中学的 4155 名 8 年级学生参加。

在历次测评中，中国香港学生的科学表现一直处于高水平，且呈现逐渐上升的趋势，如图 5 - 80 所示。

那么，整体水平较高的中国香港学生在具体测评领域的表现是否存在差异和变化呢？哪些因素促成了中国香港学生的高水平表现呢？

翻阅文献资料，我们发现：对于中国香港学生在 TIMSS 测评中的科学表现，负责 TIMSS 项目在中国香港测评的香港大学教育学院梁贯成教授团队都会在每次 TIMSS 结果发布后召开新闻发布会予以分析和介绍[1][2]，香港

---

① The University of Hong Kong, Faculty of Education. (2011). Trends in International Mathematics and Science Study (TIMSS), Available：https：//web. edu. hku. hk/f/news/1587/Press% 20Release. pdf. 2012 - 12 - 12/2018 - 08 - 26.

② Leung, F., Yung, B., Wong, A., & Mok, I. (2009). The Hong Kong Component of Trends in International Mathematics and Science Study (TIMSS) 2007 Final Report. IEA Centre Hong Kong.

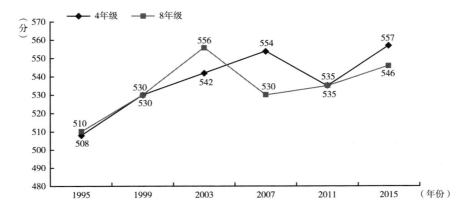

图 5 – 80　中国香港在历次 TIMSS 测评中的科学表现（平均成绩）

教育学院苏咏梅教授曾在《亚太科学教育论坛》杂志上撰文分析中国香港 4 年级学生在 TIMSS 1999 和 TIMSS 2003 测评中的表现①，TIMSS 项目香港 IEA 中心的 Benny Hin Wai Yung 也在 2006 年出版书籍《初中科学的教与学：TIMSS 2003 的启示》（*Learning from TIMSS：Implications for Teaching and Learning Science at the Junior Secondary Level*）中详细介绍中国香港在 TIMSS 2003 测评中的表现以及由此产生的初中科学教学启示②。但是，鲜有依据最新的 TIMSS 2015 测评结果，结合历次 TIMSS 测评数据对中国香港学生在具体测评领域的表现差异和变化、促成中国香港学生的高水平表现的影响因素进行研究。因此，本研究结合中国香港在历次 TIMSS 测评中的数据③④⑤

---

① 苏咏梅：《从 TIMSS 透视香港的小学科学学习》，《亚太科学教育论坛》2008 年第 1 期。

② Yung, B. (2006). Learning from TIMSS：Implications for Teaching and Learning Science at the Junior Secondary Level.

③ Beaton, A. E., Martinna M. O., & Mullis I. V. S., et al. (1996). Science Achievement in the Middle School Years. IEA's Third International Mathematics and Science Study（TIMSS）. Boston College, Center for the Study of Testing, Evaluation, and Educational Policy, TIMSS International Study Center, Campion Hall 323, Chestnut Hill, MA 02167.

④ Martin, M. O., Mullis, I. V., & Gonzalez, E. J., et al. (2000). TIMSS 1999 International Science Report. TIMSS&PIRLS International Study Center, Boston College.

⑤ Martin, M. O., Mullis, I. V., & Gonzalez, E. J., et al. (2004). TIMSS 2003 International Science Report. TIMSS&PIRLS International Study Center, Boston College.

①②③，重点分析 4 年级、8 年级中国香港学生在不同科学内容和认知测评领域的平均表现及其变化，以及各种背景问卷所反映出来的家庭、学校、教师、学生、科学课堂教学等方面的情况对中国香港学生表现的影响及其变化。

一 4年级学生的表现及其变化

在最新的 TIMSS 2015 测评中，中国香港 4 年级学生的平均成绩为 557 分，排在新加坡（590 分）、韩国（589 分）、日本（569 分）、俄罗斯（567 分）之后，居第 5 位。本次平均成绩比 1995 年提升了 49 分，比 1999 年提升了 27 分，比 2003 年提升了 15 分，比 2007 年提升了 3 分，比 2011 年提升了 22 分。

同时，中国香港是全球 41 个同时参与 TIMSS 2011 和 TIMSS 2015 测评的国家/地区中，17 个平均成绩有所提升的国家/地区之一；也是 17 个同时参与 TIMSS 1999 和 TIMSS 2015 测评的国家/地区中，11 个平均成绩有所提升的国家/地区之一。

（一）不同内容和认知领域的平均表现变化

在不同的科学内容和认知领域中，4 年级学生的表现也是比较突出的。比如，在 TIMSS 2015 测评中，4 年级学生在生命科学领域的平均得分为 550 分，相比于 2011 年、2007 年的表现分别提升 26 分和 10 分；在物质科学领域的平均得分为 555 分，相比于 2011 年的表现提升 16 分，比 2007 年下降 7 分；在地球科学领域的平均得分为 574 分，相比于 2011 年、2007 年的表现分别提升 26 分和 6 分，详见图 5 - 81。

① Martin, M., Mullis, I., & Foy, P. (2008). TIMSS 2007 International Science Report. TIMSS&PIRLS International Study Center, Boston College.

② Martin, M. O., Mullis, I. V., & Foy, P., et al. (2012). TIMSS 2011 International Results in Science. International Association for the Evaluation of Educational Achievement. TIMSS&PIRLS International Study Center, Boston College.

③ Martin, M. O., Mullis, I. V., & Foy, P., et al. (2016). TIMSS 2015 International Results in Science. International Association for the Evaluation of Educational Achievement. TIMSS&PIRLS International Study Center, Boston College.

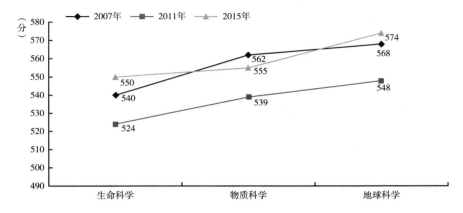

图 5 – 81 中国香港 4 年级学生在不同科学内容领域的平均表现变化

2015 年，4 年级学生在知道认知领域中平均得分为 562 分，相比于 2011 年、2007 年的表现分别提升 25 分、9 分；在应用认知领域平均得分为 554 分，相比于 2011 年、2007 年的表现分别提升 25 分、2 分；在推理认知领域中平均得分为 552 分，相比于 2011 年的表现提升了 11 分，比 2007 年的表现下降 11 分，详见图 5 – 82。

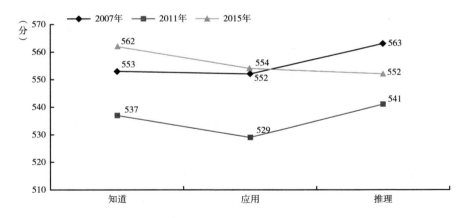

图 5 – 82 中国香港 4 年级学生在不同认知领域的平均表现变化

在 TIMSS 2015 中，中国香港学生在不同科学内容和认知领域能够正确作答的平均比例也存在一定的差异，具体数据如图 5 – 83 所示。

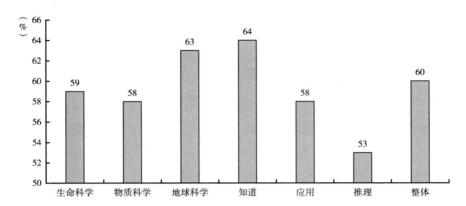

图 5 - 83　中国香港 4 年级学生在 TIMSS 2015 测评中能够正确回答
不同科学内容和认识领域试题的平均比例

由图 5 - 83 可知，中国香港 4 年级学生在地球科学和知道领域的正确作答比例稍高于整体比例，分别高出 3 个和 4 个百分点；在生命科学、物质科学、应用领域的比例稍低于整体比例，分别低 1 个、2 个和 2 个百分点；在推理领域的比例明显低于整体比例，相差 7 个百分点。

总体而言，中国香港 4 年级学生在不同科学内容和认知领域的表现，在基本稳定提升的情况下，也呈现一定的波动。根据最新的测评数据，在推理领域能够正确作答的学生比例明显低于整体正确作答比例，说明 4 年级学生在推理领域的表现相对差一些。

（二）不同基准水平的学生比例变化

在 TIMSS 测评中，将学生的水平划分为低、中、高、更高四个基准水平。其中，低水平是指在测评表现中达到 400 分的学生，中水平是指达到 475 分的学生，高水平是指达到 550 分的学生，更高水平是指达到 625 分的学生。

相比于 1995 年的首次测评，经过 20 年的发展，中国香港在低、中、高、更高四个基准水平上的 4 年级学生比例都有所提升（见图 5 - 84）。与 20 年前的首次测评相比，在最新的 TIMSS 2015 测评中，4 年级学生的低水平比例变化不大，但达到中、高和更高水平的学生比例增幅较大，分别为 19 个、25 个和 11 个百分点。

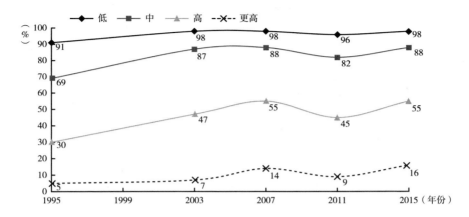

图 5 – 84　中国香港 4 年级学生在不同基准水平的人数比例及其变化

（三）性别的差异及其变化

如图 5 – 85 所示，在 TIMSS 2015 测评中，4 年级男生的平均成绩为 561 分，明显高于女生的 551 分。这种性别的差异（男生平均表现优于女生）也出现在 TIMSS 1995 和 TIMSS 2011 中；在 TIMSS 2003 和 TIMSS 2007 测评结果中，不存在性别差异。

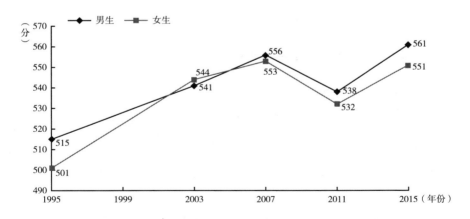

图 5 – 85　中国香港不同性别的 4 年级学生平均成绩及其变化

除了在平均表现方面的差异外，在 TIMSS 2015 中，4 年级学生在各个科学内容和认知领域的表现也存在些许差异，如图 5 – 86 所示。比如，在物质科学领域和地球科学领域，男生的平均分高于女生；在知道领域和应用领域，男生的平均分高于女生，而在推理领域，女生的平均分高于男生。

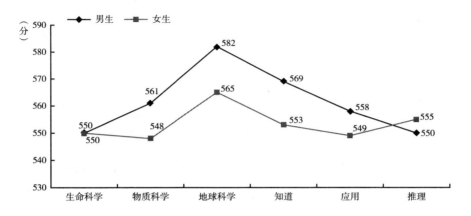

图 5 – 86　中国香港不同性别的 4 年级学生在 TIMSS 2015 各个
科学内容和认知领域的差异

此外，性别差异还体现在能够达到平均水平的学生比例。比如，在 TIMSS 2015 测评中，能够达到平均水平的男生比例为 46%，女生为 54%，即能够达到平均水平的女生比例大于男生。

二　8 年级学生的表现及其变化

在 TIMSS 2015 测评中，8 年级学生的平均表现为 546 分，排在新加坡（597 分）、日本（571 分）、中国台湾（569 分）、韩国（556 分）、斯洛文尼亚（551 分）之后，居第 6 位。本次平均成绩比 1995 年提升了 36 分，比 1999 年提升了 16 分，比 2003 年下降了 10 分，比 2007 年提升了 16 分，比 2011 年提升了 11 分。

同时，中国香港是全球 34 个同时参与 TIMSS 2011 和 TIMSS 2015 测评的国家/地区中，15 个平均成绩有所提升的国家/地区之一；也是 16 个同时参与 TIMSS 1999 和 TIMSS 2015 测评的国家/地区中，9 个平均成绩有所提升的国家/地区之一。

（一）不同内容和认知领域的评价表现及其变化

相比于 2007 年和 2011 年的表现，8 年级学生 2015 年在不同科学内容和认知领域的表现都有较大提升，如图 5 - 87 和图 5 - 88 所示。这些数据表明，TIMSS 2015 与 TIMSS 2011 相比，8 年级学生在物理、知道领域的提升幅度相对较小；与 TIMSS 2007 相比，8 年级学生在不同科学内容和认知领域的进步都是比较显著的。

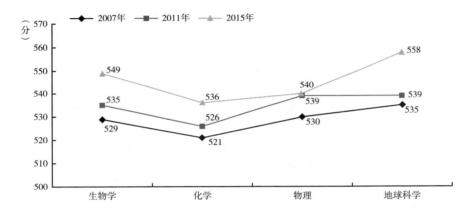

图 5 - 87　中国香港 8 年级学生在不同科学内容领域的平均表现及其变化

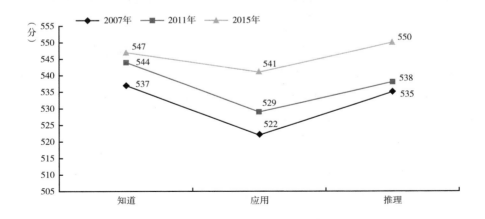

图 5 - 88　中国香港 8 年级学生在不同认知领域的平均表现及其变化

虽然 8 年级学生比以往的表现有很大进步，但在最新的测评中，能够正确作答不同科学内容和认知领域试题的平均学生比例之间还存在一定的差异，如图 5 - 89 所示。

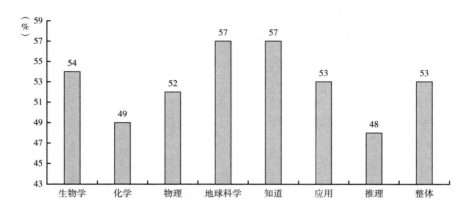

图 5 - 89　中国香港 8 年级学生在 TIMSS 2015 测评中能够正确回答
不同科学内容和认知领域试题的平均比例

相比于整体的正确作答比例而言，8 年级学生在生物学、物理、应用领域正确作答的人数比例与整体持平，在地球科学和知道领域正确作答的人数比例分别高于整体 4 个百分点，在化学、推理领域的正确作答人数比例要低于整体 4 个和 5 个百分点。

总体而言，8 年级学生在 TIMSS 2015 测评不同科学内容和认知领域的表现比往年均有所提升，只是提升幅度存在一定的差异，比如物理、知道领域比 TIMSS 2011 提升幅度相对较小，其他领域的提升幅度相对较大一些。同时，也可以看出，在最新的测评中，8 年级学生在不同科学内容和认知领域的正确作答人数比例之间存在一定差异。综合两组数据，说明 8 年级学生在不同科学内容和认知领域的发展存在一定的不均衡。

（二）不同基准水平的学生比例变化

在 16 个同时参与 TIMSS 1999 和 TIMSS 2015 测评的国家/地区中，中国香港是少数几个 8 年级学生在低、中、高、更高四个基准水平上的比例均有所提升的国家/地区之一。

8 年级学生在不同基准水平的人数比例呈现波动状态，如图 5 - 90 所示。

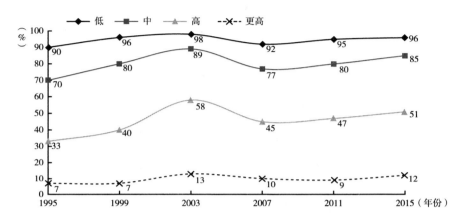

图 5 - 90 8 年级学生在不同基准水平的人数比例及其变化

图中数据显示，TIMSS 2015 和 TIMSS 2003 在各个基准水平的学生比例为曲线的极值点，且二者相差不大。比如，在更高水平的学生比例方面，TIMSS 2015 和 TIMSS 2003 分别为 12% 和 13%，在高水平的学生比例方面，TIMSS 2015 和 TIMSS 2003 分别为 51% 和 58%，在中水平的学生比例方面，TIMSS 2015 和 TIMSS 2003 分别为 85% 和 89%，在低水平的学生比例方面，TIMSS 2015 和 TIMSS 2003 分别为 96% 和 98%。

（三）性别的差异及其变化

在 TIMSS 2015 测评中，8 年级学生中，53% 为男生，47% 为女生。男生的平均表现为 551 分，明显比女生高出 11 分。这种男生平均表现明显高于女生的现象，还出现在 TIMSS 1995、TIMSS 1999 和 TIMSS 2003 测评中。在其他年份男女生平均表现不存在显著的性别差异，比如 TIMSS 2007 和 TIMSS 2011，如图 5 - 91 所示。

图中的曲线还表明，相同性别学生在不同测评中的平均表现变化，与其不同基准水平的变化相似，呈现波动状态，且都是在 2003 年和 2015 年出现极值点。

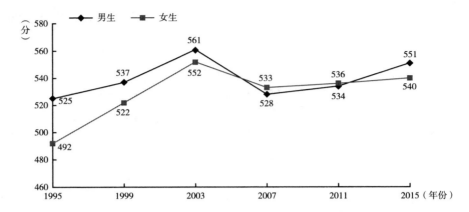

图 5 – 91 中国香港不同性别的 8 年级学生平均成绩及其变化

除了在不同时间上的性别差异外，8 年级学生在不同科学内容和认知领域的表现也存在着一定的性别差异，如图 5 – 92 所示。

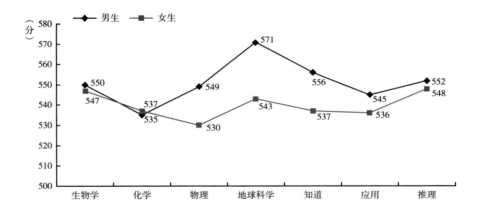

**图 5 – 92 中国香港不同性别的 8 年级学生在 TIMSS 2015
各个科学内容和认知领域的差异**

在 TIMSS 2015 测评中，只有在化学领域，女生的平均分比男生高 2 分，在其他领域均是男生的平均分高于女生，不同之处在于差异大小。其中，差异最大的是在地球科学领域，男生平均分比女生高出 28 分；其次是在物理和知道领域的差异，都为 19 分；再次是在应用领域的差异，男生比女生高出 9 分；差异相对较小的是在生物学和推理领域，男生分别比女生高出 3 分和 4 分。

综上所述，男生的表现整体优于女生，在少数方面或领域女生的表现优于男生。

三　背景问卷所反映的信息变化及其对学生表现的影响

自 TIMSS 2011 开始，有关的背景问卷包括学生、家庭、教师、学校、课程 5 类[①]，这些问卷中的信息综合反映了家庭、学校、教师、学生和科学课堂教学情况等多方面因素对学生表现的影响及其变化。

对于影响学生表现的因素界定，在每一次的 TIMSS 调查中都有所变化。本节主要以最新的 TIMSS 2015 测评中的数据，结合其他测评轮次中的数据予以分析。

（一）家庭情况对学生表现的影响及其变化

家庭因素对学生表现的影响，包括支持学生学习的家庭资源，学生家庭的经济背景，4 年级学生的父母对科学的态度，4 年级学生在小学前参与的读写、计算活动，8 年级学生的科学学科家庭作业时长五个方面。

1. 支持学生学习的家庭资源

支持学生学习的家庭资源，在 TIMSS 2011 和 TIMSS 2015 的 4 年级和 8 年级的调查问卷中都有涉及。主要通过学生家长和学生本人家庭书籍量、父母对学生在家学习的支持程度反映。分为资源很多（many）、一些（some）和很少（few）三个不同的层次。"很多"是指在学生陈述的报告中表示他们家里至少有 100 本书，并且父母都支持他们在家学习，同时，在家长的陈述报告中表示他们家里至少有 25 本儿童读物，并且父母二人中至少有一位完成大学学业，拥有专业化的职业（professional occupation）；"很少"是指在学生的陈述报告中表示他们家里的书低于 25 本，并且父母都不支持他们在家学习，同时，在家长的陈述报告中表示他们家里的儿童读物少于 10 本，

---

① 赵慧：《TIMSS 2011 四年级调查问卷的设计研究》，《外国中小学教育》2015 年第 9 期。

并且父母二人中都没有接受过高中及以上的教育（upper-secondary education），既不是小企业主（small business owner），也不是神职人员（a clerical）或拥有专业化的职业；"一些"就是介于这两者之间。

在 TIMSS 2015 测评中，拥有很多家庭资源的 4 年级、8 年级学生比例分别为 24%、12%，与比例最大的国家/地区分别相差 26 个、15 个百分点，在参与测评的国家/地区中分别排在第 12 位和第 22 位。具体的调查结果及其变化情况如表 5 - 47 所示。

表 5 - 47　支持学生学习的家庭资源调查结果及其变化

单位：分，%

类别	4 年级				8 年级			
	2011 年		2015 年		2011 年		2015 年	
	学生比例	平均表现	学生比例	平均表现	学生比例	平均表现	学生比例	平均表现
很多资源	12	569	24	599	10	578	12	584
一些资源	80	540	69	548	72	537	74	546
很少资源	8	520	7	521	19	512	15	513

根据表 5 - 47 的调查结果可以看出以下几点。

（1）相比于 2011 年的情况来看，2015 年中国香港学生中支持学生学习的家庭资源情况有显著提升。

（2）丰富的家庭资源有助于学生表现的提升。比如，有很多资源的 4 年级学生比例提高了 12 个百分点，相应的学生的平均表现也提高了 30 分；有很多资源的 8 年级学生比例提高了 2 个百分点，相应的学生的平均表现提高了 6 分。

（3）家庭资源越多，学生的平均表现越好。纵向同步比较 4 年级、8 年级学生在 2011 年、2015 年的表现，不难看出，资源越多，学生的平均成绩越高。

2. 学生家庭的经济背景

对于在校学生的家庭经济背景构成，主要通过校长问卷完成调查。来自经济富裕家庭的学生比例超过 25%，且来自经济困难家庭的学生比例不超过 25% 的学校被称为"比较富裕"（more affluent）的学校；来自经济条件差的家庭的学生比例超过 25%，且来自经济条件好的家庭的学生比例不超过 25% 的学校被称为"比较弱势"（more disadvantaged）的学校；基于两种之间的学校被称为"既不富裕也不贫穷"（neither more affluent nor more disadvantaged）的学校。

在 TIMSS 2015 测评中，比较富裕的小学和初中学生比例分别为 39% 和 19%，其中，小学比例与国际平均比例（38%）相近，初中比例低于国际平均值（31%）。具体的调查结果及其变化情况如表 5-48 所示。

表 5-48　学生家庭的经济背景情况及其变化

单位：分，%

学校情况	4 年级				8 年级			
	2011 年		2015 年		2011 年		2015 年	
	学生比例	平均表现	学生比例	平均表现	学生比例	平均表现	学生比例	平均表现
比较富裕	21	537	39	580	13	567	19	579
既不富裕也不贫穷	29	541	30	550	37	551	35	552
比较弱势	50	535	31	535	53	517	46	520

通过表 5-48 的数据，可以发现以下几点。

（1）在 4 年级学生群体中，学生家庭的经济情况整体提升显著。比如，比较富裕的学校比例提高了 18 个百分点，比较弱势的学校比例下降了 19 个百分点。

（2）在 8 年级学生群体中，学生家庭的经济状况基本稳定。比如，比较弱势、既不富裕也不贫穷的学校比例虽然略有下降，但变化不大（分别下降 7 个、2 个百分点）。

（3）家庭经济情况优越有助于提高学生的平均表现。比如，比较富裕的 4 年级学生的平均表现显著提高了 43 分，比较富裕的 8 年级学生的平均表现提高了 12 分。

3. 4 年级学生父母对科学的态度

在 TIMSS 2015 中，父母对科学的态度非常积极、积极、不积极的学生比例分别为 60%、38%、2%。其中，非常积极的父母比例与比例最高的国家/地区的数值相差 31 个百分点，在全球参与测评的国家/地区中排在第 31 位。这些数据表明，父母对科学的态度越积极，学生的表现越好；绝大多数学生父母对科学有非常积极的态度，但还有很大的提升空间。

4. 小学前参与的读写、计算活动

在 TIMSS 2015 测评中，经常与父母一起参加早期读写、计算活动的学生比例为 21%，远低于国际平均值（44%），与比例最大的俄罗斯相差 49 个百分点，在参与本次测评的国家/地区中排在第 41 位。具体的调查结果如表 5 - 49 所示。

表 5 - 49   TIMSS 2015 测评中 4 年级学生在小学前参与
读写、计算活动的比例及其表现

单位：分，%

类别	学生比例	平均表现
经常与父母一起参加早期读写、计算活动	21	582
有时与父母一起参加早期读写、计算活动	75	552
从未或几乎从未与父母一起参加早期读写、计算活动	5	533
学前教育时长在 3 年及以上，且经常参与早期读写、计算活动	16	587
学前教育时长在 3 年及以上，且有时或者从不参与早期读写、计算活动	56	555
学前教育时长少于 3 年，且经常参与早期读写、计算活动	5	569
学前教育时长少于 3 年，且有时或从不参与早期读写、计算活动	23	542

通过表 5 - 49 的数据，可以发现：参与早期读写、计算活动的频率越高、学前教育时长越长，学生的平均表现越好。比如，学前教育时长在 3 年及以上，且经常参与早期读写、计算活动的学生的平均表现为 587 分，比所有其他学生的平均分都要高。

5. 8 年级学生的科学学科家庭作业时长

在 TIMSS 2015 中，8 年级学生每周花费 3 小时及以上时间来做科学学科家庭作业的比例为 4%，与国际平均值（5%）相近，与比例最大的南非相差 11 个百分点。具体的数据如表 5 - 50 所示。

表 5 – 50　8 年级学生每周用来做科学学科家庭作业的时间及其变化

单位：分，%

类别	2011 年		2015 年	
	学生比例	平均表现	学生比例	平均表现
3 小时及以上	2	—	4	533
45 分钟 ~ 3 小时	24	540	34	549
45 分钟以下	74	536	62	546

根据表 5 – 50 中的数据，可以看出以下几点。

（1）8 年级学生每周用来做科学学科家庭作业的时间整体在增加。

（2）做科学学科家庭作业的时间长，对于学生的平均表现没有太大的促进作用。比如，在 TIMSS 2015 中，每周花 3 小时及以上时间做家庭作业的学生的平均表现，低于花费 45 分钟 ~ 3 小时、花费 45 分钟以下时间做家庭作业的学生的平均表现。

（二）学校情况对学生表现的影响及其变化

学校情况对学生表现的影响，包括校长的学历和任职时长、家长对学校的看法、学校对学生学业成就的强调、学校的纪律问题、学校的安全和秩序、学校开展科学实验的资源，以及学生欺凌七个方面。

1. 校长的学历和任职时长

在香港，要想当校长必须在有教学经验的同时，完成专业的学校领导培训课程。

根据 TIMSS 2015 调查结果，小学校长中，取得研究生学历、取得本科或同等学历但没有取得研究生学历、完成中学后教育但没有取得本科学历的校长比例分别为 71% 、28% 、2% ；担任校长在 20 年以上、10 ~ 20 年、5 ~ 10 年、5 年以下的比例分别为 14% 、44% 、20% 、22% ，这些校长的平均任职时长为 12 年。

中学校长中，取得研究生学历、取得本科或同等学历但没有取得研究生学历、完成中学后教育但没有取得本科学历的校长比例分别为 89% 、11% 、

· 347 ·

0。担任校长在 20 年以上、10～20 年、5～10 年、5 年以下的比例分别为 12%、31%、33%、24%，这些校长的平均任职时长为 11 年。

具体调查结果如表 5－51 所示。

表 5－51　TIMSS 2015 中校长的学历和任职时长情况

单位：%

类别		小学	初中
校长学位	取得研究生学历	71	89
	取得本科或同等学历但没有取得研究生学历	28	11
	完成中学后教育但没有取得本科学历	2	0
校长任职时长	20 年以上	14	12
	10～20 年	44	31
	5～10 年	20	33
	5 年以下	22	24
	平均	12 年	11 年

通过对比表 5－51 的数据，可以发现以下几点。

（1）初中校长的学历相对更高一些。比如，初中学校的校长学历至少是本科或同等学历，其中，研究生学历的初中校长比小学校长高出 18 个百分点。

（2）小学校长的任职时间相对更长一些。比如，小学校长的平均任职时间为 12 年，比初中校长多 1 年；任职在 20 年以上、10～20 年的小学校长比例分别比初中校长高出 2 个、13 个百分点。

2. 家长对学校的看法

家长对学校的看法，只嵌入在 TIMSS 2015 测评的 4 年级家长问卷中。如果家长在对学校的 8 种看法陈述中，选择了 4 种"非常同意"（agreeing a lot）和 4 种"有点同意"（agreeing a little）表示对学校"非常满意"（very satisfied）；如果选择了 4 种"有点不同意"（disagreeing a little）和 4 种"有点同意"（agreeing a little）表示对学校"不满意"（less than satisfied）；其他选择表示家长对学校"满意"（satisfied）。

从调查结果来看,学生家长对于学校基本满意,对于学校不满意的学生家长群体较少。家长满意程度越高,学生表现越好。比如,在 TIMSS 2015 测评中,家长非常满意、满意、不满意的学校比例分别为 55%、40%、5%,这些学生的平均表现分别为 562 分、554 分、529 分。

3. 学校对学生学业成就的强调

学校对学生学业成就(academic success)的强调,嵌入在校长问卷和教师问卷中。在最新的 TIMSS 2015 测评中,4 年级校长认为他们学校对学生学业成就非常强调的比例为 7%,在全球参与测评的国家/地区中排在第 18 位,与比例最高的卡塔尔相差 23 个百分点,与国际平均比例(7%)相当;4 年级教师认为他们学校对学生学业成就非常强调的比例为 3%,在全球参与测评的国家/地区中排在第 30 位,与比例最高的韩国相差 32 个百分点,低于国际平均比例(8%)。8 年级校长认为他们学校对学生学业成就非常强调的比例为 6%,在全球参与测评的国家/地区中排在第 16 位,与比例最高的英格兰相差 20 个百分点,与国际平均比例(7%)相近;8 年级教师认为他们学校对学生学业成就非常强调的比例为 2%,在全球参与测评的国家/地区中排在第 34 位,与比例最高的阿拉伯联合酋长国相差 12 个百分点,低于国际平均比例(5%)。

具体调查结果如表 5 - 52 和表 5 - 53 所示。数据表明,学校对于学生学业成就的强调程度,与学生的平均表现基本呈现正相关。

表 5 - 52　4 年级学生群体中"学校对学生学业成就的强调"

单位:分,%

类别	2011 年				2015 年			
	校长问卷		教师问卷		校长问卷		教师问卷	
	学生比例	平均表现	学生比例	平均表现	学生比例	平均表现	学生比例	平均表现
非常强调	1	—	6	536	7	608	3	578
高强调	60	536	63	538	55	560	62	564
中等强调	38	534	31	529	38	542	36	543

表 5-53 8 年级学生群体中"学校对学生学业成就的强调"

单位：分，%

类别	2011 年				2015 年			
	校长问卷		教师问卷		校长问卷		教师问卷	
	学生比例	平均表现	学生比例	平均表现	学生比例	平均表现	学生比例	平均表现
非常强调	3	590	4	559	6	586	2	—
高强调	51	552	50	553	39	568	42	562
中等强调	47	512	46	514	56	524	56	531

4. 学校的纪律问题

在 TIMSS 2015 测评中，学校纪律几乎没有任何问题的 4 年级学生比例为 71%，在全球参与测评的国家/地区中排在第 14 位，与比例最大的爱尔兰相差 13 个百分点，高于国际平均比例（61%）；几乎没有任何问题的 8 年级学生比例为 66%，在全球参与测评的国家/地区中排在第 4 位，与比例最大的新加坡相差 8 个百分点，远高于国际平均比例（43%）。

具体调查结果如表 5-54 所示。数据显示，中国香港的中小学出现中等至严重纪律问题的学校比例微乎其微；初中的学校纪律出现小问题的概率高于小学，但从 2011 年到 2015 年，初中出现纪律问题的概率在降低。

表 5-54 学校的纪律问题及其变化

单位：分，%

类别	4 年级				8 年级			
	2011 年		2015 年		2011 年		2015 年	
	学生比例	平均表现	学生比例	平均表现	学生比例	平均表现	学生比例	平均表现
几乎没有任何问题	84	540	71	559	51	558	66	552
小问题	15	505	29	552	49	510	33	530
中等至严重问题	1	—	—	—	1	—	—	—

5. 学校的安全和秩序

在 TIMSS 2015 测评中，非常安全有序的小学比例为 61%，在全球参与测评的国家/地区中排在第 18 位，与比例最大的印度尼西亚相差 26 个百分点，高于国际平均比例（57%）；非常安全有序的初中比例为 58%，在全球参与测评的国家/地区中排在第 9 位，与比例最大的挪威相差 13 个百分点，高于国际平均比例（45%）。

具体调查结果如表 5-55 所示。中国香港的小学和初中的学校安全和秩序基本相似，基本全部达到安全有序及以上的水平，而且还在不断改善当中；同时，越安全有序的学校环境，学生的学业表现也越好。

表 5-55　学校的安全和秩序情况及其变化

单位：分，%

类别	4 年级				8 年级			
	2011 年		2015 年		2011 年		2015 年	
	学生比例	平均表现	学生比例	平均表现	学生比例	平均表现	学生比例	平均表现
非常安全有序	49	539	61	562	49	550	58	549
安全有序	47	536	37	551	48	524	39	542
存在问题	4	467	2	—	2	—	2	—

6. 学校开展科学实验的资源

学校开展科学实验的资源问题，嵌入在校长问卷中，主要包括两个问题项：学校有没有科学实验室，以及学生进行实验时教师有没有在旁提供帮助。

在 TIMSS 2015 测评中，有科学实验室的小学比例为 38%，在全球参与测评的国家/地区中排在第 18 位，与比例最高的韩国相差 61 个百分点，与国际平均比例相等；有科学实验的初中比例为 100%，在全球排第 1 位，高于国际平均比例（85%）。学生进行实验时教师在旁提供帮助的 4 年级学生比例为 42%，比国际平均比例（32%）高出 10 个百分点；学生进行实验时教师在旁提供帮助的 8 年级学生比例为 98%，比国际平均比例（58%）高出 40 个百分点。

具体调查结果如表 5-56 所示。中国香港初中学校的科学实验室配置率极高，到 2015 年已经全部配置，并且几乎所有实验活动都会有教师在旁提供帮助。

表 5 - 56　开展科学实验的资源

单位：分，%

类别		4 年级				8 年级			
		2011 年		2015 年		2011 年		2015 年	
		学生比例	平均表现	学生比例	平均表现	学生比例	平均表现	学生比例	平均表现
科学实验室	有	37	540	38	565	99	533	100	545
	没有	63	532	62	551	1	—	—	—
教师在旁提供帮助	有	—	—	42	558	99	534	98	544
	没有	—	—	58	556	1	—	2	—

7. 学生欺凌

在 TIMSS 2015 测评中，几乎从来没有学校欺凌的 4 年级学生比例为 54%，在全球参与测评的国家/地区中排在第 28 位，与比例最高的韩国（76%）相差 22 个百分点，低于全球平均比例的 57%；几乎从来没有学校欺凌的 8 年级学生比例为 56%，在全球参与测评的国家/地区中排在第 28 位，与比例最高的中国台湾（86%）相差 30 个百分点，低于全球平均比例的 63%。具体调查结果及其变化情况如表 5 - 57 所示。从调查结果来看，中国香港学生在学校受欺凌的情况并没有太大变化，而且受欺凌情况似乎对学生的学业成绩也并没有太大影响。

表 5 - 57　学校欺凌及其变化情况

单位：分，%

类别	4 年级				8 年级			
	2011 年		2015 年		2011 年		2015 年	
	学生比例	平均表现	学生比例	平均表现	学生比例	平均表现	学生比例	平均表现
几乎从来没有	50	540	54	560	54	536	56	541
每月被欺凌	33	538	32	556	36	536	37	553
每周被欺凌	17	516	14	545	10	531	7	545

（三）教师情况对学生表现的影响及其变化

教师的情况，包括教师的学历、专业、执教时间、职后培训、工作环境、工作满意度、面临的挑战七个方面。

1. 教师的学历

在 TIMSS 2015 测评中，取得研究生学历的 4 年级教师比例为 39%，与比例最高的波兰（100%）相差 61 个百分点，高于国际平均比例的 28%；取得研究生学历的 8 年级教师比例为 52%，与比例最高的格鲁吉亚（89%）相差 37 个百分点，高于国际平均比例的 28%。

近年来，教师的学历情况及其变化如图 5－93 和图 5－94 所示。8 年级科学教师的学历普遍高于 4 年级教师，同时，4 年级和 8 年级教师中具有研究生学历的人数比例均呈现逐年上涨的趋势，而不具备本科学历的教师人数比例均呈现显著下降的趋势。

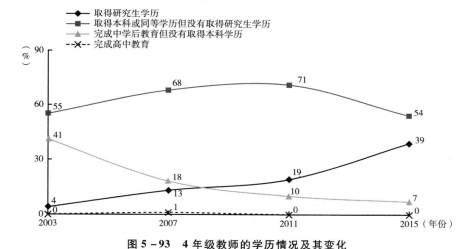

图 5－93　4 年级教师的学历情况及其变化

2. 教师的专业

在 TIMSS 2015 测评中，主修小学教育和自然科学的教师比例为 25%，高于国际平均比例的 23%；主修科学教育和自然科学的 8 年级教师比例为 42%，高于国际平均比例的 32%。

4 年级、8 年级教师的专业情况对学生表现的影响及其变化，如表 5－58 和表 5－59 所示。4 年级教师的主修专业与学生学业成绩之间没有显著关联，而 8 年级教师中至少主修"科学教育"和"自然科学"其中一个专业的教师所教的学生在测评中表现出较为稳健且显著提升的趋势。

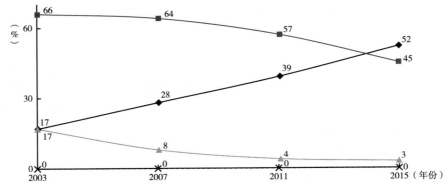

图 5-94　8 年级教师的学历情况及其变化

表 5-58　4 年级教师的专业情况及其变化

单位：分，%

类别	2011 年		2015 年	
	教师比例	学生平均表现	教师比例	学生平均表现
主修小学教育和自然科学	27	536	25	556
主修小学教育但不主修自然科学	52	535	50	558
主修自然科学但不主修小学教育	6	530	9	566
既不主修小学教育也不主修自然科学	15	532	15	545

表 5-59　8 年级教师的专业情况及其变化

单位：分，%

类别	2011 年		2015 年	
	教师比例	学生平均表现	教师比例	学生平均表现
主修科学教育和自然科学	39	538	42	550
主修科学教育但不主修自然科学	14	527	37	547
主修自然科学但不主修科学教育	35	529	12	556
既不主修科学教育也不主修自然科学	13	548	10	510

3. 教师的执教时间

在 TIMSS 2015 测评中，执教 20 年以上的 4 年级教师比例为 23%，低于国际平均比例的 39%；执教 20 年以上的 8 年级教师比例为 31%，与国际平均比例（32%）相近。

4 年级、8 年级教师的执教时间及其对学生的影响如表 5－60 所示。教师的教龄与学生的学业成绩之间并没有表现出显著的相关性；4 年级科学教师中执教 5～10 年及 5 年以下的青年教师比例呈现增加的势头；而 8 年级教师则新鲜力量不足，5 年以下教龄的教师比例显著降低，平均教龄也在上涨。

表 5－60　教师的执教时间及其变化

单位：分，%

类别	4 年级				8 年级					
	2011 年		2015 年		1995 年		2011 年		2015 年	
	教师比例	学生平均表现	教师比例	学生平均表现	教师比例	学生平均表现	教师比例	学生平均表现	教师比例	学生平均表现
20 年以上	23	525	23	558	14	536	25	541	31	540
10～20 年	46	540	32	550	25	504	31	521	38	544
5～10 年	16	533	25	573	23	516	18	545	18	542
5 年以下	15	535	21	544	38	532	27	538	13	567

4. 教师的职后培训

对于教师接受的具体职后培训内容，在不同的测评中有所不同。比如，在 TIMSS 2015 中，就新增了满足个别学生的需求、科学与其他学科的整合两个内容项。

在 TIMSS 2015 测评中，4 年级教师所接受的职后培训中，最多的是提升学生的批判性思维或探究技能方面的培训，比例为 63%，高于国际平均比例的 33%；相对较少的培训内容是科学测评，只有 25%，与国际平均比例相同。

8 年级教师所接受的职后培训中，最多的是有关于科学内容、科学教学方面的培训，比例分别为 69%、70%，高于国际平均比例的 55%、57%；相对较少的培训内容是科学测评方面的培训，只有 40%，与国际平均比例

相同。

接受调查的教师职后培训情况如表 5 - 61 所示。

表 5 - 61　教师的职后培训情况及其变化

单位：%

类别	4 年级				8 年级			
	2003 年	2007 年	2011 年	2015 年	2003 年	2007 年	2011 年	2015 年
科学内容	38	53	43	42	79	79	72	69
科学教学	31	47	45	43	69	78	64	70
科学课程	28	38	29	36	67	75	61	63
科学与信息技术整合	51	45	44	45	68	56	40	53
提升学生的批判性思维或探究技能	47	56	—	63	61	69	47	48
科学测评	26	31	23	25	45	56	51	40
满足个别学生的需求	—	—	—	46	—	—	—	49
科学与其他学科的整合	—	—	—	31	—	—	—	—

5. 教师的工作环境

在 TIMSS 2015 测评中，教师工作环境几乎没有任何问题的 4 年级教师比例为 47%，在全球参与测评的国家/地区中排在第 17 位，与比例最高的捷克（66%）相差 19 个百分点，比国际平均比例（38%）高出 9 个百分点；教师工作环境几乎没有任何问题的 8 年级教师比例为 38%，在全球参与测评的国家/地区中排在第 18 位，与比例最高的卡塔尔（67%）相差 29 个百分点，比国际平均比例（34%）高出 4 个百分点。

具体的调查结果如表 5 - 62 所示。4 年级教师和 8 年级教师的工作环境都得到了显著改善，从 2011 年到 2015 年，工作环境存在"中度至重度问题"的教师比例显著降低；与此同时，学生的测评成绩也表现出显著提升。

6. 教师工作满意度

在 TIMSS 2015 测评中，对工作非常满意的 4 年级、8 年级教师比例分别

表 5 - 62   教师的工作环境问题及其变化

单位：分，%

类别	4 年级				8 年级			
	2011 年		2015 年		2011 年		2015 年	
	教师比例	学生平均表现	教师比例	学生平均表现	教师比例	学生平均表现	教师比例	学生平均表现
几乎没有任何问题	16	539	47	565	16	541	38	552
小问题	50	536	43	552	58	532	49	537
中度至重度问题	34	531	11	539	25	541	13	549

为 33%、34%，在全球参与测评的国家/地区中分别排在第 44 位、第 31 位，与比例最高的伊朗（83%）、埃及（78%）分别相差 50 个、44 个百分点，与国际平均比例（52%、49%）分别相差 19 个、15 个百分点。具体调查结果如表 5 - 63 所示。数据显示，教师的工作满意度越高，学生的学业成绩也越高。

表 5 - 63   TIMSS 2015 中"教师工作满意度"的调查结果

单位：分，%

类别	4 年级		8 年级	
	教师比例	学生平均表现	教师比例	学生平均表现
非常满意	33	570	34	562
满意	53	552	48	541
不满意	14	542	19	523

7. 教师面临的挑战

在 TIMSS 2015 测评中，教师面临挑战较少的 4 年级、8 年级教师比例分别为 34%、36%，在全球参与测评的国家/地区中分别排在第 28 位、第 25 位，与比例最高的格鲁吉亚（85%）、格鲁吉亚（84%）分别相差 51 个、48 个百分点，与国际平均比例（43%、45%）分别相差 9 个、9 个百分点。具体的调查结果如表 5 - 64 所示。从教师的调查结果来看，教师所面临的挑战多少似乎对学生的学业成绩没有显著影响。

表 5 - 64   TIMSS 2015 中"教师面临的挑战"调查结果

单位：分，%

类别	4 年级		8 年级	
	教师比例	学生平均表现	教师比例	学生平均表现
较少	34	565	36	535
一些	58	552	59	551
较多	8	552	5	546

（四）学生情况对学生表现的影响及其变化

学生的情况包括学生的学校归属感、4 年级学生学前教育时长、学生旷课缺席情况、学生参与科学课堂教学的积极性、学生对学习科学的喜爱程度、学生对学习科学的信心六个方面。

1. 学生的学校归属感

在 TIMSS 2015 中，学校归属感高的 4 年级、8 年级学生比例分别为 46%、31%，在全球参与测评的国家/地区中分别排在第 46 位（倒数第 2 位）、第 32 位，与比例最高的印度尼西亚（92%）、摩洛哥（73%）分别相差 46 个、42 个百分点，与国际平均比例（66%、44%）分别相差 20 个、13 个百分点。具体的调查结果如表 5 - 65 所示。数据显示，学校归属感越高，学生的学业成绩越高。但是，中国香港学生的学校归属感在所有国家/地区中是非常低的，这与他们在学业成绩上的优异表现并不相符。

表 5 - 65   TIMSS 2015 中"学生的学校归属感"调查结果

单位：分，%

类别	4 年级		8 年级	
	学生比例	平均表现	学生比例	平均表现
高	46	565	31	562
一般	43	552	55	542
低	11	540	14	525

2. 4 年级学生学前教育时长

中国香港政府提供的学前教育覆盖全体民众，在学前教育课程中包括科学教育，但学生参与学前教育的时长存在一定的差异。在 TIMSS 2015 测评中，学前教育时长在 3 年及以上的比例为 72%，在全球参与测评的国家/地区中排在第 13 位，与比例最高的匈牙利（93%）相差 21 个百分点，比国际平均比例（56%）高出 16 个百分点。具体的调查结果如表 5-66 所示。数据显示，中国香港学生接受学前教育的人数比例在降低，但接受过学前教育的学生在学业成绩测评中表现出明显的优势。

表 5-66　学前教育时长及其变化

单位：分，%

类别	2011 年		2015 年	
	学生比例	平均表现	学生比例	平均表现
3 年及以上	68	543	72	562
1～3 年	31	539	5	556
1 年或更少	1	—	12	548
没有接受	—	—	10	540

3. 学生旷课缺席情况

在 TIMSS 2015 中，从未或几乎从未缺席的 4 年级、8 年级学生比例分别为 80%、87%，在全球参与测评的国家/地区中分别排在第 9 位、第 4 位，与比例最高的韩国（93%、96%）分别相差 13 个、9 个百分点，比国际平均比例（67%、61%）分别高出 13 个、26 个百分点。学生旷课缺席的具体频率统计见表 5-67。数据显示，旷课缺席越多的学生，学业成绩表现越差。

表 5-67　TIMSS 2015 中学生旷课缺席情况

单位：分，%

类别	4 年级		8 年级	
	学生比例	平均表现	学生比例	平均表现
从未或几乎从未缺席	80	562	87	550
每月缺席一次	14	543	9	538
每两周缺席一次	2	—	2	—
一周缺席一次或更多	3	490	2	—

4. 学生参与科学课堂教学的积极性

在 TIMSS 2015 中，课堂教学参与非常积极的 4 年级、8 年级学生比例分别为 55%、34%，在全球参与测评的国家/地区中分别排在第 44 位、第 26 位，与比例最高的保加利亚（88%）、约旦（71%）分别相差 33 个、37 个百分点，比国际平均比例（69%、47%）分别低 14 个、13 个百分点。具体调查结果见表 5 - 68。结果表明，学生课堂参与度越高，学业成绩也越高；但是，中国香港学生的课堂参与度在所有国家/地区中的排名相对较低，这与学生的学业成绩表现并不相称。

表 5 - 68　TIMSS 2015 中学生参与科学课堂教学的积极性

单位：分，%

类别	4 年级		8 年级	
	学生比例	平均表现	学生比例	平均表现
非常积极	55	562	34	557
积极	33	553	48	545
不积极	12	544	17	526

5. 学生对学习科学的喜爱程度

在 TIMSS 2015 中，非常喜欢学习科学的 4 年级、8 年级学生比例分别为 57%、30%，在全球参与测评的国家/地区中分别排在第 22 位、第 21 位，与比例最高的葡萄牙（82%）、博茨瓦纳（57%）分别相差 25 个、27 个百分点，其中 4 年级学生比例与国际平均比例（56%）相近，8 年级学生比例比国际平均比例（37%）低 7 个百分点。具体的测评结果如表 5 - 69 所示。学生对科学的喜爱程度与其学业成绩之间呈现显著的正相关关系，但是，中国香港学生对科学的喜爱程度总体排名并不靠前。

6. 学生对学习科学的信心

在 TIMSS 2015 测评中，对科学非常有信心的 4 年级、8 年级学生比例分别为 25%、13%，在全球参与测评的国家/地区中分别排在第 44 位、第 24 位，与比例最高的土耳其（61%）、科威特（34%）分别相差 36 个、21 个

表 5 - 69　学生对学习科学的喜爱程度

单位：分，%

类别	4 年级				8 年级			
	2011 年		2015 年		2011 年		2015 年	
	学生比例	平均表现	学生比例	平均表现	学生比例	平均表现	学生比例	平均表现
非常喜欢	52	551	57	569	28	561	30	574
喜欢	35	523	32	543	51	534	51	542
不喜欢	14	507	11	533	21	506	19	512

百分点，比国际平均比例（40%、22%）分别低 15 个、9 个百分点。具体的调查结果如表 5 - 70 所示。与"对科学的喜爱程度"相似，学生对学习科学越有信心，其学业成绩表现越好；但是，中国香港学生表现出的对学习科学的信心并不是很足，这与他们在学业成绩上的良好表现也并不相称。

表 5 - 70　学生对学习科学的信心及其变化

单位：分，%

类别	4 年级				8 年级			
	2011 年		2015 年		2011 年		2015 年	
	学生比例	平均表现	学生比例	平均表现	学生比例	平均表现	学生比例	平均表现
非常有信心	25	560	25	588	8	579	13	592
充满信心	36	539	48	558	47	544	38	560
没有信心	39	516	27	526	45	520	49	523

（五）科学课堂教学情况对学生表现的影响及其变化

科学课堂教学情况，包括科学教学是否受到科学资源短缺的影响、教师对 TIMSS 所涉及科学主题的教授情况、教师对科学探究的强调、科学课堂上学生使用电脑的情况、教学受限情况五个方面。

1. 科学教学是否受到科学资源短缺的影响

在 TIMSS 2015 测评中，科学教学没有受到科学资源短缺影响的 4 年级、8 年级学生比例分别为 18%、45%，在全球参与测评的国家/地区中分别排在第 33 位、第 9 位，与比例最高的韩国（76%）、新加坡（74%）

分别相差 58 个、29 个百分点。其中，4 年级学生比例比国际平均比例（25%）低 7 个百分点，8 年级学生比例比国际平均比例（27%）高 18 个百分点。具体调查结果如表 5 - 71 所示。数据显示，教学资源越充裕的学校，其学生的学业成绩也越高。

表 5 - 71　科学教学是否受到科学资源短缺的影响及其变化

单位：分，%

类别	4 年级				8 年级			
	2011 年		2015 年		2011 年		2015 年	
	学生比例	平均表现	学生比例	平均表现	学生比例	平均表现	学生比例	平均表现
没有影响	—	—	18	583	39	545	45	546
一些影响	91	535	79	551	55	529	52	544
影响很大	9	536	3	551	7	511	3	529

2. 教师对 TIMSS 所涉及科学主题的教授情况

在 TIMSS 2003 及以前的测评中，对于 TIMSS 测评所涉及的科学主题内容，教师是否教授的情况调查，按照各个具体主题进行划分，分别进行调查，与后面的几轮测评情况不一致。因此，本研究选择 TIMSS 2007 及以后按照学科归类进行调查的数据进行分析。具体调查结果如表 5 - 72 所示。数据显示，与其他国家/地区情况类似，中国香港中小学所教授的科学课程内容与 TIMSS 所测评的主题之间并没有完全重叠。

表 5 - 72　对 TIMSS 主题教授的情况

单位：%

类别	4 年级			8 年级		
	2007 年	2011 年	2015 年	2007 年	2011 年	2015 年
所有的科学主题	29	49	52	52	59	55
生命科学/生物学	33	61	67	49	64	64
化学	—	—	—	60	77	46
物质科学/物理	28	49	45	55	69	72
地球科学	30	39	47	33	18	34

3. 教师对科学探究的强调

教师对科学探究的强调（teachers emphasize science investigation）体现在对 8 个科学探究活动的使用频次上。在 TIMSS 2015 测评中，教师对科学探究的强调在一半或更多的 4 年级、8 年级学生比例分别为 10%、25%，在全球参与测评的国家/地区中分别排在第 38 位、第 20 位，与比例最高的阿曼（74%）、阿曼（69%）分别相差 64 个、44 个百分点，比国际平均比例（27%、27%）分别低 17 个、2 个百分点。具体调查结果如表 5－73 所示。数据显示，探究式教学对学生的学业成绩有显著的正向影响，而且对高年级学生的正向影响显著高于低年级学生。

表 5－73　教师对科学探究的强调情况及其变化

单位：分，%

类别	4 年级				8 年级			
	2011 年		2015 年		2011 年		2015 年	
	学生比例	平均表现	学生比例	平均表现	学生比例	平均表现	学生比例	平均表现
一半或更多	12	536	10	570	36	553	25	565
一半以下	88	535	90	554	64	526	75	539

4. 科学课堂上学生使用电脑的情况

关于科学课堂上的电脑使用情况，包括两部分：有没有机会在科学课堂上使用电脑，使用电脑做什么。具体的调查结果如表 5－74 和表 5－75 所示。数据显示，在课堂上是否有机会使用电脑似乎与学生的学业成绩之间没有必然关联；4 年级学生在课堂上使用电脑的频率显著高于 8 年级学生，但是，两个年级在课堂上使用电脑的频率在 2011 年达到峰值后均明显回落。

5. 教学受限情况

在 TIMSS 2011 中，教学受限的因素，包括学生的知识或技能缺乏、学生基本营养缺乏或睡眠不足、教学秩序混乱或学生不感兴趣三个方面。教师对这三个方面分别进行"完全不受限""有些受限""很受限"的选择。在 TIMSS 2015 中，教学受限情况根据教师在学生的知识或技能缺乏，学生基

表 5 - 74　科学课堂上学生有没有机会使用电脑的情况及其变化

单位：分，%

类别	4 年级						8 年级					
	2003 年	2007 年	2011 年		2015 年		2003 年	2007 年	2011 年		2015 年	
	学生比例	学生比例	学生比例	平均表现	学生比例	平均表现	学生比例	学生比例	学生比例	平均表现	学生比例	平均表现
有	36	71	61	531	47	564	44	55	34	526	21	555
没有	64	29	39	541	53	549	56	45	66	540	79	542

表 5 - 75　科学课堂上学生使用电脑进行的活动情况及其变化

单位：%

类别	4 年级				8 年级			
	2003 年	2007 年	2011 年	2015 年	2003 年	2007 年	2011 年	2015 年
进行实践技能和过程训练	2	10	43	29	4	6	19	12
浏览观点和信息	8	32	49	37	5	12	24	17
做一些科学过程或实验	1	3	43	33	5	13	23	12
通过模拟研究自然现象	4	7	39	27	3	7	19	15
进行数据的搜集和分析	—	—	—	—	3	8	22	14

本营养缺乏，学生睡眠不足，教学秩序混乱，学生不感兴趣，课堂上有智力、情绪或身体存在障碍的学生六种因素的选择情况进行综合评定。如果教师对其中 3 个的感觉是"完全不受限"（not at all），并对其他 3 个的感受是"有些受限"（some），则表示该教师感觉自己的教学完全不受（not limited）学生需求限制；如果教师对其中 3 个的感觉是"很受限"（a lot），并对其他 3 个的感受是"有些受限"（some），则表示该教师感觉自己的教学非常（very）受限于学生的需求；其他选择表示教师感觉自己的课有些受限（somewhat limited）于学生的需求。

在 TIMSS 2015 测评中，教学完全不受限的 4 年级、8 年级学生比例分别为 45%、38%，在全球参与测评的国家/地区中分别排在第 13 位、第 11 位，与比例最高的日本（73%、76%）分别相差 28 个、38 个百分点，比国际平均比例（37%、28%）分别高 8 个、10 个百分点。最新的调查结果如

表 5 - 76 所示。从统计结果可以看到，教师感觉教学完全不受限的学生学业成绩显著高于教学受到一些或严重限制的学生。

表 5 - 76　TIMSS 2015 中教学受限情况

单位：分，%

类别	4 年级		8 年级	
	学生比例	平均表现	学生比例	平均表现
完全不受限	45	567	38	565
有些受限	53	549	58	533
非常受限	2	—	4	531

第六章　TIMSS 科学素质测评带给科学教育的启示

第一节　TIMSS 科学素质测评设计带来的启示

自 1995 年第一次测评起，TIMSS 每 4 年进行一次测评，至今已开展 6 次测评。在此之前，TIMSS 主办方 IEA 早在 1959 年就已经开始对学生学业成绩进行国际比较研究，在测评方面积累了丰富的理论和实践基础。与同样在国际上具有广泛影响力的测评项目 PISA 相较，TIMSS 有其独到之处，在测评方面也有着值得参考借鉴的先进性。当然，如此庞大的测评系统，也与 PISA 一样具有不可避免的局限性。TIMSS 的先进性和局限性都是值得各类测评工作（包括科学素质测评、学业水平测试等）关注的内容。

一　TIMSS 科学系列测评的先进性

（一）具有明确的研究问题

评价是教育研究的一个重要方向，就研究而言，研究问题是整项工作的逻辑起点。研究问题决定着应当采用的研究方法，判断研究方法是否可靠的关键标准是能否有效收集回答研究问题的证据，基于所收集的证据得到的结论应当能够回答研究问题。因此，研究问题串联着整项工作的逻辑链。所有研究都是从研究问题开始的①，没有研究问题就不能称为一项研究，同时还

---

① Lederman，N. G.，& Lederman，J. S.（2012）. Nature of Scientific Knowledge and（转下页注）

会导致研究工作缺乏逻辑主线，无法成为一项高质量的研究。

　　TIMSS 作为一项大型国际比较的评价研究项目，自 1995 年第一次测评起，就基于测评目标明确界定了拟解决的问题，而且这些问题贯穿于历次测评，体现了很强的前瞻性和延续性。根据科学探究水平的划分，提出研究问题历来都是研究工作中最具挑战的环节①，也是决定研究工作质量的关键因素。而 TIMSS 从明确的研究问题出发，以解决问题为动力推进相关测评工作的开展，实际上为类似的测评研究项目（包括国家/地区科学素质测评、学业水平测试、各类教育质量监测）提供良好的范例和参考借鉴。

　　（二）建构模型来统筹测评的各个要素

　　作为一项国际化的大数据测评项目，TIMSS 所涉及的要素颇为繁杂，是一个相当庞大的系统。从测评目标来看，TIMSS 既想测评不同国家/地区学生的学业水平，又想探查影响学生学业水平的因素（包括社会、学校、教师和家庭各个方面的因素），而不同国家/地区的学生及其背景信息又千差万别。TIMSS 项目组构建了一个非常巧妙的模型，适用于所有国家/地区，将测评的各个要素放置于同一个框架底下，系统、有序又清晰地将测评工作统筹到一起。这个模型就是 TIMSS 提出的课程评价模型（见本书第一章图 1 - 1），把整个测评项目所做的工作界定为广义的课程评价，通过预期的课程、实际执行的课程、实际达成的课程三个层面来描述并组织拟测评的内容。这一模型不仅与各个国家/地区的教育系统都能达成高度的契合，而且也与 TIMSS 本身拟解决的研究问题高度契合。从研究设计的角度讲，建构模型来统筹测评的各个要素虽然对研究者来说具有一定的挑战，但是高质量的模型能够提升研究的品质，有效保障后续研究工作的开展。

（接上页注①）Scientific Inquiry：Building Instructional Capacity Through Professional Development. In B. J.，Fraser，K. G.，Tobin，& C. J.，McRobbie（Eds.），*Second International Handbook of Science Education*（pp. 338 - 339）. Springer Science + Business Media B. V.

① Bulunuz，M.，Jarrett，O. S.，& Martin-Hansen，L.（2012）. Level of Inquiry as Motivator in An Inquiry Methods Course for Preservice Elementary Teachers. *School Science and Mathematics*，112（6）：330 - 339.

（三）测评的内在一致性强

就测评工作而言，测评程序和工具的设计决定着结果的可靠性，也决定着整项工作的质量。在所有环节中，测评设计本身的内在一致性是测评工作效度（即测评结果能够在多大程度上有效反映期待测评的事项）的重要保障。TIMSS 科学素质测评的设计具有严密的内在逻辑，保证了测评工作的效度。与另一项颇具影响力的国际大数据测评项目 PISA 相较，TIMSS 的测评逻辑更为一致和严谨。PISA 测评同样有着明确的"以评促建"的目标，以期通过对学生科学素质水平的测评和科学学习背景信息的调查来找出影响学生科学素质水平的因素，从而为教育系统的优化改革提供建议。但是，PISA 强调其测评的学生科学素质水平不是学校科学课程的学业水平，这就存在逻辑不一致之嫌，因为青少年学生的科学素质水平其实主要还是依赖于学校的科学课程学习，而且如果测评内容不是学校科学课程的学习成效，如何能够为改进学校教育提供对策建议呢？相较来看，TIMSS 科学素质测评明确指出其测评的内容就是学生科学课程的学业水平，而且所测评的学科内容是依据所有参与国/地区的课程内容设置来确定的，选取所有参与国/地区学校科学课程中共有的内容作为测评内容，各项内容的题目比例则以各国/地区科学课程中不同学科所占比重为依据。同样是"以评促建"，同样是试图通过测评和背景信息调查来探索影响科学素质水平的因素，从而为教育系统的改革提供对策建议，TIMSS 的测评内容相对来说更加契合预期的测评目标，从测评目标到测评设计之间的逻辑也更加扎实。

（四）测评内容考虑各国/地区的课程设置

考查参与国/地区学生的科学素质水平并进行国际比较，是 TIMSS 和 PISA 共同的测评预期之一，但是，在测评内容的选择上，两个测评项目的出发点却各不相同。PISA 项目站在面向当今社会和未来发展的角度，提出了一套关于科学素质的界定，并围绕这一界定，依据实际生活中的使用频率来确定科学相关学科的测评内容及其题目比例；这就不可避免地带来一定的局限性，当参与国/地区的课程目标与 PISA 界定的科学素质不一致时，测评结果有可能反映出该国/地区学生的科学素质水平表现不理想，但是这一结果并不能说明该国/地区教育系统的效能存在问题，因为有可能该国/地区的教育系统能够很好地服务于本国/地区的人才培养目标；因此，在这种情况下，测评结果只能说明参与国/地区的人才培养理念与 PISA 不同，而不能为参与国/地区教育系统的优化改革提供有效建议。与 PISA 的出发点不同，TIMSS 在选择测评内容时，充分考虑了所有参与国/地区原本的课程设置，为了测评结果能够进行对等的国际比较，选取所有参与国/地区共有的课程内容作为测评内容，在题目比例上也考虑了各参与国/地区原本的各学科课程内容比重；因此，相较于 PISA，TIMSS 在测评内容的选择上很好地执行了测评的初衷和目标，规避了可能存在的逻辑风险。

（五）抽样设计科学可靠

TIMSS 自第一次测评起，样本就设定为 4 年级、8 年级和中学毕业年级的学生，其中，4 年级和 8 年级参与 TIMSS 常规测评，中学毕业年级参与 TIMSS 高阶测评。TIMSS 常规测评每四年举行一次，在上一次测评中参与 4 年级测评的学生正好进入 8 年级的学习，参与这一次的 8 年级测评。从时间横断面来看，TIMSS 的每一次测评都能反映 4 年级和 8 年级学生的水平，可以比较同一时期、不同年级学生学习状态；从定组追踪的角度来看，两次相邻的测评实际上能够反映同一批学生从 4 年级到 8 年级的学业水平的变化，对于同一批样本而言，可以排除其他因素的影响，更客观地反映这四年期间国家/地区教育改革的政策和举措对学生学业水平产生的影响，进而更有效地达成"以评促建"的测评目标。TIMSS 高阶测评目前没有固定周期，自 1995 年第一次测评起，至今共开展过 3 次测评；在测评目标上，高阶测评以选拔科技专业人才为导向，与之相对应地，测评样本定位在中学毕业年级的学生，测评内容聚焦于物质科学。基础教育阶段的科学教育肩负着培养学生科学素质的责任，一方面为未来社会培养具备基本科学素质的公民，另一方面为高等教育培养具备良好科学素质的专业人才打下基础。中学毕业年级学生正好面临升学和未来专业选择，对这一阶段学生进行选拔性的 TIMSS 高阶测评，能够起到有针对性的诊断作用。

此外，从抽样操作来看，除了通过描述性的规则来说明样本抽取的范围、数量、年龄等要求，还采取了科学可靠的技术方法来落实抽样工作，比如在抽取学校样本时采用了按规模大小计算概率比例的抽样方法——PPS 抽样法（probability – proportional – to – size），在样本学校的适龄年级抽取被试班级时则通过随机抽样的方式来整班抽取被试学生。

（六）测评设计不断发展进步

到目前为止，TIMSS 已经有 20 多年历史，未来很长一段时间内还将继续测评下去。在漫长的时间跨度内，科学、技术取得了日新月异的发展，社会对人才的需求也在不断变化，学校科学教育对学生的培养也发生了相应的改革，测评也应当有相应的改进才能适应诊断教育质量的需求。从 TIMSS 过去 20 多年的测评历史来看，测评框架和抽样设计都在不断改进以适应测评需求。2000 年以前没有明确的测评框架，仅仅是大致描述拟测评的内容领域；2000 年以后开始有了明确的测评框架，从内容和认知两个维度来命制题目，其中关于认知维度的划分也发生了一次变化，让该维度的内涵更加明确，从而更加清晰地指导测试题目命制。在抽样设计方面，TIMSS 最初的几次测评期待从样本学校的不同班级抽取学生样本，不倾向于整班抽取，以避免学生样本过于同质化；在后续测评中，考虑到具体实施的可操作性，抽样方式更改为整班抽取，以便不给样本学校的正常教学秩序造成太大干扰。

二　TIMSS 科学系列测评的局限性

（一）没有界定科学学业水平

科学学业水平是 TIMSS 科学系列测评拟评价的核心内容，但是，历次 TIMSS 测评并没有对科学学业水平进行明确的界定。关于测评内容的论证是评价工具开发的基本依据，例如，要想评价学校教育的成效，那么，首先需要论证学校教育的预期目标是什么，接着评价工具则需要围绕这个预期目标来开发，以保障评价结果的可靠性；如果没有界定学校教育的预期目标，将很难判断评价工具是否可靠，进而对评价结果产生怀疑。同样道理，TIMSS 科学系列测评拟评价学生的科学学业水平，首先就应当论证学校科学教育的预期目标是什么，为评价工具的开发提供依据；然而，TIMSS 并没有对学校科学教育的预期目标进行界定，使得其评价工具的有效性缺乏保障，很难说明其评价的结果能够有效反映学生的科学学业水平。另外，TIMSS 高阶测评的科学部分只探查了学生物理水平，但是缺乏可靠的论证说明为什么物理能够作为选拔性依据来评判学生的科学水平；社会发展对科学、技术人才的需求越来越大，但科学、技术包含很多分支领域，每个领域都不可或缺，物理仅仅是其中一个领域。

在明确界定测评内容方面，同样具有广泛影响力的另一项国际大数据测评项目 PISA 则比 TIMSS 做得更加扎实。PISA 的每一次测评都对拟测评的内容进行了详细的论证，并基于对已有相关研究的论证做出明确的界定，清晰地描述拟测评内容的内涵，为后续测评设计工作奠定扎实的基础；不仅如此，PISA 对拟测评内容的界定既保持相对的稳定性和延续性，又不断吸纳科学、社会和教育领域的新进展对拟测评内容的内涵进行更新和修订。

（二）测评框架缺乏论证

测评框架是拟测评内容的进一步细化，是测评工具开发的直接指导依据。TIMSS 在 2000 年以前的两次测评（1995 年和 1999 年测评）中均没有制定明确的测评框架，只是对测评的具体领域进行了描述性说明；2000 年另一项国际大数据测评项目 PISA 开展了第一次测评，TIMSS 在随后的 2003 年测评中首次制定了测评框架，拟从内容维度和认知维度来考查学生的科学学业水平；2007 年及之后的测评也都从内容维度和认知维度两个方面来命制题目，但 2007 年起对两个维度的子维度的界定进行了修订，使之更加准确。虽然 TIMSS 的测评框架在不断地改进修订，自从出现测评框架以来，每次测评都会对内容和认知的各个子维度所涵盖的内容进行详细描述，但是，对于框架的提出缺乏论证，没有扎实的依据支撑为什么探查学生的科学学业水平要考虑内容维度和认知维度，也没有可靠的依据说明为什么两个维度应当分别包含测评框架中列出的子维度。与界定拟测评内容的意义类似，对测评框架的论证是保障测评效度的必要环节，扎实的论证能够保障测评工具有效探查拟测评的内容。

同样，TIMSS 在论证测评框架这个方面的工作相较于 PISA，显得非常薄弱。PISA 自第一次测评起就有明确的测评框架，且对测评框架的提出进行了扎实的论证，广泛吸纳科学教育领域已有研究成果来为测评框架提供支撑，最终基于扎实的论证提出测评框架，之后进一步对测评框架的各个维度进行详细描述；虽然，在科学素质不是主测素养的年份，PISA 科学素质的测评框架和论证依据会直接延用最近一次科学素质作为主测素养时的框架和论证，但是，每一次作为主测素养时对框架的修订都会基于翔实的论证来开展。

（三）内容维度的测评主题选择依据不可靠

TIMSS 科学系列测评的内容维度相对于测评框架其他部分来讲，是依据较为明确的一个部分：科学系列测评内容维度所涵盖的学科内容以所有参与国家/地区的科学课程为准，选择所有国家/地区拟抽样年级的科学课程中都有的内容作为测评内容。虽然如前文所述，这种操作能够规避可能存在的逻辑风险，测评结果对教育系统运作成效的解释度更高；但是，不同国家/地区的科学课程毕竟不是完全相同的，每次测评都有 40 个左右的国家/地区参加，取所有国家/地区科学课程的交集作为测评内容，这个交集可能对于一些国家/地区的科学课程来讲只占比较小的一部分，测评结果可能仍然无法准确、客观地反映这些国家/地区科学教育系统的运作成效；即使科学课程相近的国家/地区，其实际课程内容的侧重以及教学进度的安排也都不尽相同，同样导致测评结果可能无法真正反映其教育系统的运作成效。基于上述情况，TIMSS 现行的测评年级定位实际上也会进一步加剧测评结果的不可靠性；普遍来看，当今世界各国的学校教育通常都是按小学、初中、高中来划分阶段的，TIMSS 测评定位的 4 年级并不是小学的毕业年级，8 年级也并不是初中的毕业年级，"产品"未到"出厂"环节就检测"质量"并将此作为反映"生产线"水平的依据，这一依据是缺乏可靠性的，因为每个国家/地区的"生产线"本身和"生产进度"安排都是不同的，一刀切地截取同一个位点实际上也缺乏可比性。

（四）大数据结果难免浮于表面

从方法论的角度讲，教育研究通常可以分为定量研究和质性研究两大类。其中，定量研究可以反映普遍存在的现状、验证机制和原理的适用性，但容易忽略掉样本个体的差异性，也难以深入探查现象背后的本质；而质性研究则在深入探查本质和解释现象方面有明显优势，但无法回答普遍性和适用性的问题。所以，在教育研究的道路上，定量研究和质性研究实际上应当是交互并进的；先通过定量研究反映普遍存在的现状，再构建质性研究来深入探查背后的原因和机理，从而更有效地改进现状；或者先通过质性研究阐释某种机制或规律，然后再通过定量研究来验证该机制或规律的普适性。TIMSS 作为一项国际性的大数据测评项目，是典型的定量研究，因此也无法避开定量研究本身在解决问题方面存在的短板，缺乏对数据背后的原因和机理的深入挖掘。[①] 比如，从数据结果来看，学生的自我效能感越高，科学学业水平也越高；但是，并没有构建后续跟进的研究来探查什么因素会导致学生的自我效能感低，所以，即使从 TIMSS 的大数据上反映出了学生自我效能感与学习成绩之间的关系，参与国家/地区实际上也无法制订有针对性的方案或采取有效措施来提升学生的自我效能感。

当然，TIMSS 本身的定位就是大数据测评，从定量研究的角度来讲，其工作的质和量以及得到的结果已经能够在同类工作中起到很好的示范作用了，测评组委会也不需要再开展后续质性研究。更何况，TIMSS 的所有数据都是开放共享的，感兴趣的研究者完全可以针对数据结果的某个方面构建相应的质性研究进行深入探查，为本国/地区教育系统的改革和发展提供更有针对性的对策建议。

（五）背景信息的调查存在局限性

历次 TIMSS 测评除了对学生的数学和科学学业水平进行考查外，还会进行配套的背景信息调查，试图找寻影响学生学业水平的因素，从而为参与

---

① 张胜、康玥媛：《TIMSS 研究方法的经验与启示——基于对梁贯成教授的深度访谈》，《数学教育学报》2018 年第 4 期。

国家/地区教育系统的改革提供切实可行的参考借鉴。从 TIMSS 进行背景信息调查的意图来看，这部分的调查结果可能会成为教育决策的直接依据，因此需要有可靠的设计来保障调查结果的可参考性。但是，本研究基于对 TIMSS 背景调查设计的分析，发现这部分调查可能存在以下局限性。

（1）背景信息的调查内容缺乏论证。历次 TIMSS 测评的背景调查框架和维度划分虽然不尽相同，但是基本上可以归结为社会背景、家庭背景、学校背景、教师背景和学生个体特质这 5 个方面。的确，这 5 个方面的信息几乎能够完整描述一个学生所处的背景环境，这些背景信息也确实可能会影响到学生的学业水平；但是，每个方面底下调查哪些信息才是真正与学生学业水平相关的因素，TIMSS 似乎并没有着墨推敲。比如，在家庭学习资源当中有一项信息是调查学生家庭的藏书量，但是，藏书量与科学学习有何关联呢？如果藏书都是文学著作呢？另外，何种级别印刷品称为藏书呢？这些问题都没有进行论证。

（2）背景信息调查结果可能会给不同文化背景的国家/地区带来不同的反响，有的调查结果可能会造成适得其反的效果。比如，在家庭背景的调查中，有一项信息是关于学生曾经参与早期识字和识数的经历（简称"早教"），调查结果显示，接受过早教且早教越充分的学生在科学学习中的表现越好，即在幼年时期接受过良好早教的孩子未来进入学校后学习成绩会更好。这一结果对于那些原本对幼儿早期启蒙教育不关注的国家和地区以及对幼儿陪伴不充分且对幼儿关注度较低的家庭来讲，是非常值得重视和改进的；但是，对于那些已经对早教过度吹捧的国家/地区以及将"不能让孩子输在起跑线上"奉为信仰的家庭来讲，无疑是在为他们狭隘、极端的价值观念增添砝码，助长"拼孩子"的功利主义风气。再比如，在教师背景的调查中，有一项信息是关于教师在科学课堂上采用探究式教学的频率，但是，具体什么样的教学行为能够被视作探究式教学并没有说明。从实际教学来看，并不是所有的课程内容都适宜通过经典的探究来学习，甚至大部分内容是不可能也没必要让学生重新亲手实验一遍的；但是，探究所涉及的技能是比较容易在课堂上使用和训练的，例如，构建模型、做出解释、进行预测、做出推理等；然而，在课堂上调动学生运用这些技能算作开展探究式教学吗？TIMSS 并没有详细说明。此外，每个人对探究的理解都不一样，如果想要更准确地了解教师开展探究式教学的情况，与其直接询问开展探究的频次，还不如细化询问使用各项技能的频次。

（3）TIMSS 对学生的学业成绩进行测评，并对影响学生学业成绩的背景因素展开调查，以期为各国/地区教育系统的改革和发展提供对策建议。但是，TIMSS 调查的背景信息中并不是所有因素都是可改进的，也不是所有因素都是可以通过教育系统改革来改善的。比如，家庭背景的调查中涉及父母学历背景、父母职业背景、家庭网络接通情况、父母对科学的重视程度等信息，其中，父母对科学的重视程度无疑会影响到学生对科学学习的态度进而影响到学生的科学学业成绩，而且这项因素可以通过学校与家长的互动以及政府推行向公众普及科学的活动等举措来改善提升；但是，其余三项信息"父母学历背景""父母职业背景""家庭网络接通情况"实际上反映的是学生家长的社会经济地位，更像是在反映社会现状，而不是反映教育系统运作情况，这些因素不是通过改革教育体系就能得到改善的，尤其是对于每个孩子来讲，父母的社会经济地位大多将会伴随其一生且无法改变。

（4）背景信息调查缺乏对校外学习（informal education）的关注。在校学习（formal education）和校外学习（informal education）组成了人一生的全部学习活动，学生的科学学习不仅发生在校内，也会发生在校外[①]，科学学业成绩与校外的科学学习经历也是密切关联的。TIMSS 目前关于学生对科学/科学学习喜好程度的调查基本上都是直接问学生的个人感受，让学生来判断程度：比如，"我喜欢科学""科学是我最喜欢的学科之一"。这种询问个体感受的提问方式会在很大程度上降低结果的可靠性，因为每个人对"喜欢"的判断标准都不一样，调查数据其实不具备可统计性。但是，如果

---

① 杨文源、刘晟：《基于 Informal Education 的内涵探讨其中文译词的选择》，《科教导刊》2019 年第 4 期。

将部分这样的问题替换为对校外学习的调查或者在这个维度下增加校外学习的题目，数据结果既能放在一条标尺下来统计，也能填补对校外学习因素关注的缺失：比如，"我会去科技馆、博物馆游玩（每周至少 1 次/每月至少 1 次/每年至少 1 次/从未有过）""我会阅读除课本以外的科学相关书籍（每年 3 本及以上/每年 1～2 本/几乎不读）""除了学校组织的活动外，我会参加各类科学训练营、科学实验室或者科技竞赛活动（每年 2 次及以上/每年 1 次/从未参加过）"。另外，在人们对学校教育的过度关注过程中，时常会走进"分数至上""机械记忆书本知识"的死胡同里，因此，作为具有广泛国际影响力的测评项目，TIMSS 也应当具备关注校外学习的视野，引导人们关注校外学习对学生科学学业水平的影响。当然，这也与不同国家/地区的文化背景和社会氛围有关，也许主导 TIMSS 的委员会成员所在的国家/地区在校外学习的部分已经发展得不错了，目前相对缺乏的是对学校教育的统一管理和考评。

（六）测评语言多样化带来的结果差异

历次 TIMSS 测评都需要将试题翻译为参与国/地区的本土语言，即便能够保证翻译是高水平高质量的，但不同语言本身的属性（包括可读性、表达同样意思时阅读量的差异、用词的理解难度等）也会造成同一道题对于不同国家/地区孩子来讲难度是有差异的。此外，历次测评中，许多国家/地区参与测评的学生样本中都有不少学生在家庭生活中不完全使用试卷所使用的语言，甚至完全不使用试卷所使用的语言。而且 TIMSS 调查结果显示，家庭生活中完全不使用试卷所使用的语言的学生，其科学学习成绩常常是垫底的；对于这部分学生来讲，科学学习成绩首先是语言带来的障碍，而不是自身学习能力造成的差异。但是，从教育公平的角度讲，语种不应当成为受教育成效的霸权主宰因素；测评作为教育质量监测的必要手段，也不应当存在语种"偏见"。

三　小结

TIMSS 作为具有广泛影响力的国际大数据测评，其测评设计具有显著的先进性，测评结果也具有很强的参考借鉴价值。但是，如此庞大的测评系统，也具有不可避免的局限性，甚至在同一件事情上，先进性和局限性都是并存的，比如测评内容的选择、抽样设计等，即便是大数据本身其实也是同时存在优势和短板的。这说明大数据测评（尤其是在较长时间尺度内持续开展的大数据测评）不是一项容易做好的工作，TIMSS 的先进性和局限性都是值得相关测评工作参考借鉴的方面。

第二节 TIMSS 科学素质测评结果带来的启示

虽然 TIMSS 测评本身既具有先进性又存在不可避免的局限性，但是其测评结果（包括学生的学业成绩、背景信息调查结果）对于各国/地区科学教育发展都有着很强的借鉴参考价值。从测评结果来看，虽然 TIMSS 排名与 PISA 排名不完全相同，但是，新加坡、日本等教育强国的学生在这两项测评中都有出色表现；全球最具影响力的这两项国际性大数据测评项目的测评结果相互印证，进一步说明 TIMSS 结果具有深入挖掘的意义，同时也具有很强的参考价值。另外，尽管至今我国大陆地区还没有参加 TIMSS 测评的数据，但是，对其他国家/地区数据的分析和解读依然能够为我国科学教育的发展提供参考借鉴。

一 测评结果具有很强的地域特征

（一）东亚各国/地区学生学习科学的兴趣和自信心与优异成绩存在强烈反差

根据历年 TIMSS 测评结果，东亚各国/地区学生一如既往地表现出强有力的竞争优势。本书关注的日本、韩国、新加坡、中国台湾、中国香港在历次 TIMSS 科学测评中，都排在所有参与国家/地区的前列。但是，与测评成绩的强大优势相比，东亚各国/地区学生在对学习科学的兴趣以及对学习科学的自信心方面却表现出强烈反差，历次测评基本都排在所有参与国家/地区的末位。从 TIMSS 总体报告以及各国/地区独立分析报告来看，学生对学习科学的兴趣以及对学习科学的自信心都与其科学测评成绩呈现显著的正相关关系，即学生对学习科学兴趣越大以及对学习科学的自信心越强，其科学测评成绩更高。东亚地区普遍存在的这种反差，可能与地域文化相关。东亚地区长期存在的相对含蓄、压抑、克制的文化，使得学生承受着较大的学业压力，虽然这种压力能够在一定程度上推动学生在各种考试测评中取得良好的成绩，但是却很难让学生感受到学习的乐趣，甚至有可能让学生失去对学习的兴趣，仅仅是功利地完成学习任务；另外，在本国/地区强大的学业竞争压力下，整个社会环境普遍以优异成绩为目标，很容易打压、损害学生学习的自信心。

（二）欧美国家的学生拥有相对宽松的学习环境

反观在历次测评中同样排名前列的欧美国家，美国、俄罗斯、芬兰。这些国家的学生在历次 TIMSS 测评中的成绩表现能够与东亚各国/地区学生的表现相抗衡，但是，学生在对学习科学的兴趣和对学习科学的自信心方面却明显优于东亚国家/地区的学生。相较于东亚国家/地区，欧美国家的文化更加外放，也更尊重多元化发展。在一个并非人人都想争第一的社会环境中，学生有更大的自由度按照兴趣去学习，也更容易在学习过程中获得成就感和自信心。从历次 TIMSS 测评来看，美国、俄罗斯、芬兰学生的测评成绩没有必争第一的压迫感，但都处于国际排名的前列，说明相对宽松、尊重多元化的氛围并不会让学生的学业成绩掉队，反而能够让学生在积极主动的学习中感受到学习的乐趣，树立学习的自信心。

（三）法国的科学教育表现出鲜明的与世无争的特征

在本书关注的 15 个国家/地区当中，法国的测评结果同样表现出鲜明的地域特征。法国学生的成绩在历次 TIMSS 排名中都很靠后，而与之相匹配地，法国学生对科学的重视程度以及对学习科学的兴趣也很低，学生父母对科学的重视程度同样很低，学校的科学课时数也很低。在国际竞争日趋激烈的当下，国力的竞争在某种程度上相当于科技实力的竞争，科技实力的竞争本质上是科技人才的竞争，因此，世界上很多国家/地区把科学教育提升到关系国家/地区未来发展的战略高度。而法国这样一个充满浪漫主义的国度，或许对于国际竞争并不是那么在意，因此，整个学校教育系统似乎对学习科学也并不是很重视，学生在科学学业成绩上也没有表现出太大的竞争意愿。

二　老牌欧美强国的科学教育面临不进则退的风险

从历次 TIMSS 测评成绩和排名来看，德国、英国、荷兰、芬兰、意大利、美国等国家的学生在测评分数上都呈现相对稳定的状态，即历年平均分变化不大；但是，国际排名却呈现在波动中下降的态势。这说明在科学技术迅猛发展的今天，在国际竞争日趋激烈的当下，如果不能随着时间的推移而进步，就相当于在退步。此外，在这些国家中，对科学感兴趣的学生人数都呈现减少的趋势，学生对学习科学的自信心也在不断下降，这样的变化趋势很有可能持续影响学生在国际上的竞争力。国际排名的下降已经算是出现退步的端倪，如果不警惕，之后有可能会出现更加显著的退步。

三　科学学习中的性别差异很可能是社会形态造就的而非天生的

性别差异一直是 TIMSS 测评关注的重点，历次 TIMSS 测评报告除了呈现所有参与国/地区的成绩和排名外，另一项重要内容就是学生在科学表现中的性别差异。传统观念通常倾向于认为，男孩天生比女孩更擅长学习科学。但是，从本书关注的 15 个国家/地区的性别差异分析结果来看，并不是所有国家/地区的学生在科学成绩上都存在性别的差异。同时，存在性别差异的国家/地区（加拿大、俄罗斯、中国台湾、美国）普遍呈现"4 年级性别差异较小，而 8 年级性别差异较大，毕业年级性别差异更大"的规律，即随着学生年龄的增长，性别差异越大。这说明学生在科学学习表现方面的差异似乎并非天生就是存在的，而是随着年龄增长才越发明显地显现出来的。造成这一现象的原因很有可能是社会形态对性别的刻板认识使得学校教育对男女生产生了潜移默化的差别对待，进而不断固化、拉大了男女生在科学学习表现上的差异。或许，我们的社会和学校需要给予不同生理性别的孩子更加公平、平等的发展机会，而非刻意固化、强调人们对社会性别的刻板认识。

四 学生的学习状态呈现随年龄增长日趋消极的态势

基于对重点关注的 15 个国家/地区历年 TIMSS 测评结果的分析研究，所有学生的学习状态都呈现随着年龄增长日趋消极的态势。例如，澳大利亚 4 年级学生的科学成绩较为稳定，而 8 年级学生则一直在下降；加拿大学生的学校归属感随着年级的升高而降低；荷兰 4 年级学生喜欢科学的人数较多，而 8 年级喜欢科学的人数较少且在不断减少；中国台湾 4 年级学生学习科学的自信度高于 8 年级学生。学生在学习状态上的这种变化趋势，值得各国/地区教育工作者关注，学生到底在学校教育中经历了什么才导致他们的学习态度日趋消极；这种变化是学生认知发展的自然规律造成的，还是学校教育体系的不合理导致的。这些都是值得进一步研究的话题。

五 统一监管是保障教育质量的必要举措

在本书重点分析的 15 个国家/地区当中，澳大利亚的 TIMSS 测评结果变化趋势几乎到了岌岌可危的地步。与法国的浪漫主义和与世无争不同，澳大利亚对本国学生的科学表现是有期待和追求的，并且采取了不少举措来保障科学教育质量。但是，从澳大利亚学生的测评成绩来看，这些举措并没有取得什么成效，完全无法阻挡澳大利亚学生科学表现的下滑趋势。归根结底，澳大利亚的危机与其过于宽松的教育管理体制密不可分。与美国类似，澳大利亚同样是典型的地方分权制国家；但是，与美国联邦政府的适度插手不同，澳大利亚过于放权，几乎到了过于松散、缺乏监管的状态，多达 1/3 的学生就读于自主管理和考核的私立学校。美国在 20 世纪 80 年代经历了从精英教育到全民教育的转型，由此引发的标准化运动把该国教育推入了标准化教育（standards-based education）的阶段，通过制定国家层面的课程标准来指导地方的学校教育，并建立起科学的评价机制来监控教育质量。无论是澳大利亚的危机还是美国的经验，都告诉我们，教育是人类事业，不能放任自流，需要统一的监管和科学的机制来规范和把关。

六　家庭资源与学业成绩呈现显著正相关关系，但并非决定性因素

根据 TIMSS 测评的总报告以及本书对不同国家/地区测评结果的分析，家庭资源与学生的学业成绩之间呈现显著的正相关关系，即家庭资源越丰富的学生，在学业成绩上也越优秀。事实上，家庭资源是所有背景因素中最难以改变的一个因素，要想通过改变家庭资源来提升学生的学业成绩也是最困难的一种途径。但是，其实并不用为此感到焦虑，学生科学成绩表现优异的东亚各国/地区的家庭资源在全球排名并不占优势；而家庭资源丰富的德国、英国、法国等国家/地区的学生在测评成绩上并没有表现出与之相匹配的竞争力。因此，家庭资源对学业成绩的影响只是相对的，并不是绝对的决定性因素。

七　师资危机折射出的欧洲列国发展动力不足

从 TIMSS 测评来看，教师是影响学生学业成绩的另一重要因素，包括教师的学历、教龄、参与培训、职业满意度等方面。师资危机从某种角度折射出欧洲列国发展动力不足：德国科学教师参与在职培训的比例较低，所参与的培训多集中在学科知识的培训上，其他方面的培训则相对欠缺，探究式教学开展情况不容乐观；英国教师的学历水平在下降，并且较少参与在职培训，尤其是关于信息技术、批判性思维、探究技能等先进的现代化培训较为欠缺；在荷兰，高年级科学教师的学历低，而低年级科学教师的学历高，但学生学习科学实际上是从低年级到高年级逐步深化和专业化的过程，荷兰教师的学历配置却与学生的学习发展规律相逆；芬兰教师普遍对工作条件和工作满意度较低；意大利科学教师的教龄普遍偏高，年轻人似乎不太愿意加入科学教师行列，新教师力量不足；法国的师资情况与意大利类似，教龄普遍偏大，年轻人不愿意成为科学教师；俄罗斯也存在年轻教师不足的情况。

尽管师资上的某些变化的后果没有完全直接反映在测试成绩中，但也应该促使研究者进一步反思，究竟 TIMSS 测评在多大程度上反映出了 21 世纪

人才所需要的核心知识与能力，应该从命题的目标、测验的方式等角度全方位审视现有测评框架与题目，让 TIMSS 能够客观反映学生的实际学业水平。

八　学生各有所长，尊重个性化发展

TIMSS 的 4 年级科学测评涉及生命科学、物质科学、地球科学三个学科领域，8 年级的科学测评涉及生物学、化学、物理、地球科学四个学科领域。根据历次 TIMSS 测评的总体报告以及本书关于各国家/地区的分析，学生在不同内容维度的测评成绩差异是普遍存在的，也就是说，不同学生可能擅长科学的不同学科领域。因此，学校科学教育应当关注不同学生的差异性，给予学生发展各自长处的机会和空间。

九　学生普遍更擅长低认知难度的题目，需要加强高认知难度的训练

自 2007 年起，TIMSS 科学测评将题目的认知维度划分为知道、应用、推理三个层面，其中，知道的认知难度最低，应用次之，推理的认知难度最高。根据前面几个部分对学生得分情况的分维度分析，各国/地区学生在推理领域的题目上得分率普遍较低，而知道和应用领域的得分率则相对较高，尤以知道领域的得分率最高。这一结果说明学生更擅于处理认知难度较低的题目，相对不那么擅于处理认知难度较高的题目。虽然这一结果符合认知规律，但学校教育仍然需要加强对学生高水平认知活动的训练。因为，对于绝大多数学生而言，他们未来不从事科学技术相关职业，在大脑中存储（知道）大量科学知识可能没有太大意义，真正有价值的是基于对科学知识的理解做出理性的推理和判断。

后　记

　　青少年科学素质一直是科学教育的研究热点和研究重点。他山之石可以攻玉，因此，课题组将研究着眼点首先聚焦在世界范围内规模较大的青少年科学素质测评项目，希望通过对测评试题、测评技术、测评结果等进行深入的分析和研究，为青少年科学素质研究打下良好的基础。

　　本套"青少年科学素质研究"丛书由中国科普研究所王挺所长担任主编，中国科普研究所高宏斌研究员和中国科普研究所李秀菊副研究员担任副主编。由中国科普研究所组织团队开展研究和文稿撰写工作。

　　本套丛书共包含三册：《PISA 测评——国际青少年科学素质全景解读》《TIMSS 测评——国际青少年科学素质全景解读》《NAEP 测评——国际青少年科学素质全景解读》。

　　《PISA 测评——国际青少年科学素质全景解读》著者为：杨文源、魏昕、杨洁和黄鸣春。策划者为李秀菊和杨文源。

　　《NAEP 测评——国际青少年科学素质全景解读》著者为：李秀菊、李高峰。在撰写和修改的过程中，NAEP 研究报告得到李高峰教授团队的倾力支持。其中刘杨、冯文琪、李洋洋等同学参与收集、分析、整理材料和撰写部分章节；河北师范大学于健博士参与收集、分析、整理材料和撰写部分章节；浙江台州镇海中学林芬、深圳龙岗同心实验学校皮冰冰以及陕西师范大学李晨、王海兴、刘佳宜等也参与了资料的收集与整理工作。

　　《TIMSS 测评——国际青少年科学素质全景解读》主编为：李秀菊、杨文源。第一章作者为杨文源。第二章第一节、第二节、第三节作者为人民教育出版社魏昕；第四节作者为北京师范大学刘晟；第五节、第六节、第七节作者为人民教育出版社杨洁。第三章第一节作者为北京师范大学刘晟，第二节作者为陕西师范大学李高峰。第四章作者为华中师范大学崔鸿、薛松。第五章第一节作者为杭州师范大学赵博，第二节作者为南京师范大学解凯彬、马晨晨，第三节作者为北京师范大学邵欣，第四节作者为首都师范大学黄鸣春，第五节作者为河北师范大学李川。第六章作者为杨文源、李秀菊。

本套丛书自 2017 年开始策划和收集数据，至今，历时 3 年，终于完成出版。感谢课题组所有成员的辛苦努力！

由于时间紧张，著者水平能力有限，纰漏难免，希望大家多批评指正，为推进青少年科学素质建设工作贡献智慧和力量！

图书在版编目（CIP）数据

TIMSS 测评：国际青少年科学素质全景解读／李秀菊，杨文源主编. －－北京：社会科学文献出版社，2020.3

（青少年科学素质丛书）

ISBN 978 - 7 - 5201 - 4724 - 8

Ⅰ.①T…　Ⅱ.①李…②杨…　Ⅲ.①青少年 - 科学技术 - 素质教育 - 研究 - 世界　Ⅳ.①N4

中国版本图书馆 CIP 数据核字（2019）第 075888 号

青少年科学素质丛书

TIMSS 测评：国际青少年科学素质全景解读

主　　编／李秀菊　杨文源

出 版 人／谢寿光

责任编辑／张　媛

出　　版／社会科学文献出版社·皮书出版分社（010）59367127
　　　　　地址：北京市北三环中路甲 29 号院华龙大厦　邮编：100029
　　　　　网址：www. ssap. com. cn

发　　行／市场营销中心（010）59367081　59367083

印　　装／三河市尚艺印装有限公司

规　　格／开　本：787mm × 1092mm　1/16
　　　　　印　张：24.5　字　数：374 千字

版　　次／2020 年 3 月第 1 版　2020 年 3 月第 1 次印刷

书　　号／ISBN 978 - 7 - 5201 - 4724 - 8

定　　价／98.00 元